医学生学习笔记

——生物化学与分子生物学

阿虎医考研究中心

主 编 蔺 晨 吴春虎

副主编 许 盛

编 委（以姓氏笔画为序）
　　　　王　昕（中国医学科学院肿瘤医院）
　　　　王　亮（北京同仁医院）
　　　　王健仰（中国医学科学院肿瘤医院）
　　　　许　盛（西安医学院）
　　　　李晗歌（北京协和医学院）
　　　　吴春虎（阿虎医考研究中心）
　　　　陈　博（北京协和医院）
　　　　蔺　晨（北京协和医院）

人民卫生出版社
·北 京·

图书在版编目（CIP）数据

生物化学与分子生物学 / 蔺晨，吴春虎主编 . —北京：人民卫生出版社，2021.4

（医学生学习笔记）

ISBN 978-7-117-31454-1

Ⅰ.①生… Ⅱ.①蔺… ②吴… Ⅲ.①生物化学-医学院校-教学参考资料②分子生物学-医学院校-教学参考资料 Ⅳ.①Q5②Q7

中国版本图书馆 CIP 数据核字（2021）第 061786 号

人卫智网	**www.ipmph.com**	医学教育、学术、考试、健康，购书智慧智能综合服务平台
人卫官网	**www.pmph.com**	人卫官方资讯发布平台

医学生学习笔记
——生物化学与分子生物学
Yixuesheng Xuexi Biji
——Shengwuhuaxue yu Fenzi Shengwuxue

主　　编：蔺　晨　吴春虎
出版发行：人民卫生出版社（中继线 010-59780011）
地　　址：北京市朝阳区潘家园南里 19 号
邮　　编：100021
E - mail：pmph @ pmph.com
购书热线：010-59787592　010-59787584　010-65264830
印　　刷：河北新华第一印刷有限责任公司
经　　销：新华书店
开　　本：787×1092　1/16　印张：20
字　　数：437 千字
版　　次：2021 年 4 月第 1 版
印　　次：2021 年 6 月第 1 次印刷
标准书号：ISBN 978-7-117-31454-1
定　　价：65.00 元

打击盗版举报电话：**010-59787491**　**E-mail：WQ @ pmph.com**
质量问题联系电话：**010-59787234**　**E-mail：zhiliang @ pmph.com**

医学是保护人类健康的科学。随着现代医学的不断发展,对立志投身于医学事业的医学生也提出了更高的要求。生物化学与分子生物学是临床医学的一门基础学科,如何能够在有限的时间内充分地从书本中汲取知识,融会贯通,以更好地适应医学实践的发展现状,成为医学生的一大考验。因此,为了帮助广大医学生更好地理解和掌握生物化学与分子生物学的理论知识,我们结合临床的实际需要,通过集思广益,编写了《医学生学习笔记——生物化学与分子生物学》。

首先,本书具有高度的实用性,是以第9版本科临床医学专业《生物化学与分子生物学》教材的内容为基础,以力求涵盖所有高频考点为原则,做到删繁就简、重点突出。我们在编写本书时统筹规划,以医学生的学习目标为导向,并由北京协和医学院毕业的临床一线医生结合临床实践对重点内容进行提炼,做到图文并茂,使广大医学生能更直观、更准确地理解相应知识点。

其次,本书采用双色印刷,使用不同标记以突出显示西医考研和临床执业(助理)医师资格考试的历年重点内容。另外,本书具有三大编写特色,能帮助医学生轻松、高效地学习。

1. 紧贴临床考试。学习是为了更好地实践,医学考试便是医学生进入实践的第一步。在本书编写过程中,对历年的全国硕士研究生入学统一考试和临床执业(助理)医师资格考试的高频考点进行归纳,对相应内容运用不同的形式进行标注:以蓝色标注研究生考试的历年考点内容,以下划线标注执业医师资格考试的历年考点内容,把考试内容带入平时的学习中,有助于学生更好地把握学习重点。

2. 精选经典试题。医学生应重视基础知识和技能的学习,做到理论和实践良好地结合。为了帮助医学生检验自己阶段性的学习成果,同时熟悉医学研究生考试和临床执业(助理)医师资格考试的考试模式,我们在相应章节的末尾,精心选取了部分具有代表性的题目[注:对应题目分别标有(研)(执)],这些题目从考点设置和出题模式上均十分接近真实考试,同时对有难度的题目进行了详细解析,能帮助医学生巩固学习效果。

3. 时时温故知新。在相应章节末尾,采用思维导图的形式,对内容进行系统地梳理,清晰地呈现重点和难点,医学生能借此从整体上建立知识框架,不断地"顺藤摸瓜",以达到思维发散、举一反三的目的。

总之,本书精选第9版《生物化学与分子生物学》的核心知识,兼顾了理论性和实践性,在学习中能使读者掌握重点和难点,在学习后帮助读者整理知识要点。希望本书能为医学生充实自己的知识尽一份力量,尤其是成为求学、备考之路的有力助手,帮助医学生坚定地迈向更高的医学殿堂。

本书在编写过程中难免存在疏漏,如果在使用过程中发现问题或错误,敬请读者批评指正。

为了更好地服务本书读者,我们与"阿虎医考"合作,为大家提供更多的免费学习资料。

阿虎医考研究中心

2021 年 5 月

目　录

第一章

生物大分子结构与功能

第一节　蛋白质的结构与功能

一、氨基酸与多肽

1. 蛋白质的元素组成　蛋白质的种类繁多,结构各异,但元素组成相似,主要有碳(50%~55%)、氢(6%~7%)、氧(19%~24%)、氮(13%~19%)和硫(0~4%)。有些蛋白质还含有少量磷或金属元素铁、铜、锌、锰、钴、钼等,个别蛋白质还含有碘。各种蛋白质的含氮量很接近,平均为16%。由于蛋白质是体内的主要含氮物质,因此测定生物样品的含氮量就可按下式推算出蛋白质大致含量:

每克样品含氮克数 ×6.25×100=100g 样品中蛋白质含量(g%)

2. $L-\alpha-$ 氨基酸是蛋白质的基本结构单位　氨基酸是组成蛋白质的基本单位,不同蛋白质各种氨基酸的含量与排列顺序不同。自然界中的氨基酸有 300 余种,参与蛋白质合成的氨基酸一般有 20 种,通常是 $L-\alpha-$ 氨基酸(除甘氨酸外)。

(1)连在—COO 基上的碳称为 $\alpha-$ 碳原子,为不对称碳原子(甘氨酸除外),不同的氨基酸其侧链(R)结构各异。

(2)除 20 种基本的氨基酸外,近年发现硒代半胱氨酸在某些情况下也用于合成蛋白质。另外,在产甲烷菌的甲胺甲基转移酶中发现了吡咯赖氨酸。D 型氨基酸至今仅发现于微生物膜内的 $D-$ 谷氨酸、个别抗生素中(例如短杆菌肽含有 $D-$ 苯丙氨酸)及低等生物体内(例如蚯蚓 $D-$ 丝氨酸)。

3. 氨基酸的结构与分类

(1)分类:20 种氨基酸按其侧链的结构和理化性质分类,见表 1-1。

一般非极性脂肪族氨基酸在水溶液中的溶解度小于极性中性氨基酸;芳香族氨基酸中苯基的疏水性较强,酚基和吲哚基在一定条件下可解离;酸性氨基酸的侧链都含有羧基;而碱性氨基酸的侧链分别含有氨基、胍基或咪唑基。

(2)体内不参与蛋白质合成但有重要作用的 $L-\alpha-$ 氨基酸:如鸟氨酸、瓜氨酸和精氨酸代琥珀酸。

4. 氨基酸的理化性质

(1)两性解离:所有氨基酸都含有碱性的 $\alpha-$ 氨基和酸性的 $\alpha-$ 羧基,溶液 pH=pI 时,成为兼性离子,呈电中性,此时溶液的 pH 称为该氨基酸的等电点。

（2）含共轭双键的氨基酸具有紫外线吸收性质:酪氨酸、色氨酸在 280nm 波长处有特征性吸收峰。此法可用于分析溶液中的蛋白质含量。

（3）氨基酸与茚三酮反应生成蓝紫色化合物:该蓝紫色化合物的最大吸收峰在 570nm 波长处。此法可作为氨基酸定量分析方法。

5. 肽键与肽链

（1）蛋白质的基本组成单位氨基酸间借肽键形成肽链。两个氨基酸之间形成的酰胺键（CO—NH—）称为肽键（图 1-1）。

表 1-1 氨基酸分类

名称	数目	种类	注意要点
非极性脂肪族氨基酸	7 种	甘氨酸（Gly）、丙氨酸（Ala）、缬氨酸（Val）、亮氨酸（Leu）、异亮氨酸（Ile）、脯氨酸（Pro）、甲硫氨酸（Met）	脯氨酸、羟脯氨酸为亚氨基酸
极性中性氨基酸	5 种	丝氨酸（Ser）、半胱氨酸（Cys）、天冬酰胺（Asn）、谷氨酰胺（Gln）、苏氨酸（Thr）	胱氨酸、半胱氨酸、甲硫氨酸含有硫元素
含芳香环的氨基酸	3 种	苯丙氨酸（Phe）、酪氨酸（Tyr）、色氨酸（Trp）	酪氨酸、色氨酸含共轭双键
酸性氨基酸	2 种	天冬氨酸（Asp）、谷氨酸（Glu）	两者均含 2 个羧基
碱性氨基酸	3 种	精氨酸（Arg）、赖氨酸（Lys）、组氨酸（His）	赖氨酸含 2 个氨基

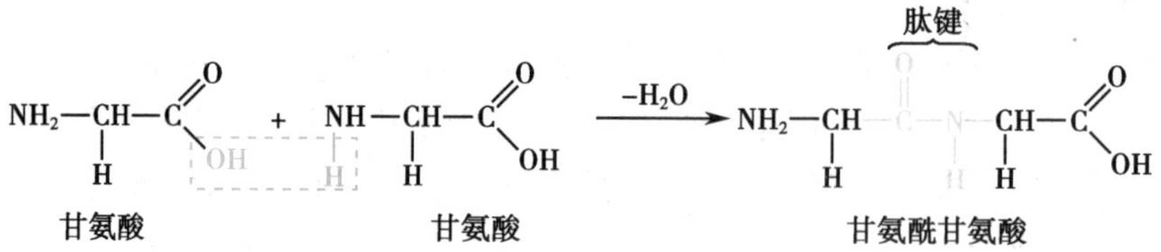

图 1-1 肽与肽键

（2）一般由 2~20 个氨基酸相连而成的肽称寡肽,更多的氨基酸相连而成的肽称多肽。

（3）多肽链有两端,其游离 α- 氨基的一端称氨基末端或 N- 端,游离 α- 羧基的一端称为羧基末端或 C- 端。肽链中的氨基酸分子因脱水缩合而基团不全,被称为氨基酸残基。

（4）蛋白质是由许多氨基酸残基组成折叠成特定的空间结构,并具有特定生物学功能的多肽。

> **ⓘ 提示**
>
> 一般蛋白质的氨基酸残基数通常在50个以上,50个氨基酸残基以下则仍称多肽。

6. 生物活性肽具有生理活性及多样性

（1）谷胱甘肽（GSH）：是由谷氨酸、半胱氨酸和甘氨酸组成的三肽。分子中半胱氨酸的巯基是该化合物的主要功能基团。

1）GSH的巯基具有还原性,可作为体内重要的还原剂,保护体内蛋白质或酶分子中巯基免遭氧化,使蛋白质或酶处在活性状态。在谷胱甘肽过氧化物酶的催化下,GSH可还原细胞内产生的 H_2O_2,使其变成 H_2O,与此同时,GSH被氧化成氧化型谷胱甘肽（GSSH）,后者在谷胱甘肽还原酶催化下,再生成GSH。

2）GSH的巯基有嗜核特性,能与外源的嗜电子毒物如致癌剂或药物等结合,从而阻断这些化合物与DNA、RNA或蛋白质结合,以保护机体。

（2）多肽类激素及神经肽

1）激素：体内有许多激素属寡肽或多肽,如下丘脑－垂体－肾上腺皮质轴的催产素（9肽）、加压素（9肽）、促肾上腺皮质激素（39肽）、促甲状腺素释放激素（3肽）等。

2）神经肽：如脑啡肽（5肽）、β－内啡肽（31肽）和强啡肽（17肽）等。

二、蛋白质的结构

1. 四级结构（表1-2）

蛋白质的一级、二级、三级、四级结构中,后三者统称为高级结构或空间构象。蛋白质的空间构象涵盖了蛋白质分子中的每一原子在三维空间的相对位置,它们是蛋白质特有性质和功能的结构基础。但并非所有的蛋白质都有四级结构,由1条肽链形成的蛋白质只有一级、二级和三级结构,由2条或2条以上肽链形成的蛋白质才有四级结构。

2. 参与肽键的6个原子 $C\alpha_1$、C、O、N、H、$C\alpha_2$ 位于同一平面,构成了所谓的肽单元。肽键有一定程度双键性能,不能自由旋转。

3. α－螺旋的走向为顺时针方向,即所谓右手螺旋。每3.6个氨基酸残基螺旋上升一圈（即旋转360°）,螺距为0.54nm。α－螺旋的每个肽键的N—H和第四个肽键的羰基氧形成氢键,氢键的方向与螺旋长轴基本平行。

4. β－折叠使多肽链形成片层结构。在β－折叠结构中,多肽链充分伸展,每个肽单元以 C_α 为旋转点,依次折叠成锯齿状结构,氨基酸残基侧链交替地位于锯齿状结构的上下方。所形成的锯齿状结构一般比较短,只含5~8个氨基酸残基。

5. β－转角和Ω－环存在于球状蛋白质中。β－转角常发生于肽链进行180°回折时的转角上。Ω－环总是出现在蛋白质分子的表面,而且以亲水残基为主,在分子识别中可能起重要作用。

表 1-2　蛋白质的四级结构

分类	含义	化学键	形式	作用
一级结构	在蛋白质分子中,从 N- 端至 C- 端的氨基酸排列顺序	肽键(主要)、二硫键	肽链	一级结构是蛋白质空间构象和特异生物学功能的基础,但并不是决定蛋白质空间构象的唯一因素
二级结构	蛋白质分子中某一段肽链的局部空间结构,即该段肽链主链骨架原子的相对空间位置	氢键	α- 螺旋、β- 折叠、β- 转角和 Ω- 环	蛋白质二级结构是以一级结构为基础,氨基酸残基的侧链影响二级结构的形成
三级结构	整条肽链中全部氨基酸残基的相对空间位置,即整条肽链所有原子在三维空间的排布位置	次级键(疏水键、盐键、氢键和范德华力)	结构模体(亮氨酸拉链、锌指结构)、结构域、分子伴侣	结构域是三级结构层次上具有独立结构与功能的区域
四级结构	蛋白质分子中各个亚基的空间排布及亚基接触部位的布局和相互作用	氢键、离子键	亚基	对 2 个以上亚基构成的蛋白质,单一亚基一般没有生物学功能,完整的四级结构是其发挥生物学功能的保证

6. 结构模体可由 2 个或 2 个以上二级结构肽段组成

(1)常见的结构模体形式:α- 螺旋 -β- 转角(或环)-α- 螺旋模体(见于多种 DNA 结合蛋白);链 -β- 转角 - 链(见于反平行 β- 折叠的蛋白质);链 -β- 转角 -α- 螺旋 -β- 转角 - 链模体(见于多种 α- 螺旋 /β- 折叠蛋白)。

(2)目前已知的二级结构组合有 αα、βαβ、ββ 等几种形式。

(3)亮氨酸拉链是出现在 DNA 结合蛋白和其他蛋白质中的一种结构模体。

(4)近年发现的锌指结构也是一个常见的模体例子。

7. 结构域是三级结构层次上具有独立结构与功能的区域　分子量较大的蛋白质常可折叠成多个结构较为紧密且稳定的区域,并各行其功能,称为结构域。结构域也可看作是球状蛋白质的独立折叠单位,有较为独立的三维空间结构。

8. 含有两条以上多肽链的蛋白质可具有四级结构,每一条多肽链都有其完整的三级结构称为亚基,亚基与亚基之间以非共价键相连接。

9. 蛋白质可依其组成、结构或功能进行分类

(1)除氨基酸外,某些蛋白质还含有其他非氨基酸组分。因此根据蛋白质组成成分可分成单纯蛋白质和结合蛋白质。

（2）蛋白质可根据其形状分类

1）纤维状蛋白质：多数为结构蛋白质，较难溶于水，作为细胞坚实的支架或连接各细胞组织和器官的细胞外成分，如胶原蛋白、弹性蛋白、角蛋白等。大量存在于结缔组织中的胶原蛋白就是典型的纤维状蛋白质。

2）球状蛋白质：形状近似于球形或椭球形，多数可溶于水，许多具有生理学功能的蛋白质如酶、转运蛋白、蛋白质类激素、代谢调节蛋白、基因表达调节蛋白及免疫球蛋白等都属于球状蛋白质。

（3）蛋白质家族：指体内氨基酸序列相似而且空间结构与功能也十分相近的若干蛋白质。属于同一蛋白质家族的成员，称为同源蛋白质。

（4）2个或2个以上的蛋白质家族之间，其氨基酸序列的相似性并不高，但含有发挥相似作用的同一模体结构，通常将这些蛋白质家族归类为超家族。这些超家族成员是由共同祖先进化而来的一大类蛋白质。

三、蛋白质结构与功能的关系

1. 蛋白质的主要功能　构成细胞和生物体结构，参与物质运输、催化功能，参与信息交流、免疫功能、氧化供能，维持机体的酸碱平衡，维持正常的血浆渗透压。

人体必须每天摄入一定量的蛋白质，作为构成和补充组织细胞的原料。大量的酶类快速精准地催化化学反应，所有的生命活动都离不开酶和水的参与，没有酶就没有生命。这些各具特殊功能的酶绝大多数是蛋白质。

2. 蛋白质执行功能的主要方式

（1）蛋白质与小分子相互作用：蛋白质通过与小分子代谢物的相互作用，参与众多的生命活动过程，如酶的催化作用、物质转运、信息传递等，从整体上维持生物体新陈代谢活动的进行。

（2）蛋白质与核酸的相互作用：蛋白质与核酸的相互作用存在于生物体内基因表达的各个水平之中。蛋白质有几种模体，如锌指模体、亮氨酸拉链、螺旋 – 转角 – 螺旋等专门结合 DNA 并发挥生物学效应。

RNA 存在于细胞质和细胞核中，目前发现的 RNA 除了少部分能以"核酶"形式单独发挥功能以外，绝大部分 RNA 都是与蛋白质形成 RNA– 蛋白质复合物。蛋白质与 RNA 的相互作用在蛋白质合成、细胞发育调控等生理过程中起决定性的作用。

（3）蛋白质相互作用是蛋白质执行功能的主要方式：蛋白质 – 蛋白质相互作用（PPI）是指两个或两个以上的蛋白质分子通过非共价键相互作用并发挥功能的过程。细胞进行生命活动过程是蛋白质在一定时空下相互作用的结果。

1）通过蛋白质间相互作用，可改变细胞内酶的动力学特征，也可产生新的结合位点，改变蛋白质对底物的亲和力。蛋白质相互作用控制着大量的细胞活动事件，如细胞的增殖、分化和凋亡。

2）蛋白质相互作用的实例：①主要组织相容性复合物（MHC）参与的分子识别；②抗原与抗体的特异性结合。天然抗原表面常常带有多种抗原表位，每种表位均能刺激机体产生一种特异性抗体，即一个抗原分子会刺激机体产生多种特异性抗体。

3. 蛋白质一级结构是高级结构与功能的基础

（1）一级结构是空间构象的基础。实验证明空间构象遭破坏的核糖核酸酶 A 只要其一级结构（氨基酸序列）未被破坏，就有可能回复到原来的三级结构，功能依然存在。

（2）一级结构相似的蛋白质具有相似的高级结构与功能。蛋白质一级结构的比较，常被用来预测蛋白质之间结构与功能的相似性。同源性较高的蛋白质之间，可能具有相类似的功能。注意，同源蛋白质是指由同一基因进化而来的相关基因所表达的一类蛋白质。大量实验结果证明，一级结构相似的多肽或蛋白质，其空间构象以及功能也相似。在对不同物种中具有相同功能的蛋白质进行结构分析时，发现它们具有相似的氨基酸序列。

（3）氨基酸序列与生物进化信息。如细胞色素 c，物种间越接近，则一级结构越相似，其空间构象和功能也相似。

（4）重要蛋白质的氨基酸序列改变可引起疾病。如正常人血红蛋白 β 亚基的第 6 位氨基酸是谷氨酸，而镰状细胞贫血患者的血红蛋白中，谷氨酸变成了缬氨酸，即酸性氨基酸被中性氨基酸替代，导致发病。这种蛋白质分子发生变异所导致的疾病，被称之为"分子病"，其病因为基因突变所致。

但并非一级结构中的每个氨基酸都很重要，如 Cytc，这个蛋白质分子中在某些位点即使置换数十个氨基酸残基，其功能依然不变。

4. 蛋白质高级结构与功能的关系

（1）血红蛋白亚基与肌红蛋白结构相似：肌红蛋白（Mb）与血红蛋白都是含有血红素辅基的蛋白质。

1）Mb 分子内部有一个袋形空穴，血红素居于其中。

2）血红蛋白（Hb）是由 4 个亚基组成的四级结构蛋白质，每个亚基结构中间有一个疏水局部，可结合 1 个血红素并携带 1 分子氧，因此一分子 Hb 共结合 4 分子氧。Hb 各亚基的三级结构与 Mb 极为相似。Hb 亚基之间通过 8 对盐键，使 4 个亚基紧密结合而形成亲水的球状蛋白质。

（2）血红蛋白亚基构象变化可影响亚基与氧结合

1）协同效应：是指一个亚基与其配体（H 中的配体为 O_2）结合后能影响此寡聚体中另一亚基与配体的结合能力。如果是促进作用则称为正协同效应；反之则为负协同效应。

2）Hb 的氧解离曲线：为 S 状曲线。Hb 中第一个亚基与 O_2 结合以后，促进第二及第三个亚基与 O_2 的结合，当前 3 个亚基与 O_2 结合后，又大大促进第四个亚基与 O_2 结合，呈正协同效应。

此种一个氧分子与 Hb 亚基结合后引起其他亚基构象变化，称为别构效应。小分子 O_2

称为别构剂或效应剂,Hb 则被称为别构蛋白。别构效应不仅发生在 Hb 与 O_2 之间,一些酶与别构剂的结合配体与受体结合也存在着别构效应,所以它具有普遍生物学意义。

3)Mb 的氧解离曲线:为直角双曲线。

（3）蛋白质构象改变可引起疾病

1）某些蛋白质错误折叠后致病:人纹状体脊髓变性病、阿尔茨海默病、亨廷顿病、疯牛病等。

2）疯牛病是由朊病毒蛋白（PrP）引起的一组人和动物神经退行性病变,具有传染性、遗传性或散在发病的特点。正常动物和人 PrP 为分子量 33~35kD 的蛋白质,其水溶性强、对蛋白酶敏感,二级结构为多个 α- 螺旋,称为 PrP^c。富含 α- 螺旋的 PrP^c 在某种未知蛋白质的作用下可转变成分子中大多数为 β- 折叠的 PrP,称为 PrP^{sc}。PrP^{sc} 对蛋白酶不敏感,水溶性差,对热稳定,可相互聚集,最终形成淀粉样纤维沉淀而致病。

四、蛋白质的理化性质

1. **两性电离性质**　当蛋白质溶液处于某一 pH 时,蛋白质解离成正、负离子的趋势相等,即成为兼性离子,净电荷为零,此时溶液的 pH 称为蛋白质的等电点。溶液的 pH> 该蛋白质的等电点时,该蛋白质颗粒带负电荷;反之则带正电荷。

体内各种蛋白质的等电点不同,但大多数接近于 pH5.0。

2. **胶体性质**　除水化膜是维持蛋白质胶体稳定的重要因素外,蛋白质胶粒表面可带有电荷,也可起胶粒稳定的作用。去除蛋白质胶体颗粒表面电荷和水化膜两个稳定因素,蛋白质极易析出。

3. **变性与复性**

（1）蛋白质变性:在某些物理和化学因素作用下,其特定的空间构象被破坏,也即有序的空间结构变成无序的空间结构,从而导致其理化性质改变和生物学活性丧失的现象。

（2）一般蛋白质变性主要发生二硫键和非共价键的破坏,不涉及一级结构中氨基酸序列的改变。蛋白质变性后溶解度降低、黏度增加、结晶能力消失、生物学活性丧失、易被蛋白酶水解等。造成蛋白质变性的因素常见的有加热、乙醇等有机溶剂、强酸强碱、重金属离子及生物碱试剂等。

（3）沉淀:指蛋白质变性后,疏水侧链暴露在外,肽链融汇相互缠绕继而聚集,因而从溶液中析出的现象。变性的蛋白质易于沉淀,有时蛋白质发生沉淀,但并不变性。

（4）复性:若蛋白质变性程度较轻,去除变性因素后,有些蛋白质仍可恢复或部分恢复其原有的构象和功能的现象。许多蛋白质变性后,空间构象被严重破坏,不能复原,称为不可逆性变性。

蛋白质经强酸、强碱作用发生变性后,仍能溶解于强酸或强碱溶液中,若将 pH 调至等电点,则变性蛋白立即结成絮状的不溶解物,此絮状物仍可溶解于强酸和强碱中。如再加热则絮状物可变成比较坚固的凝块,此凝块不易再溶于强酸和强碱中,这种现象称为蛋白质的凝固作用。凝固是蛋白质变性后进一步发展的不可逆的结果。

（5）蛋白质在紫外光谱区有特征性光吸收：在 280nm 波长处有特征性吸收峰。利用此法，可进行蛋白质定量测定。

（6）应用蛋白质呈色反应可测定溶液中蛋白质含量：茚三酮反应、双缩脲反应（呈现紫色或红色，可检测蛋白质的水解程度，氨基酸不出现此反应）。

> **提示**
>
> 　　氨基酸与蛋白质的共性为两性电离、紫外吸收性质、茚三酮反应；蛋白质还有胶体性质、双缩脲反应。

经典试题

（研）1. 下列结构中，属于蛋白质模体结构的是
　　A. α–螺旋
　　B. β–折叠
　　C. 锌指结构
　　D. 结构域

（研）2. 蛋白质变性后的主要表现是
　　A. 分子量变小
　　B. 黏度降低
　　C. 溶解度降低
　　D. 不易被蛋白酶水解

（执）3. 不构成蛋白质的氨基酸是
　　A. 胱氨酸
　　B. 甲硫氨酸
　　C. 鸟氨酸
　　D. 脯氨酸
　　E. 组氨酸

【答案】
　1. C　2. C　3. C

◦ 温 故 知 新 ◦

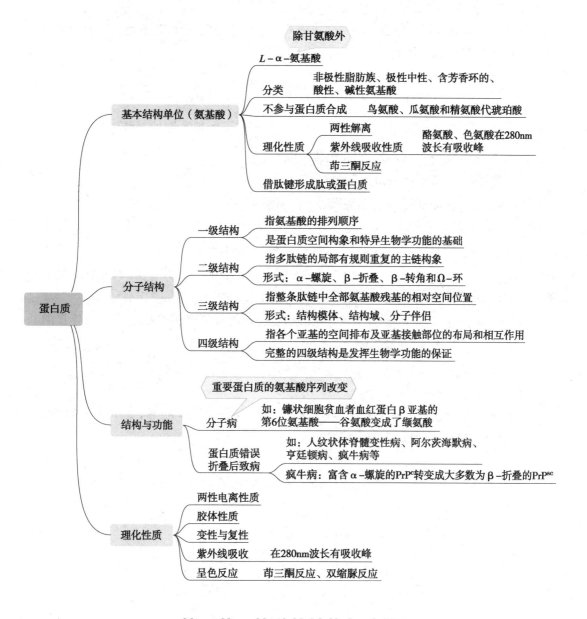

第二节　核酸的结构与功能

一、核酸的化学组成

核酸是以核苷酸为基本组成单位的生物大分子,具有复杂的空间结构和重要的生物学功能。核酸可分为脱氧核糖核酸(DNA)和核糖核酸(RNA)两类。DNA 存在于细胞核和线粒体内,携带遗传信息,并通过复制的方式将遗传信息进行传代。一般 RNA 是 DNA 的转录产物,参与遗传信息的复制和表达。RNA 存在于细胞质、细胞核和线粒体内。在某些情况下,RNA 也可作为遗传信息的载体。

1. 核酸的水解过程　核酸在核酸酶作用下水解成核苷酸,而核苷酸完全水解后可释放出等摩尔的碱基、戊糖和磷酸。

$$
\text{核酸（RNA 和 DNA）} \longrightarrow \text{核苷酸} \begin{cases} \text{磷酸} \\ \text{核苷} \begin{cases} \text{碱基（嘌呤和嘧啶）} \\ \text{核糖或脱氧核糖} \end{cases} \end{cases}
$$

2. 基本组成单位——核苷酸和脱氧核苷酸

（1）常见嘌呤:腺嘌呤（A）和鸟嘌呤（G）。

（2）常见嘧啶:尿嘧啶（U）、胸腺嘧啶（T）和胞嘧啶（C）。

1）构成 DNA 的碱基:A、G、C 和 T;脱氧核苷一磷酸（NMP）:脱氧腺苷一磷酸（dAMP）、脱氧鸟苷一磷酸（dGMP）、脱氧胞苷一磷酸（dCMP）、脱氧胸苷一磷酸（dTMP）。

2）构成 RNA 的碱基:A、G、C 和 U;核苷一磷酸（NMP）:腺苷一磷酸（AMP）、鸟苷一磷酸（GMP）、胞苷一磷酸（CMP）、尿苷一磷酸（UMP）。

（3）核糖:有 β–D– 核糖和 β–D–2′– 脱氧核糖,两者差别仅在于 C–2′ 原子所连接的基团。核糖存在于 RNA 中,而脱氧核糖存在于 DNA 中。

> **提示**
>
> RNA 与 DNA 的差别:①RNA 的戊糖环是核糖而不是脱氧核糖;②RNA 的嘧啶是胞嘧啶和尿嘧啶,一般没有胸腺嘧啶。

（4）主要嘌呤、嘧啶碱的化学结构（图 1-2）

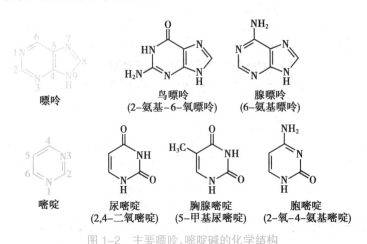

图 1-2　主要嘌呤、嘧啶碱的化学结构

（5）核苷酸：核苷是碱基与核糖的缩合反应的产物。碱基与脱氧核糖的反应可以生成脱氧核苷。核苷或脱氧核苷 C-5′ 原子上的羟基可与磷酸反应,脱水后形成一个磷酯键,生成核苷酸或脱氧核苷酸。根据连接的磷酸基团的数目可分为核苷一磷酸（NMP）、核苷二磷酸（NDP）和核苷三磷酸（NTP）。

在生物体内,核苷酸还会以其他衍生物的形式存在,并参与各种物质代谢的调控和蛋白质功能的调节。

1）核苷酸是细胞内化学能的载体,其中 ATP 是最重要的能量载体。

2）核苷三磷酸 ATP 和 GTP 可以环化形成环腺苷酸（cAMP）和环鸟苷酸（cGMP）,它们都是细胞的第二信使,具有调控基因表达的作用。

3）细胞内一些参与物质代谢的酶分子的辅酶结构中都含有腺苷酸,如辅酶Ⅰ（烟酰胺腺嘌呤二核苷酸,NAD^+）、辅酶Ⅱ（烟酰胺腺嘌呤二核苷酸磷酸,$NADP^+$）、黄素腺嘌呤二核苷酸（FAD）及辅酶 A（CoA）等,它们是生物氧化体系的重要成分,在传递质子或电子的过程中发挥重要的作用。

4）核苷酸及核苷酸组分的衍生物具有临床药用价值。6- 巯基嘌呤（6-MP）、阿糖胞苷和 5- 氟尿嘧啶（5-FU）都是碱基的衍生物,可通过干扰肿瘤细胞的核苷酸代谢、抑制核酸合成来发挥抗肿瘤作用。

（6）核酸的一级结构：是核苷酸的排列顺序,也就是它的碱基序列。核酸分子的大小常用核苷酸数目（nt,用于单链 DNA 和 RNA）或碱基对数目（kb,用于双链 DNA）来表示。长度短于 50 个核苷酸的核酸的片段常被称为寡核苷酸。DNA 携带的遗传信息完全依靠碱基排列顺序变化。

3. 种类

（1）DNA：是脱氧核糖核苷酸通过 3′,5′- 磷酸二酯键聚合形成的线性大分子。这条多聚脱氧核糖核苷酸分子的一端是连接在 C-5′ 原子上的磷酸基团,另一端是 C-3′ 原子上的羟基,它们分别称为 5′- 端和 3′- 端。多聚脱氧核苷酸链只能从它的 3′- 端得以延长,故 DNA 链有 5′→3′ 的方向性。

（2）RNA：是核糖核苷酸通过 3′,5′ 磷酸二酯键聚合形成的线性大分子。也有 5′→3′ 的方向性。

二、DNA 的结构与功能

1. DNA 碱基组成规律（Chargaff 规则）　①不同生物个体的 DNA,其碱基组成不同;②同一个体的不同器官或不同组织的 DNA 具有相同的碱基组成;③对于一个特定组织的 DNA,其碱基组分不随其年龄、营养状态和环境而变化;④对于一个特定的生物体,腺嘌呤（A）与胸腺嘧啶（T）的摩尔数相等,鸟嘌呤（G）与胞嘧啶（C）的摩尔数相等。

2. DNA 的结构　在特定的环境条件下（pH、离子特性、离子浓度等）,DNA 链上的功能团可产生特殊的氢键、离子作用力、疏水作用力以及空间位阻效应等,从而使得 DNA 分子的各个原子在三维空间里具有了确定的相对位置关系，这称为 DNA 的空间结构。DNA 的空间结构可分为二级结构和高级结构。

3. DNA 的一级结构　指脱氧核苷酸的排列顺序。

4. DNA 双螺旋结构　J. Watson 和 F. Crick 提出的 DNA 双螺旋结构（B 型 –DNA）具有下列特征。

（1）DNA 由两条多聚脱氧核苷酸链组成：此两条链围绕同一个螺旋轴形成反平行的右手螺旋的结构。一条链的 $5' \to 3'$ 方向是自上而下，另一条链的 $5' \to 3'$ 方向是自下而上，呈现反向平行。DNA 双螺旋结构的直径为 2.37nm，螺距为 3.54nm。

（2）DNA 的两条多聚脱氧核苷酸链之间形成互补碱基对：一条链上的 A 与另一条链上的 T 形成两对氢键；一条链上的 G 与另一条链上的 C 形成三对氢键。碱基对平面与双螺旋结构的螺旋轴近乎垂直。平均每一个螺旋有 10.5 个碱基对，碱基对平面之间的垂直距离为 0.34nm。

（3）两条多聚脱氧核苷酸链的亲水性骨架将互补碱基对包埋在 DNA 双螺旋结构内部：DNA 双链的反向平行走向使得碱基对与磷酸骨架的连接呈现非对称性，从而在 DNA 双螺旋结构的表面上产生一个大沟和一个小沟。

（4）两个碱基对平面重叠产生碱基堆积作用：这种作用和互补链之间碱基对的氢键共同维系 DNA 双螺旋结构的稳定。

5. DNA 双螺旋结构的多样性（表 1–3）　在生物体内，DNA 的右手双螺旋结构不是 DNA 在自然界中唯一存在方式。不同的 DNA 双螺旋结构是与基因表达的调节和控制相适应的。

表 1–3　DNA 双螺旋结构的多样性

类别	A 型 –DNA	B 型 –DNA	Z 型 –DNA
螺旋旋向	右手螺旋	右手螺旋	左手螺旋
螺旋直径 /nm	2.55	2.37	1.84
每一螺旋的碱基对数目	11	10.5	12
螺距 /nm	2.53	3.54	4.56
相邻碱基对之间的垂直间距 /nm	0.23	0.34	0.38
糖苷键构象	反式	反式	嘧啶为反式，嘌呤为顺式，反式和顺式交替
使构象稳定的相对环境湿度	75%	92%	
碱基对平面法线与主轴的夹角	19°	1°	9°
大沟	窄深	宽深	相当平坦
小沟	宽浅	窄深	窄深

6. DNA 的多链结构

（1）自然界存在着多条链结合在一起的 DNA 结构。在酸性的溶液中胞嘧啶 N-3 原子可被质子化,这使得它可以在 DNA 双链的大沟一侧与已有的 GC 碱基对中的鸟嘌呤 N-7 原子形成了新的氢键,同时,胞嘧啶的 C-4 位氨基的氢原子也可与鸟嘌呤的 C-6 位氧形成了新的氢键。这种氢键命名为 Hoogsteen 氢键。这样就形成了含有三个碱基的 C⁺GC 平面,其中 GC 之间以 Watson-Crick 氢键结合,C⁺G 之间是以 Hoogsteen 氢键结合。同理,DNA 也可形成 TAT 的三碱基平面。

（2）当 DNA 双链中一条链的核苷酸序列富含嘌呤时,对应的互补链必然是富含嘧啶,它们形成了正常的 DNA 双链。如果还有一条富含嘧啶的单链(其序列与富含嘧啶链具有极高的相似度),并且环境条件为酸性时,这条链上的嘧啶就会与双链中的嘌呤形成 Hoogsteen 氢键,从而生成了 DNA 的三链结构。人们曾经利用这样的三链结构来尝试调控基因的表达。

（3）真核生物染色体 3′- 端是一段高度重复的富含 GT 的单链,被称为端粒。作为单链结构的端粒,具有较大的柔韧度,可自身回折形成一个称为 G- 四链的特殊结构。人们推测这种 G- 四链结构是用来保护端粒的完整性。

某些癌基因的启动子和 mRNA 的 3′- 非翻译区都有一些富含鸟嘌呤的序列。这些序列可以通过形成特定的 G- 四链结构对基因转录和蛋白质合成进行适度的调控。受离子类型、离子浓度、鸟嘌呤 G 排列顺序的影响,富含鸟嘌呤的序列可形成具有不同拓扑构象的 G- 四链体。

7. DNA 高级结构

（1）DNA 双链经过盘绕折叠形成致密的高级结构,当盘绕方向与 DNA 双螺旋方向相同时,其超螺旋结构为正超螺旋;反之则为负超螺旋(自然条件下 DNA 双链的主要存在形式)。在生物体内,DNA 的超螺旋结构是拓扑异构酶参与下形成的。

（2）封闭环状的 DNA 具有超螺旋结构:绝大部分原核生物的 DNA 是环状的双螺旋分子。负超螺旋形式产生了 DNA 双链的局部解链效应,有助于诸如复制、转录等进行。线粒体 DNA(mt DNA)也是具有封闭环状的双螺旋结构。

（3）真核生物 DNA 被逐级有序地组装成高级结构

1）在细胞周期的大部分时间里,细胞核内的 DNA 以松散的染色质形式存在,在细胞分裂期间,细胞核内的 DNA 形成高度致密的染色体。

2）核小体:是染色质基本组成单位,由一段双链 DNA 和 4 种碱性的组蛋白(H)共同构成的。八个组蛋白分子(H2A×2,H2B×2,H3×2 和 H4×2)共同形成了一个八聚体的核心组蛋白,长度约 146bp 的 DNA 双链在核心组蛋白上盘绕 1.75 圈,形成核小体的核心颗粒。组蛋白 H1 发挥稳定核小体结构的作用。核小体核心颗粒和 DNA 双链形成串珠状结构,也称为染色质纤维。

3）折叠顺序:第 1 次形成染色质纤维(压缩约 7 倍)→第 2 次形成中空状螺线管(压

缩约 40~60 倍）→第 3 次形成超螺线管（压缩 40 倍）→形成染色单体,在核内组装成染色体（压缩 5~6 倍）。

8. DNA 的功能

（1）生物体的遗传信息是以基因的形式存在的。基因（gene）是编码 RNA 或多肽链的 DNA 片段,DNA 中特定的核苷酸序列。

（2）DNA 是生物体遗传信息的载体,并为基因复制和转录提供了模板。它是生命遗传的物质基础,也是个体生命活动的信息基础。

（3）DNA 性质:①高度稳定性,用来保持生物体系遗传特征的相对稳性。②高度复杂性,DNA 可发生各种重组和突变,使大自然表现出丰富的生物多样性。

三、DNA 理化性质及其应用

1. DNA 变性

（1）DNA 变性:指某些极端的理化条件可以断裂 DNA 双链互补碱基对之间的氢键以及破坏碱基堆积力,使一条DNA 双链解离成为两条单链的现象。

（2）DNA 的增色效应:指在 DNA 解链过程中,有更多的包埋在双螺旋结构内部的碱基得以暴露,因此含有 DNA 的 260nm 处的吸光度随之增加的现象。监测 DNA 在 260nm 吸光度的变化,可判断 DNA 是否变性。

（3）解链温度（T_m 或称熔解温度）:指在 DNA 解链曲线上,紫外吸光度的变化（ΔA_{260}）达到最大变化值的一半时所对应的温度。在此温度时,50% 的 DNA 双链解离成单链。DNA 的 T_m 值与 DNA 长短、碱基的 GC 含量相关。GC 的含量越高、离子强度越高,T_m 值也越高。

> ⓘ 提示
>
> 　　DNA 变性破坏了 DNA 的空间结构,但未改变 DNA 的核苷酸序列。

2. DNA 复性　指把变性条件缓慢地除去后,两条解离的 DNA 互补链可重新互补配对形成 DNA 双链,恢复原来的双螺旋结构的现象。热变性的 DNA 经缓慢冷却后可以复性,这过程也称为退火。但是,将热变性的 DNA 迅速冷却至 4℃时,两条解离的互补链还来不及形成双链,所以 DNA 不能发生复性。这一特性被用来保持解链后的 DNA 单链处在变性状态。

3. 核酸杂交　指将不同种类的 DNA 单链或 RNA 单链混合在同一溶液中,只要这两种核酸单链之间存在着一定程度的碱基互补关系,它们就有可能形成杂化双链的现象。

这种双链可在两条不同的 DNA 单链、两条 RNA 单链之间、一条 DNA 单链和一条 RNA 单链之间形成。这一技术被广泛地用来研究 DNA 片段因组中的定位、鉴定核酸分子间的序列相似性、检测靶基因在待检样品中存在与否等。

4. **核酸的紫外线吸收**　①嘌呤和嘧啶是含有共轭双键的杂环分子。故碱基、核苷、核苷酸和核酸在紫外波段都有较强烈的吸收。在中性条件下，<u>其最大吸收值在 260nm 附近</u>。②核酸为多元酸，有较强的酸性。DNA 和 RNA 都是线性高分子，溶液的黏滞度极大。③溶液中的核酸分子在引力场中可以沉淀。在超速离心形成的引力场中，不同构象核酸分子的沉降速率有很大差异。这是超速离心法提取和纯化不同构象核酸的理论。

四、RNA 结构与功能

1. **分类**　一般 RNA 是 DNA 的转录产物。RNA 在生命活动中发挥重要作用。RNA 可分为编码 RNA 和非编码 RNA。

（1）编码 RNA：是从基因组上转录而来、其核苷酸序列可以翻译成蛋白质的 RNA，编码 RNA 仅有信使 RNA 一种。

（2）非编码 RNA：不编码蛋白质。非编码 RNA 可分为以下两类。

1）确保实现基本生物学功能的 RNA：包括转运 RNA（tRNA）、核糖体 RNA（rRNA）、端粒 RNA、信号识别颗粒（SRP）RNA 等，它们的丰度基本恒定，故称为组成性非编码 RNA。

2）调控性非编码 RNA：它们的丰度随外界环境（应激条件等）和细胞性状（成熟度、代谢活跃度、健康状态等）而发生改变，在基因表达过程中发挥重要的调控作用。

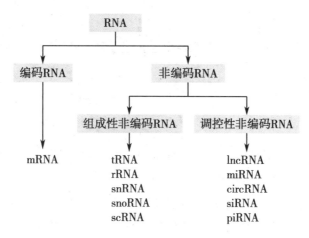

2. **信使 RNA（mRNA）**　<u>mRNA 是蛋白质生物合成的模板</u>。

（1）特点：在生物体内，mRNA 的<u>丰度最小</u>，仅占细胞 RNA 总重量的 2%~5%。<u>种类最多，大小各不相同</u>。mRNA 的平均寿命相差甚大。

（2）mRNA 5′- 端的帽结构：<u>大部分真核细胞 mRNA 的 5′- 端都有一个反式 7- 甲基鸟嘌呤 – 三磷酸核苷（ m^7Gppp ）的起始结构，被称为 5′- 帽结构</u>。5′- 帽结构可与帽结合蛋白（CBP）形成复合体，有助于维持 mRNA 的稳定性，协同 mRNA 从细胞核向细胞质的转运，以及在蛋白质生物合成中促进核糖体和翻译起始因子的结合。

（3）mRNA 3′- 端的多聚腺苷酸尾结构：①<u>真核生物 mRNA 的 3′- 端是一段由 80~250</u>

个腺苷酸连接而成的多聚腺苷酸结构,称多聚腺苷酸尾或多聚(A)尾[poly(A)tail]结构。该结构是在 mRNA 转录完成以后加入的,由多聚腺苷酸聚合酶催化。目前认为,3′- 多聚(A)尾结构和 5′- 帽结构共同负责 mRNA 从细胞核向细胞质的转运、维持 mRNA 的稳定性以及翻译起始的调控。②有些原核生物 mRNA 的 3′- 端也有多聚(A)尾结构,但长度较短。

 提示

> 原核生物 mRNA 没有 5′- 端的帽结构,但部分有 3′- 多聚(A)尾结构。

（4）成熟 mRNA：在真核细胞,细胞核内新生成的 mRNA 初级产物称为核不均一 RNA(hnRNA)。hnRNA 含有许多交替相隔的外显子(构成 mRNA 的序列片段)和内含子(非编码序列)。在 hnRNA 向细胞质转移的过程中,内含子被剪切掉,外显子连接在一起。再经过加帽和加尾修饰后,hRNA 成为成熟 mRNA。

（5）mRNA 的核苷酸序列决定蛋白质的氨基酸序列：一条成熟的真核 mRNA(图 1-3)包括 5′- 非翻译区、编码区和 3′- 非翻译区。

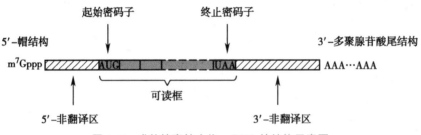

图 1-3　成熟的真核生物 mRNA 的结构示意图

1）5′- 非翻译区(5′-UTR)：指从成熟 mRNA 的 5′- 帽结构到核苷酸序列中第一个 AUG(即起始密码子)之间的核苷酸序列。

2）编码区：从这个 AUG 开始,每三个连续的核苷酸组成一个遗传密码子,每个密码子编码一个氨基酸,直到由三个核苷酸(UAA,或 UAG,或 UGA)组成的终止密码子。由起始密码子和终止密码子所限定的区域定义为 mRNA 的编码区,也称可读框(ORF),是编码蛋白质多肽链的核苷酸序列。

3）3′- 非翻译区(3′-UTR)：从 mRNA 可读框的下游直到多聚 A 尾的区域。此区通过与调控因子或非编码 RNA 的相互作用调控蛋白质生物合成。

3. tRNA　为蛋白质合成中氨基酸的载体。

（1）特点：tRNA 占细胞 RNA 总重量的 15% 左右。已知的 tRNA 是由 74~95 个核苷酸组成。tRNA 具有稳定的空间结构。

（2）tRNA 含多种稀有碱基：稀有碱基如双氢尿嘧啶(DHU)、假尿嘧啶核苷(Ψ)和甲基化的嘌呤（m^7G、m^7A）等。tRNA 中稀有碱基占所有碱基的 10%~20%，均为转录后修饰而成。

（3）tRNA 有特定的空间结构：tRNA 局部双螺旋结构之间的核苷酸序列不能形成互补的碱基对，则膨出形成环状或襻状结构，称为茎环结构或发夹结构。

1）二级结构：<u>酷似三叶草形状</u>（图 1-4）。位于两侧的发夹结构分别称为 DHU 环和 TΨC 环；位于上方的茎称为氨基酸臂（接纳茎）；位于下方的发夹结构称为反密码子环。在反密码子环与 TΨC 环之间还有一个可变臂。除可变臂和 DHU 环外，其他部位的核苷酸数目和碱基对具有高度保守性。

2）空间结构：<u>呈倒 L 形</u>。稳定 tRNA 三级结构的力是某些氢键和碱基堆积力。

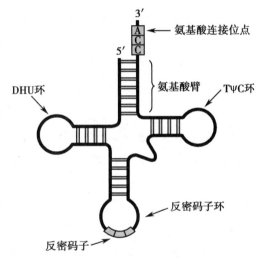

图 1-4　tRNA 的二级结构形似三叶草

（4）tRNA 的 3′- 端连接着氨基酸：tRNA 的 3′- 端都是以 CCA 三个核苷酸结束的，氨酰 -tRNA 合成酶将氨基酸通过酯键连接在腺嘌呤 A 的 C-3′ 原子上，生成氨酰 -tRNA，从而使 tRNA 成为氨基酸的载体。只有连接在 RNA 的氨基酸才能参与蛋白质的生物合成。tRNA 所携载的氨基酸种类是由 tRNA 的反密码子决定。

（5）<u>tRNA 的反密码子能识别 mRNA 的密码子</u>：tRNA 的反密码子环由 7~9 个核苷酸组成，居中的 3 个核苷酸通过碱基互补配对的关系识别 mRNA 上的密码子，因此被称为反密码子。如携带酪氨酸的 tRNA 反密码子是 -GUA-，可以与 mRNA 上编码酪氨酸的密码子 -UAC- 互补配对。

4. rRNA　<u>以 rRNA 为主要成分的核糖体是蛋白质合成的场所。</u>

（1）核糖体 RNA（rRNA）：是细胞中含量最多的 RNA。rRNA 有确定的种类和保守的核苷酸序列。rRNA 与核糖体蛋白共同构成核糖体。

（2）核糖体组成（表 1-4）：原核细胞有三种 rRNA，依照分子量的大小分为 5S、16S 和 23S（S 是大分子物质在超速离心沉降中的沉降系数）。它们与不同的核糖体蛋白结合分别形成了核糖体的大亚基和小亚基。真核细胞的四种 rRNA，5S、5.8S、18S 和 28S 也利用相类似的方式构成了真核细胞核糖体的大亚基和小亚基。

表 1-4　核糖体组成

组成	原核细胞（以大肠埃希菌为例）	真核细胞（以小鼠肝为例）
小亚基	30S	40S
rRNA	16S	18S
蛋白质	21 种	33 种
大亚基	50S	60S
rRNA	5S、23S	5S、5.8S、28S
蛋白质	31 种	49 种

注：S 是大分子物质在超速离心沉降中的沉降系数。

> **ⓘ 提示**
>
> 大肠埃希菌核糖体的沉降系数为 70S，由 50S 和 30S 两个大小亚基组成。真核细胞核糖体的沉降系数为 80S，由 60S 和 40S 大小两个亚基构成。

5. 其他 RNA

（1）组成性非编码 RNA：是保障遗传信息传递的关键因子。

1）催化小 RNA：也称核酶，是细胞内具有催化功能的小 RNA，有催化特定 RNA 降解的活性，参与 RNA 合成后的剪接修饰。

2）核仁小 RNA（snoRNA）：参与 rRNA 的加工，tRNA 核糖 C-2′ 的甲基化、假尿嘧啶化修饰。

3）核小 RNA（snRNA）：参与真核 mRNA 的成熟过程，参与组成核小核糖核蛋白。

4）胞质小 RNA（scRNA）：存在于细胞质中，与蛋白质结合形成复合体后发挥作用，参与形成信号识别颗粒。

（2）调控性非编码 RNA：参与基因表达调控。

1）非编码小 RNA（sncRNA）：①微 RNA（miRNA），对基因表达的调控作用表现在转录后水平上，主要是下调靶基因的表达。②干扰小 RNA（siRNA）：外源性 siRNA 可以与 AGO 蛋白结合，并诱导这些 mRNA 的降解。siRNA 还可抑制转录。③piRNA：与 PIWI 蛋白家族成员结合形成 piwi 复合物来调控基因沉默。

2）长非编码 RNA（lncRNA）：不编码蛋白质。具有 poly（A）尾巴和启动子，但序列中不存在可读框。

- lncRNA 可来源于蛋白质编码基因、假基因以及蛋白质编码基因之间的 DNA 序列。

lncRNA 定位于细胞核内和细胞质内,具有强烈的组织特异性与时空特异性,不同组织之间的 lncRNA 表达量不同,同一组织或器官在不同生长阶段,lncRNA 表达量也不同。

● lncRNA 与人类疾病的发生密切相关,包括癌症以及退行性神经疾病在内的多种严重危害人类健康的重大疾病。

3)环状 RNA(circRNA):有序列的高度保守性,具有一定的组织时序和疾病特异性。circRNA 分子富含 mRNA 的结合位点,在细胞中起 miRNA 海绵的作用,通过结合 miRNA,解除 miRNA 对其靶基因的抑制作用,升高靶基因的表达水平,产生生物学效应。

───○ 经 典 试 题 ○───

(研)1. DNA 双螺旋结构中,每一螺旋碱基对数目为 10.5 的结构是

　　A. A 型 –DNA

　　B. B 型 –DNA

　　C. D 型 –DNA

　　D. Z 型 –DNA

(执)2. 含稀有碱基最多的 RNA 是

　　A. rRNA

　　B. mRNA

　　C. tRNA

　　D. hnRNA

　　E. snRNA

(执)3. 维系 DNA 双链间碱基配对的化学键是

　　A. 氢键

　　B. 磷酸二酯键

　　C. 肽键

　　D. 疏水键

　　E. 糖苷键

【答案与解析】

1. B。解析:DNA 双螺旋结构中,每一螺旋的碱基对数目如下:A 型 –DNA 为 11,B 型 –DNA 为 10.5,Z 型 –DNA 为 12。故选 B。

2. C　3. A

温 故 知 新

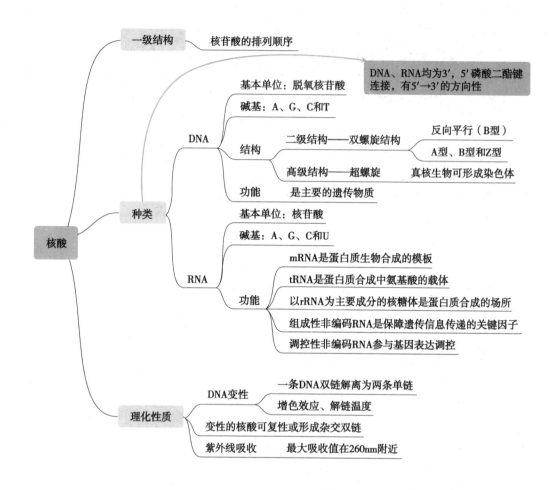

第三节　酶与酶促反应

一、酶的基本概念

酶是催化特定反应的蛋白质,是一种生物催化剂。

1. 由一条肽链构成的酶称为单体酶,如牛胰核糖核酸酶 A 等。

2. 由多个相同或不同的肽链(即亚基)以非共价键连接组成的酶称为寡聚酶,如蛋白激酶 A 和磷酸果糖激醇 –1 均含有 4 个亚基。

3. 在某一代谢途径中按序催化完成一组连续反应的几种具有不同催化功能的酶可彼此聚合形成一个结构和功能上的整体,此即为多酶复合物,亦称为多酶体系。

4. 一些酶在一条肽链上同时具有多种不同的催化功能,这类酶称为多功能酶或串联酶,如氨基甲酰磷酸合成酶Ⅱ、天冬氨酸氨基甲酰转移酶和二氢乳清酸酶即位于同一条肽链上。

二、酶的催化作用

1. 酶的分子结构　酶按分子组成可分为单纯酶和缀合酶。

（1）单纯酶：水解后仅有氨基酸组分而无其他组分的酶。

（2）缀合酶（亦称结合酶）：是由蛋白质部分（酶蛋白）和非蛋白质部分（辅因子）共同组成。酶蛋白主要决定酶促反应的特异性及其催化机制；辅因子主要决定酶促反应的类型。酶蛋白与辅因子结合在一起称为全酶，只有全酶才具有催化作用。

（3）辅因子分类（表1-5）：辅因子按其与酶蛋白结合的紧密程度与作用特点不同可分为辅酶和辅基。

表 1-5　辅因子分类

鉴别点	辅酶	辅基
与酶蛋白相连	多为非共价键	形成共价键
与酶蛋白结合	较疏松	较紧密
经透析或超滤	可除去	不易除去
在酶促反应中表现	作为底物接受质子或基团后离开酶蛋白	辅基不能离开酶蛋白

（4）辅因子多为小分子的有机化合物或金属离子。参与组成辅酶的维生素，见表1-6。

表 1-6　参与组成辅酶的维生素

辅酶或辅基	缩写	转移的基团	所含维生素
烟酰胺腺嘌呤二核苷酸，辅酶Ⅰ	NAD^+	氢原子、电子	烟酰胺（维生素PP）
烟酰胺腺嘌呤二核苷酸磷酸，辅酶Ⅱ	$NADP^+$	氢原子、电子	烟酰胺（维生素PP）
黄素单核苷酸	FMN	氢原子	维生素 B_2
黄素腺嘌呤二核苷酸	FAD	氢原子	维生素 B_2
焦磷酸硫胺素	TPP	醛基	维生素 B_1
磷酸吡哆醛		氨基	维生素 B_6
辅酶 A	CoA	酰基	泛酸
生物素		二氧化碳	生物素
四氢叶酸	FH_4	一碳单位	叶酸
甲基钴胺素		甲基	维生素 B_{12}
5′-脱氧腺苷钴胺素		相邻碳原子上氢原子、烷基、羧基的互换	维生素 B_{12}

金属离子是最多见的辅因子。有的金属离子与酶结合紧密,提取过程中不易丢失,这类酶称为金属酶。有的金属离子虽为酶的活性所必需,但与酶为可逆结合,这类酶称为金属激活酶。

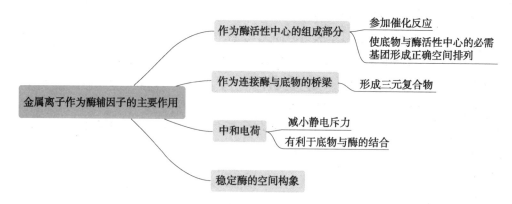

2. 酶的活性中心 酶分子中能与底物特异地结合并催化底物转变为产物的具有特定三维结构的区域称为酶的活性中心或酶的活性部位。辅酶和辅基往往是酶活性中心的组成成分。酶分子中有许多化学基团,其中与酶的活性密切相关的基团称为酶的必需基团。

(1)酶活性中心内的必需基团:①结合基团,可识别与结合底物和辅酶形成酶–底物过渡态复合物;②催化基团,可影响底物中某些化学键的稳定性,催化底物发生化学反应,进而转变成产物。

(2)酶活性中心外的必需基团:不直接参与催化作用,却为维持酶活性中心的空间构象和/或作为调节剂的结合部位所必需。

酶的活性中心具有三维结构,往往形成裂缝或凹陷。这些裂缝或凹陷由酶的特定空间构象所维持,深入到酶分子内部,且多由氨基酸残基的疏水基团组成,形成疏水"口袋"。例如,溶菌酶的活性中心是一裂隙结构,可以容纳 6 个 N– 乙酰氨基葡糖环(A、B、C、D、E、F)。

3. 同工酶 是指催化相同的化学反应,但酶蛋白的分子结构、理化性质乃至免疫学性质不同的一组酶。同工酶虽然在一级结构上存在差异,但其活性中心的三维结构相同或相似,可以催化相同的化学反应。

(1)动物的乳酸脱氢酶(LDH)是一种含锌的四聚体酶。LDH 由骨骼肌型(M 型)和心肌型(H 型)两种类型的亚基以不同的比例组成 5 种同工酶,即 LDH1(H_4)、LDH2(H_3M)、LDH3(H_2M_2)、LDH4(HM_3)、LDH5(M_4),它们均能催化 L– 乳酸与丙酮酸之间的氧化还原反应。

(2)临床上检测血清中同工酶活性、分析同工酶谱有助于疾病的诊断和预后判定。例如肌酸激酶(CK),脑中含 CK_1(BB 型),心肌中含 CK_2(MB 型),骨骼肌中含 CK_3(MM 型)。CK_2 常作为临床早期诊断心肌梗死的指标之一。

4. 酶的作用机制

(1)酶与一般催化剂的共同点:在化学反应前后都没有质和量的改变。它们都只能催化热力学允许的化学反应；只能加速反应的进程，而不改变反应的平衡点，即不改变反应的平衡常数。

（2）酶具有不同于一般催化剂的显著特点：酶对底物具有极高的催化效率、酶对底物具有高度的特异性、酶具有可调节性和不稳定性。

1）绝对特异性：有的酶只作用于特定结构的底物分子，进行一种专一的反应，生成一种特定结构的产物。这种特异性称为绝对特异性。有些具有绝对特异性的酶只能催化底物的一种光学异构体或一种立体异构体进行反应。

2）相对特异性：有些酶对底物的特异性不是依据整个底物分子结构，而是依据底物分子中特定的化学键或特定的基团，故可以作用于含有相同化学键或化学基团的一类化合物，这种选择性称为相对特异性。

3）体内许多酶的酶活性和酶的含量受体内代谢物或激素的调节。

4）酶促反应往往都是在常温、常压和接近中性的条件下进行的。在某些理化因素（如高温、强酸、强碱等）的作用下，酶会发生变性而失去催化活性。

（3）酶通过促进底物形成过渡态而提高反应速率

1）酶比一般催化剂更有效地降低反应的活化能；衍生于酶与底物相互作用的能量叫作结合能，这种结合能的释放是酶降低反应活化能所利用的自由能的主要来源。

2）酶与底物结合形成中间产物，此过程是释能反应，释放的结合能是降低反应活化能的主要能量来源。

● 诱导契合作用使酶与底物密切结合：诱导契合作用使得具有相对特异性的酶能够结合一组结构并不完全相同的底物分子，酶构象的变化有利于其与底物结合，并使底物转变为不稳定的过渡态，易受酶的催化攻击而转化为产物。

● 邻近效应与定向排列使诸底物正确定位于酶的活性中心：这种邻近效应与定向排列实际上是将分子间的反应变成类似于分子内的反应，从而提高反应速率。

● 表面效应使底物分子去溶剂化：酶的活性中心多形成疏水"口袋"，这样就造成一种有利于酶与其特定底物结合并催化其反应的环境。

酶促反应在此疏水环境中进行，使底物分子去溶剂化，排除周围大量水分子对酶和底物分子中功能基团的干扰性吸引和排斥，防止水化膜的形成，利于底物与酶分子的密切接触和结合，这种现象称为表面效应。

（4）酶的催化机制呈现多元催化作用

1）普通酸碱催化作用：酶分子所含有的多种功能基团具有不同的解离常数，即使同一种功能基团处于不同的微环境时，解离程度也有差异。酶活性中心上有些基团是质子供体（酸），有些基团是质子受体（碱）。这些基团参与质子的转移可使反应速率提高 $10^2\sim10^5$ 倍。

2）共价催化：是指催化剂与反应物形成共价结合的中间物，降低反应活化能，然后把被转移基团传递给另外一个反应物的催化作用。

当酶分子催化底物反应时，它可通过其活性中心上的亲核催化基团给底物中具有部分正电性的原子提供一对电子形成共价中间物(亲核催化),或通过其酶活性中心上的亲电子催化基团与底物分子的亲核原子形成共价中间物(亲电子催化),使底物上被转移基团传递给其辅酶或另外一个底物。

> (i) **提示**
>
> 酶的活性中心是酶分子执行其催化功能的部位。酶既可起亲核催化作用,又可起亲电子催化作用。

三、酶促反应动力学

酶促反应动力学是研究酶促反应速率以及各种因素对酶促反应速率影响机制的科学。酶促反应速率可受酶浓度、底物浓度、pH、温度、抑制剂及激活剂等多种因素的影响。

1. 底物浓度对酶促反应速率的影响(图1-5)呈矩形双曲线

(1)在酶浓度和其他反应条件不变的情况下,反应速率(v)对底物浓度[S]作图呈矩形双曲线。

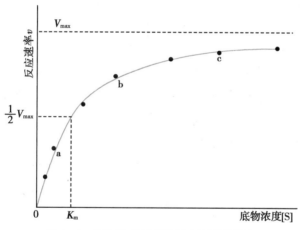

图1-5 底物浓度对酶促反应速率的影响

(2)米-曼方程揭示单底物反应的动力学特性

1)酶-底物中间复合物学说:酶(E)与底物(S)生成酶底物中间复合物(ES),然后ES分解生成产物(P)和游离的酶。

$$E+S \underset{k_2}{\overset{k_1}{\rightleftharpoons}} ES \overset{k_3}{\longrightarrow} E+P$$

式中k_1、k_2、k_3分别为各项反应的速率常数。

2)米-曼方程:$v=V_{max}[S]/K_m+[S]$,式中V_{max}为最大反应速度,K_m为米氏常数。

当[S]远远小于K_m时,分母中的[S]可忽略不计,米氏方程可简化为$v=V_{max}[S]/K_m$,

此时 v 与 [S] 成正比关系,反应呈一级反应。当 [S] 远远大于 K_m 时,K_m 可忽略不计,此时 $v=V_{max}$,反应呈零级反应。

（3）K_m：①K_m 值等于酶促反应速度为最大速度一半时的底物浓度,即当 $v=1/2V_{max}$ 时,$K_m=$[S]。②K_m 值是酶的特征性常数,只与酶的结构、底物和反应环境有关,与酶浓度无关,各种酶的 K_m 值不同。③K_m 在一定条件下可表示酶对底物的亲和力。K_m 值愈小,酶与底物的亲和力愈大。

（4）V_{max} 是酶完全被底物饱和时的反应速度。

（5）酶的转换数：指当酶被底物充分饱和时（V_{max}）,单位时间内每个酶分子（或活性中心）催化底物转变为产物的分子数,即 k_3 为酶的转换数。酶的转换数可用来表示酶的催化效率。

（6）K_m 和 V_{max} 常通过林 – 贝作图法求取。

2. 底物足够时酶浓度对酶促反应速率的影响（图 1-6）呈直线关系

3. 温度对酶促反应速率的影响（图 1-7）具有双重性

（1）酶促反应时,随反应体系温度增加,反应速率提高;当温度升高达到一定临界值时,使酶变性,酶促反应速率下降。

（2）酶的最适温度：指酶促反应速率最大时的反应系统温度。它不是酶的特征性常数,与反应时间有关。酶在低温下活性降低,随着温度的回升酶活性逐渐恢复。医学上用低温保存酶和菌种等生物制品就是利用了酶的这一特性。

哺乳类动物组织中酶的最适温度多在 35~40℃之间。能在较高温度生存的生物,细胞内酶的最适反应温度亦较高。

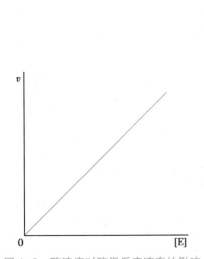

图 1-6　酶浓度对酶促反应速率的影响

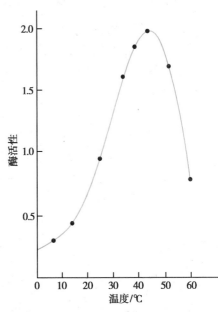

图 1-7　温度对酶促反应速率的影响

4. pH 通过改变酶分子及底物分子的解离状态影响酶促反应速率

（1）酶促反应的最适 pH：指酶催化活性最高时反应体系的 pH。酶的最适 pH 不是酶的特征性常数，它受底物浓度、缓冲液种类与浓度以及酶的纯度等影响。

（2）不同酶的最适 pH 各不相同，除少数（如胃蛋白酶的最适 pH 约为 1.8，肝精氨酸酶的最适 pH 为 9.8）外，动物体内多数酶的最适 pH 接近中性。

（3）溶液 pH 高于或低于最适 pH 时，酶活性降低，远离最适 pH 时还会导致酶变性失活。

> **提示**
>
> 酶的最适温度、最适 pH 均不是酶的特征性常数。

5. 酶的抑制剂　能使酶活性下降而又不引起酶蛋白变性的物质统称为酶的抑制剂（I）。抑制剂可与酶活性中心或活性中心之外的调节位点结合，从而抑制酶的活性。

（1）不可逆性抑制剂：不可逆性抑制剂和酶活性中心的必需基团共价结合使酶失活。此类抑制剂不能用透析、超滤等方法去除。如有机磷农药特异地与胆碱酯酶活性中心丝氨酸残基的羟基结合，使胆碱酯酶失活。

（2）可逆性抑制剂：可逆性抑制剂与酶非共价可逆性结合，使酶活性降低或消失。可逆性抑制作用遵守米氏方程。三种典型的可逆性抑制作用比较，见表 1-7。

表 1-7　三种典型的可逆性抑制作用比较

鉴别要点	竞争性抑制剂	非竞争性抑制剂	反竞争性抑制剂
含义	抑制剂和酶的底物在结构上相似，可与底物竞争结合酶的活性中心，从而阻碍酶与底物形成中间产物	抑制剂与酶活性中心外的结合位点相结合，不影响酶与底物的结合，底物也不影响酶与抑制剂的结合。底物和抑制剂之间无竞争关系，但抑制剂-酶-底物-复合物（IES）不能进一步释放出产物	抑制剂也与酶活性中心外的调节位点结合，但抑制剂仅与酶-底物复合物结合，使中间产物 ES 的量下降
举例	丙二酸对琥珀酸脱氢酶的抑制作用，磺胺类药物抑制二氢蝶酸合酶	亮氨酸对精氨酸酶的抑制、毒毛花苷 G（哇巴因）对细胞膜 Na^+、K^+-ATP 酶的抑制，麦芽糖对 α 淀粉酶的抑制	苯丙氨酸对胎盘型碱性磷酸酶的抑制
特点	与底物竞争结合酶的活性中心	结合酶活性中心外的调节位点	结合位点由底物诱导产生
I 的结合部位	E	E、ES	ES
K_m	增大	不变	减小
V_{max}	不变	降低	降低

提示

　　透析、超滤或稀释等物理方法去除可逆性抑制剂,可使酶活性恢复。

　　(3)激活剂:指使酶由无活性变为有活性或使酶活性增加的物质。激活剂可提高酶促反应速率,大多为金属离子,也有许多有机化合物激活剂。

　　1)必需激活剂:如己糖激酶催化的反应中,Mg^{2+} 与底物 ATP 结合生成 Mg^{2+}–ATP,后者作为酶的真正底物参加反应。但激活剂本身不转化为产物。

　　2)非必需激活剂:Cl^- 是唾液淀粉酶的非必需激活剂。

四、酶的调节

　　细胞内许多酶的活性是可受调节的。通过调节,有些酶可在有活性和无活性,或者高活性和低活性两种状态之间转变。此外,某些酶在细胞内的含量也可改变,从而改变酶在细胞内的总活性。

　　1. 酶活性的调节

　　(1)别构调节:别构效应剂通过改变酶的构象而调节酶活性。别构酶分子中常含有多个(偶数)亚基,具有多亚基的别构酶存在着正、负协同效应。

　　1)受别构调节的酶称为别构酶,引起别构效应的物质称为别构效应剂。酶分子与别构效应剂结合的部位称为别构部位或调节部位。

　　2)根据别构效应剂对别构酶的调节效果,有别构激活剂和别构抑制剂之分。

　　3)别构酶分子中常含有多个(偶数)亚基,具有多亚基的别构酶也与血红蛋白一样,存在着协同效应,包括正协同效应和负协同效应。

　　(2)化学修饰调节:通过某些化学基团与酶的共价可逆结合来实现。在化学修饰过程中,酶发生无活性(或低活性)与有活性(或高活性)两种形式的互变。酶的共价修饰中最常见的形式是磷酸化和去磷酸化。

　　1)酶蛋白的磷酸化是在蛋白激酶的催化下,来自 ATP 的 γ– 磷酸基共价地合在酶蛋白的 Ser、Thr 或 Tyr 残基的侧链羟基上。

　　2)磷酸化的酶蛋白在磷蛋白磷酸酶催化下,磷酸酯键被水解而脱去磷酸基。

　　(3)酶原激活:无活性的酶的前体称作酶原。在一定条件下,酶原向有催化活性的酶的转变过程称为酶原的激活。酶原的激活大多是经过蛋白酶的水解作用,去除一个或几个肽段后,导致分子构象改变,从而表现出催化活性。酶原激活实际上是酶的活性中心形成或暴露的过程。酶原的存在和酶原激活具有重要的生理意义。

　　1)消化道蛋白酶以酶原形式分泌可避免胰腺的自身消化和细胞外基质蛋白遭受蛋白酶的水解破坏,同时还能保证酶在特定环境和部位发挥其催化作用。

　　2)生理情况下,血管内的凝血因子以酶原形式存在。一旦血管破损,一系列凝血因子被激活凝血酶原被激活生成凝血酶,后者催化纤维蛋白原转变成纤维蛋白,产生血凝块以阻止大量失血,对机体起保护作用。

2. 酶含量的调节

(1)酶蛋白合成可被诱导或阻遏:一般在转录水平上能促进酶合成的物质称为诱导物,诱导物诱发酶蛋白合成的作用称为诱导作用。反之,在转录水平上能减少酶蛋白合成的物质称为辅阻遏物,辅阻遏物与无活性的阻遏蛋白结合而影响基因的转录,这种作用称为阻遏作用。与酶活性的调节相比,酶合成的诱导与阻遏是一种缓慢而长效的调节。

(2)酶的降解与一般蛋白质降解途径相同:细胞内各种酶的半寿期相差很大。组织蛋白的降解途径有:

1)组织蛋白降解的溶酶体途径(非 ATP 依赖性蛋白质降解途径),由溶酶体内的组织蛋白酶非选择性催化分解一些膜结合蛋白、长半寿期蛋白和细胞外的蛋白。

2)组织蛋白降解的胞质途径(ATP 依赖性泛素介导的蛋白降解途径),主要降解异常或损伤的蛋白质,以及几乎所有短半寿期(10min~2h)的蛋白质。

> 提示
>
> 　　酶活性的调节是对酶促反应速率的快速调节,酶含量的调节则是缓慢调节。

五、酶的分类与命名

1. 酶可根据其催化的反应类型分类

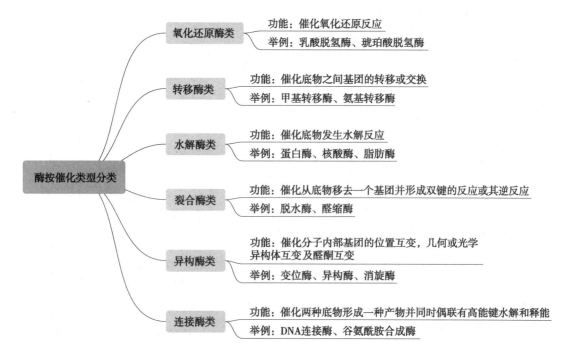

2. 每一种酶均有其系统名称和推荐名称。

（1）系统命名法：最初对合酶和合成酶进行了区分，合酶催化反应时不需要 NTP 供能，而合成酶需要。生物化学命名联合委员会（JCBN）规定：无论利用 NTP 与否，合酶能够被用于催化合成反应的任何一种酶。因此合酶属于连接酶类。

（2）国际系统分类法除按上述六类将酶依次编号外，还根据酶所催化的化学键的特点和参加反应的基团不同，将每一大类又进一步分类。每种酶的分类编号均由四组数字组成，数字前冠以 EC。编号中第一个数字表示该酶属于六大类中的哪一类；第二组数字表示该酶属于哪一亚类；第三组数字表示亚 – 亚类；第四组数字是该酶在亚 – 亚类中的排序（表 1–8）。

表 1–8　酶的分类与命名举例

分类	编号	系统名称	推荐名称
氧化还原酶类	EC.1.1.1.27	$L-$ 乳酸：NAD^+- 氧化还原酶	$L-$ 乳酸脱氢酶
转移酶类	EC.2.6.1.2	$L-$ 丙氨酸：$\alpha-$ 酮戊二酸氨基转移酶	谷丙转氨酶
水解酶类	EC.3.2.1.1	$1,4-\alpha-D-$ 葡聚糖 – 聚糖水解酶	$\alpha-$ 淀粉酶
裂合酶类	EC.4.1.2.13	$D-$ 果糖 $-1,6-$ 二磷酸 $-D-$ 甘油醛 $-3-$ 磷酸裂合酶	果糖二磷酸醛缩酶
异构酶类	EC.5.3.1.1	$D-$ 甘油醛 $-3-$ 磷酸醛 – 酮 – 异构酶	磷酸丙糖异构酶
连接酶类	EC.6.3.1.2	$L-$ 谷氨酸：氨连接酶（生成 ADP）	谷氨酰胺合成酶

六、酶在医学上的应用

1. 酶与疾病的发生、诊断及治疗密切相关

（1）酶的先天性缺陷是先天性疾病的重要病因之一

1）酪氨酸酶缺乏引起白化病。

2）苯丙氨酸羟化酶缺乏，导致精神幼稚化。

3）肝细胞中葡糖 $-6-$ 磷酸酶缺陷，可引起 Ia 型糖原贮积症。

（2）一些疾病可引起酶活性或量的异常

1）如急性胰腺炎时，胰蛋白酶原在胰腺中被激活，造成胰腺组织被水解破坏。许多炎症都可以导致弹性蛋白酶从浸润的白细胞或巨噬细胞中释放，对组织产生破坏作用。

2）激素代谢障碍或维生素缺乏可引起某些酶的异常。

3）酶活性受到抑制多见于中毒性疾病。例如，有机磷农药中毒时，抑制胆碱酯酶活性，引起乙酰胆碱堆积，导致神经、肌肉和心脏功能的严重紊乱。重金属中毒时，一些巯基酶的活性被抑制而导致代谢。

（3）体液中酶活性的改变可作为疾病的诊断指标：如急性肝炎时，血清谷丙转氨酶活性

升高;急性胰腺炎时,血、尿淀粉酶活性升高;前列腺癌患者血清酸性磷酸酶含量增高;骨癌患者血中碱性磷酸酶含量升高;卵巢癌和睾丸肿瘤患者血中胎盘型碱性磷酸酶升高。

（4）某些酶可作为药物用于疾病治疗

1）胃蛋白酶、胰蛋白酶、胰脂肪酶等可助消化。

2）胰蛋白酶、溶菌酶等有助于清洁伤口和抗炎。

3）链激酶、尿激酶及纤溶酶等溶解血栓。

2. 酶可作为试剂用于临床检验和科学研究

（1）有些酶可作为酶偶联测定法中的指示酶或辅助酶。

（2）有些酶可作为酶标记测定法中的标记酶。

（3）多种酶成为基因工程常用的工具酶:如Ⅱ型限制性内切核酸酶、DNA 连接酶、逆转录酶等。

● 经 典 试 题 ●

（研）1. 下列反应中,属于酶化学修饰的是

　　A. 强酸使酶变性失活　　　　　　　　B. 加入辅酶使酶具有活性

　　C. 肽链苏氨酸残基磷酸化　　　　　　D. 小分子物质使酶构象改变

（研）2. 酶促动力学特点为表观 K_m 不变,V_{max} 降低,其抑制作用属于

　　A. 竞争性抑制　　　　　　　　　　　B. 非竞争性抑制

　　C. 反竞争性抑制　　　　　　　　　　D. 不可逆抑制

（执）3. 酶的催化高效性是因为酶

　　A. 能升高反应的活化能

　　B. 能降低反应的活化能

　　C. 能启动热力学不能发生的反应

　　D. 可改变反应的平衡点

　　E. 对作用物（底物）的选择性

（执）4. 下列辅酶含有维生素 PP 的是

　　A. FAD　　　　　　　　　　　B. NADP⁺

　　C. CoQ　　　　　　　　　　　D. FMN

　　E. FH₄

【答案与解析】

1. C

2. B。解析:竞争性抑制时 K_m 增大,V_{max} 不变;非竞争性抑制时 K_m 不变,V_{max} 降低;反竞争性抑制时 K_m 减小,V_{max} 降低。故选 B。

3. B　4. B

◦ 温 故 知 新 ◦

```
                          单纯酶
              分子结构                    酶蛋白
                          缀合酶          辅因子      辅酶
                                                   辅基

              活性中心    是酶分子执行催化功能的部位
                                           结合基团
                          必需基团   中心内的必需基团
                                           催化基团
                                     中心外的必需基团

              同工酶    催化相同的化学反应

                                    反应前后没有质和量的改变
                          与一般催化剂的共同点   只催化热力学允许的化学反应
   酶                                        加速反应进程，但不改变反应平衡点
              作用机制               对底物有极高催化效率、高度特异性
                          显著特点   酶有可调节性和不稳定性
                          催化机制   普通酸碱催化作用、共价催化等

                                温度对酶促反应速率的影响有双重性
              酶促反应动力学    底物浓度、酶浓度、温度、pH、抑制剂和激活剂
                          Km值：是酶的特征性常数，Km值愈小，酶与底物的亲和力愈大

                                           快速调节
                          酶活性的调节    别构调节、化学修饰调节和酶原激活
              调节        酶含量的调节    缓慢调节
```

第四节　聚糖的结构与功能

一、糖蛋白分子中聚糖及其合成过程

细胞中存在着种类各异的由糖基分子与蛋白质或脂以共价键连接而形成的复合生物大分子,如糖蛋白、蛋白聚糖和糖脂等统称为复合糖类,又称为糖复合体。组成复合糖类中的糖组分是由单糖通过糖苷键聚合而成的寡糖或多糖,称为聚糖。

1. **糖蛋白**　是指糖类分子与蛋白质分子共价结合形成的蛋白质,其分子中的含糖量因

蛋白质不同而异。此外,糖蛋白分子中的单糖种类、组成比和聚糖的结构也存在显著差异。

2. 组成糖蛋白分子中聚糖的单糖有 7 种 包括葡萄糖(Glc)、半乳糖(Gal)、甘露糖(Man)、N-乙酰半乳糖胺(Gal NAc)、N-乙酰葡糖胺(GlcNAc)、岩藻糖(Fuc)和 N-乙酰神经氨酸。

3. 糖蛋白聚糖分类 按聚糖与糖蛋白的蛋白质连接方式,分类如下。

(1)N-连接型聚糖:指与蛋白质分子中天冬酰胺残基的酰胺氮相连的聚糖。

(2)O-连接型聚糖:指与蛋白质分子中丝氨酸或苏氨酸羟基相连的聚糖。

糖蛋白也相应分成 N-连接糖蛋白和 O-连接糖蛋白。不同种属、组织的同一种糖蛋白的 N-连接型聚糖的结合位置、糖基数目、糖基序列不同,可以产生不同的糖蛋白分子形式。即使是同一组织中的某种糖蛋白,不同分子的同一糖基化位点的 N-连接型聚糖结构也可以不同,这种糖蛋白聚糖结构的不均一性称为糖形。

4. N-连接型糖蛋白的糖基化位点为 Asn-X-Ser/Thr 聚糖中的 N-乙酰葡糖胺与蛋白质中天冬酰胺残基的酰胺氮以共价键连接,形成 N-连接型糖蛋白,这种蛋白质等非糖生物分子与糖形成共价结合的反应过程称为糖基化。一个糖蛋白分子可存在若干个 Asn-X-Ser/Thr 序列子,这些序列子只能视为潜在糖基化位点,能否连接上聚糖还取决于周围的立体结构等。

5. N-连接型聚糖有高甘露糖型、复杂型和杂合型之分 这 3 型 N-连接型聚糖都有一个由 2 个 N-GlcNAc 和 3 个 Man 形成的五糖核心。

6. N-连接型聚糖合成是以长萜醇作为聚糖载体 N-连接型聚糖的合成场所是粗面内质网和高尔基体,可与蛋白质肽链的合成同时进行。

7. O-连接型聚糖合成不需要聚糖载体 O-连接型聚糖常由 N-乙酰半乳糖胺与半乳糖构成核心二糖,核心二糖可重复延长及分支,再连接上岩藻糖、N-乙酰葡糖胺等单糖。与 N-连接型聚糖合成不同,O-连接型聚糖合成是在多肽链合成后进行的,而且不需聚糖载体。

8. 蛋白质 β-N-乙酰葡糖胺的糖基化是可逆的单糖基修饰 蛋白质糖基化修饰除 N-连接型聚糖修饰和 O-连接型聚糖修饰外,还有 β-N-乙酰葡糖胺的单糖基修饰(O-GlcNAc),主要发生于膜蛋白和分泌蛋白。蛋白质的 O-GlcNAc 糖基化修饰与 N- 或 O-连接型聚糖修饰不同,不在内膜(如内质网、高尔基体)系统中进行,主要存在于细胞质或胞核中。

9. 糖蛋白分子中聚糖影响蛋白质的半寿期、结构与功能

(1)聚糖可稳固多肽链的结构及延长半寿期:一般来说,去除聚糖的糖蛋白,容易受蛋白酶水解,说明聚糖可保护肽链,延长半寿期。

(2)聚糖参与糖蛋白新生肽链的折叠或聚合:不少糖蛋白的 N-连接型聚糖参与新生肽链的折叠,维持蛋白质正确的空间构象。在哺乳类动物新生蛋白质折叠过程中,具有凝集素活性的分子伴侣——钙连蛋白和/或钙网蛋白等,通过识别并结合折叠中的蛋白质(聚糖)部分,帮助蛋白质进行准确折叠,同样也能使错误折叠的蛋白质进入降解。

（3）聚糖可影响糖蛋白在细胞内的靶向运输：典型例子是溶酶体酶合成后向溶酶体的靶向运输。

（4）聚糖参与分子间的相互识别：聚糖中单糖间的连接方式有1,2连接；1,3连接；1,4连接和1,6连接；这些连接又有 α 和 β 之分。这种结构的多样性是聚糖分子识别作用的基础。

1）红细胞的血型物质含糖达 80%~90%。ABO 血型物质是存在于细胞表面糖脂中的聚糖组分。ABO 系统中血型物质 A 和 B 均是在血型物质 O 的聚糖非还原端各加上 GalNAc 或 Gal，仅一个糖基之差，使红细胞能分别识别不同的抗体，产生不同的血型。细菌表面存在各种凝集素样蛋白，可识别人体细胞表面的聚糖结构，进而侵袭细胞。

2）免疫球蛋白 G（IgG）属于 N– 连接糖蛋白，其聚糖主要存在于 Fc 段。IgG 的聚糖可结合单核细胞或巨噬细胞上的 Fc 受体，并与补体 C1q 的结合和激活以及诱导细胞毒等过程有关。若 IgG 去除聚糖，其铰链区的空间构象遭到破坏，上述与 Fc 受体和补体的结合功能就会丢失。

二、蛋白聚糖分子中的糖胺聚糖

1. 蛋白聚糖是由糖胺聚糖共价连接于不同核心蛋白质形成的糖复合体。一种蛋白聚糖可含有一种或多种糖胺聚糖。糖胺聚糖是由二糖单位重复连接而成的杂多糖，不分支。二糖单位中一个是糖胺（N– 乙酰葡糖胺或 N– 乙酰半乳糖胺），另一个是糖醛酸（葡糖醛酸或艾杜糖醛酸）。除糖胺聚糖外，蛋白聚糖还含有一些 N– 或 O– 连接型聚糖。

2. 糖胺聚糖是由己糖醛酸和己糖胺组成的重复二糖单位 体内重要的糖胺聚糖有 6 种：硫酸软骨素、硫酸皮肤素、硫酸角质素、透明质酸、肝素和硫酸类肝素。这些糖胺聚糖都是由重复的二糖单位组成。除透明质酸外，其他的糖胺聚糖都带有硫酸。

3. 核心蛋白质均含有结合糖胺聚糖的结构域 与糖胺聚糖链共价结合的蛋白质称为核心蛋白质。核心蛋白质均含有相应的糖胺聚糖取代结构域，一些蛋白聚糖通过核心蛋白质特殊结构域锚定在细胞表面或细胞外基质的大分子中。

4. 蛋白聚糖合成时在多肽链上逐一加上糖基。

（1）在内质网上，蛋白聚糖先合成核心蛋白质的多肽链部分，多肽链合成的同时即以 O– 连接或 N– 连接的方式在丝氨酸或天冬酰胺残基上进行聚糖加工。

（2）聚糖的延长和加工修饰主要是在高尔基体内进行，以单糖的 UDP 衍生物为供体，在多肽链上逐个加上单糖，而不是先合成二糖单位。每一单糖都有其特异性的糖基转移酶，使聚糖依次延长。

聚糖合成后再予以修饰，糖胺的氨基来自谷氨酰胺，硫酸则来自"活性硫酸"，即 3′– 磷酸腺苷 –5′– 磷酰硫酸。差向异构酶可将葡糖醛酸转变为艾杜糖醛酸。

5. 蛋白聚糖是细胞间基质重要成分 蛋白聚糖最主要的功能是构成细胞间基质。各种蛋白聚糖有其特殊功能。

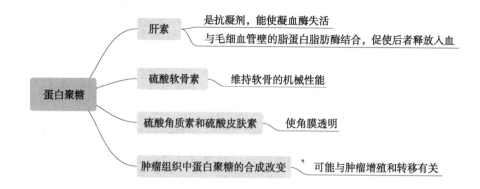

1. 由于脂质部分不同,糖脂可分为鞘糖脂、甘油糖脂和类固醇衍生糖脂。鞘糖脂、甘油糖脂是细胞膜脂的主要成分,具有重要的生理功能。

2. 鞘糖脂是神经酰胺被糖基化的糖苷化合物 鞘糖脂是以神经酰胺为母体的化合物,根据分子中是否含有唾液酸或硫酸基成分,分以下两类。

(1)中性鞘糖脂:中性鞘糖脂的糖基不含唾液酸。含单个糖基的中性鞘糖脂有半乳糖基神经酰胺和葡糖基神经酰胺,又称脑苷脂。含二糖基的中性鞘糖脂有乳糖基神经酰胺。

鞘糖脂的疏水部分伸入膜的磷脂双层中,而极性糖基暴露在细胞表面,发挥血型抗原、组织或器官特异性抗原、分子与分子相互识别的作用。

(2)酸性鞘糖脂

1)硫苷脂:是指糖基部分被硫酸化的酸性鞘糖脂。硫苷脂以脑中含量为最多,可能参与血液凝固和细胞黏着等过程。

2)神经节苷脂:是含唾液酸的酸性鞘糖脂。分布于神经系统中,在大脑中占总脂的6%,神经末梢含量丰富,种类繁多,在神经冲动传递中起重要作用。神经节苷脂位于细胞膜表面,发挥重要的生理调节功能。神经节苷脂还参与细胞相互识别,在细胞生长、分化,甚至癌变时具有重要作用。神经节苷脂也是一些细菌蛋白毒素(如霍乱毒素)的受体。神经节苷脂分解紊乱时,引起多种遗传性鞘糖脂过剩疾病如 Tay-Sachs 病。

3. 甘油糖脂是髓磷脂的重要成分 髓磷脂是包绕在神经元轴突外侧的脂质,起到保护和绝缘的作用。甘油糖脂也称糖基甘油脂,是髓磷脂的重要成分。

1. 聚糖组分是糖蛋白执行功能所必需

(1)各类多糖或聚糖的合成并没有类似核酸、蛋白质合成所需模板的指导,而聚糖中的糖基序列或不同糖苷键的形成,主要取决于糖基转移酶的特异性识别糖底物和催化作用。依靠多种糖基转移酶特异性地、有序地将供体分子中糖基转运至接受体上,在不同位点以不同糖苷键的方式,形成有序的聚糖结构。

（2）鉴于糖基转移酶由基因编码，所以糖基转移酶继续了基因至蛋白质信息流，将信息传递至聚糖分子；另外，聚糖（如血型物质）作为某些蛋白质组分与生物表型密切相关，体现生物信息。

2. 结构多样性的聚糖富含生物信息

（1）聚糖空间结构多样性是其携带信息的基础：聚糖结构具有复杂性与多样性。复合糖类中的各种聚糖结构存在单糖种类、化学键连接方式及分支异构体的差异，形成千变万化的聚糖空间结构。

（2）聚糖空间结构多样性受基因编码的糖基转移酶和糖苷酶调控：目前，从复合糖类中聚糖的生物合成过程（包括糖基供体、合成所需的酶类、合成的亚细胞部位、合成的基本过程）得知，聚糖的合成受基因编码的糖基转移酶和糖苷酶调控。糖基转移酶的种类繁多，已被克隆的糖基转移酶就多达130余种，其主要分布于内质网或高尔基体，参与聚糖的生物合成。除了受糖基转移酶和糖苷酶调控外，聚糖结构可能还受其他因素影响与调控。

温 故 知 新

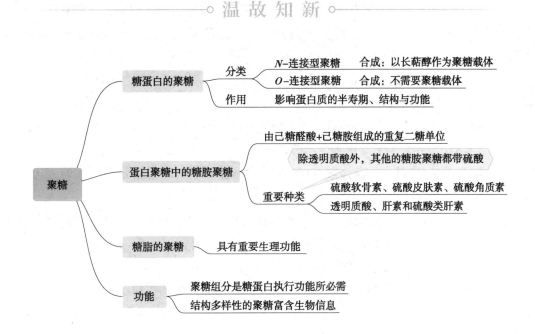

第二章

物质代谢及其调节

第五节　糖　代　谢

一、糖的摄取与利用

1. **概述**　糖是人体所需的一类重要营养物质,其主要生理功能是为生命活动提供能源和碳源。

(1)糖是体内的主要供能物质,处于被优先利用的地位。1mol 葡糖完全氧化生成二氧化碳和水可释放 2 840kJ 的能量,其中约 34% 转化储存于 ATP,以供应机体生理活动所需的能量。

(2)糖也是体内的重要碳源,糖代谢的中间产物可转变成其他的含碳化合物,如非必需氨基酸、非必需脂肪酸、核苷酸等。

(3)糖还参与组成糖蛋白和糖脂,调节细胞信息传递,参与构成细胞外基质等机体组织结构,形成 NAD^+、FAD、ATP 等多种生物活性物质。

(4)除葡糖外,其他单糖如果糖、半乳糖、甘露糖等所占比例很小,且主要转变为葡萄糖代谢的中间产物。

2. **糖的摄取与利用**　糖消化后以单体形式吸收。人类食物中可被机体分解利用的糖类主要有植物淀粉、动物糖原以及麦芽糖、蔗糖、乳糖、葡萄糖等。

(1)小麦、稻米和谷薯等食物中的糖以淀粉为主,主要在小肠中由胰液 α- 淀粉酶、α- 糖苷酶和 α- 极限糊精酶(包括异麦芽糖酶)消化成葡萄糖。小肠黏膜细胞对葡萄糖的吸收由 Na^+ 依赖型葡糖转运蛋白介导,再经门静脉进入肝脏,然后经血液循环供身体各组织细胞摄取。

(2)人体内无 β- 葡糖苷酶,纤维素不能被消化,但其有刺激肠蠕动作用,但纤维素对维持健康是必需的。

(3)乳糖不耐受的病因是缺乏乳糖酶,食用牛奶后发生乳糖消化吸收障碍,引起腹胀、腹泻等症状。

3. **细胞摄取葡糖需要转运蛋白**　葡萄糖吸收入血后,在体内代谢首先需进入细胞。这是依赖一类葡糖转运蛋白(GLUT)实现的。如果细胞摄取葡萄糖的环节发生障碍,可能诱发高血糖。进食高碳水化合物饮食后,血糖迅速升高,引起胰岛素分泌,胰岛素可以使原先位于脂肪细胞和肌细胞内囊泡中的 GLUT4 重新分布于细胞膜,从而促进这些细胞摄取并利用血糖。1 型糖尿病患者由于胰岛素分泌不足,无法使脂肪和肌组织中的 GLUT4 转位至细胞膜,阻碍了血中葡萄糖转运进入这些细胞。

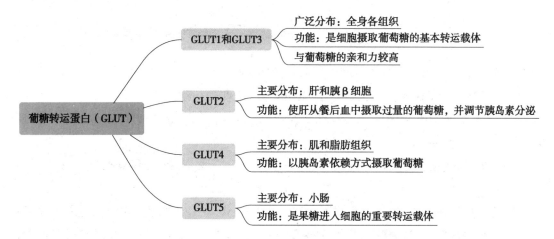

4. 体内糖代谢涉及分解、储存和合成三方面　这些分解、储存、合成代谢途径在多种激素调控下相互协调、相互制约,使血中葡萄糖的来源与去路相对平衡,血糖水平趋于稳定。

(1)葡萄糖的分解代谢:在餐后尤其活跃,主要包括糖的无氧氧化、有氧氧化和磷酸戊糖途径,其分解方式取决于不同类型细胞的代谢特点和供氧状况。

(2)葡萄糖的储存:仅在餐后活跃进行,以糖原形式储存于肝和肌组织中,以便在短期饥饿时,补充血糖或不利用氧快速供能。

(3)葡萄糖的合成代谢:在长期饥饿时尤其活跃,某些非糖物质如甘油、氨基酸等经糖异生转变成葡萄糖,以补充血糖。

二、糖的无氧氧化

1. 概述

(1)糖酵解:指 1 分子葡萄糖在细胞质中可裂解为 2 分子丙酮酸的过程。它是葡萄糖无氧氧化和有氧氧化的共同起始途径。

(2)在不能利用氧或氧供应不足时,某些微生物和人体组织将糖酵解生成的丙酮酸进一步在细胞质中还原生成乳酸,称为乳酸发酵或糖的无氧氧化。

(3)氧供应充足时,丙酮酸主要进入线粒体中彻底氧化为 CO_2 和 H_2O,即糖的有氧氧化。

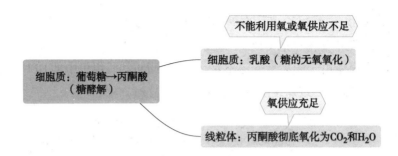

2. 无氧氧化分为糖酵解和乳酸生成两个阶段

（1）葡萄糖经糖酵解分解为 2 分子丙酮酸：由 10 步反应组成。

前 5 步：耗能阶段，1 分子葡萄糖经 2 次磷酸化反应消耗 2 分子 ATP，产生 2 分子 3- 磷酸甘油醛，如下所述。

1）葡萄糖磷酸化为葡糖 -6- 磷酸（G-6-P）：由己糖激酶催化，需 Mg^{2+}，为关键酶催化的不可逆反应（第 1 个限速步骤）。

哺乳动物体内已发现 4 种己糖激酶同工酶（Ⅰ~Ⅳ型）。肝细胞中存在的是 Ⅳ 型，称为葡糖激酶，特点：对葡萄糖的亲和力很低，受激素调控，对葡糖 -6- 磷酸的反馈抑制并不敏感。

2）葡糖 -6- 磷酸转变为果糖 -6- 磷酸（F-6-P）：由磷酸己糖异构酶催化，需 Mg^{2+}，为可逆反应。

3）果糖 -6- 磷酸转变为果糖 -1,6- 二磷酸（F-1,6-BP）：由磷酸果糖激酶 -1 催化，需 ATP 和 Mg^{2+}，为不可逆反应（第 2 个限速步骤）。

4）果糖 -1,6- 二磷酸裂解为 2 分子磷酸丙糖：即 1 分子磷酸二羟丙酮和 1 分子 3- 磷酸甘油醛，由醛缩酶催化，为可逆反应。

5）磷酸二羟丙酮转变为 3- 磷酸甘油醛：两者是同分异构体，由磷酸丙糖异构酶催化，为可逆反应。

后 5 步：开始产生能量，2 分子磷酸丙糖经两次底物水平磷酸化转变成 2 分子丙酮酸，共生成 4 分子 ATP，如下所述。

6）3- 磷酸甘油醛氧化为 1,3- 二磷酸甘油酸（含 1 个高能磷酸键）：由 3- 磷酸甘油醛脱氢酶催化，以 NAD^+ 为辅酶接受氢和电子，需无机磷酸。

7）1,3- 二磷酸甘油酸转变为 3- 磷酸甘油酸：由磷酸甘油酸激酶催化，靠底物水平磷酸化作用生成 1 分子 ATP（第一次产生 ATP 的反应），需 Mg^{2+}。此反应可逆，但逆反应需消耗 1 分子 ATP。

8）3- 磷酸甘油酸转变为 2- 磷酸甘油酸：由磷酸甘油变位酶催化，需 Mg^{2+}，为可逆反应。

9）2- 磷酸甘油酸脱水生成磷酸烯醇式丙酮酸：由烯醇化酶催化，形成了一个高能磷酸键，为可逆反应。

10）磷酸烯醇式丙酮酸转变为丙酮酸：由丙酮酸激酶催化，需 K^+、Mg^{2+}，第二次底物水平磷酸化，为不可逆反应（第 3 个限速步骤）。

（2）丙酮酸还原为乳酸：由乳酸脱氢酶（LDH）催化，丙酮酸还原成乳酸所需的氢原子由 NADH+H$^+$ 提供，后者来自上述第 6 步反应中的 3- 磷酸甘油醛的脱氢反应。在缺氧时，这一对氢用于还原丙酮酸生成乳酸，NADH+H$^+$ 重新转变成 NAD$^+$，糖酵解才能重复进行。

3. 人体内糖无氧氧化的示意图　由图 2-1 可知，糖无氧氧化时每分子磷酸丙糖进行 2 次底物水平磷酸化，可生成 2 分子 ATP，因此 1mol 葡萄糖可生成 4mol ATP，扣除在葡萄糖和果糖 -6- 磷酸发生磷酸化时消耗的 2mol ATP，最终净得 2mol ATP。

4. 糖酵解的调节（表 2-1）

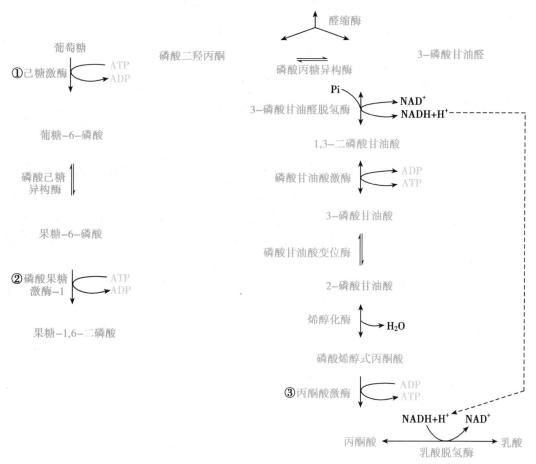

图 2-1　糖无氧氧化的示意图
注：①~③为关键酶。

表 2-1 糖酵解的调节

关键酶	调节机制	抑制剂	激活剂
磷酸果糖激酶-1	对调节糖酵解速率最重要,受别构效应剂影响	ATP、柠檬酸	AMP、ADP、F-1,6-BP(起正反馈作用)、F-2,6-BP(最强激活剂)
丙酮酸激酶	是第二重要调节点,受别构调节、化学修饰调节(蛋白激酶 A 和依赖 Ca^{2+}、钙调蛋白的蛋白激酶均可使其磷酸化而失活)	ATP、丙氨酸、胰高血糖素	F-1,6-BP
己糖激酶(葡糖激酶)	次要的调节方式	G-6-P、长链脂酰 CoA	胰岛素

ⓘ 提示

　　己糖激酶受其反应产物 G-6-P 的反馈抑制,而葡糖激酶由于不存在 G-6-P 的别构调节部位,故不受 G-6-P 的影响。

5. 生理意义

(1)糖无氧氧化最主要的生理意义是不利用氧迅速提供能量,这对肌收缩更为重要。机体缺氧或剧烈运动肌局部血流不足时,能量主要通过糖无氧氧化获得。

(2)成熟红细胞没有线粒体,只能依赖糖的无氧氧化提供能量。其他特定类型组织,如视网膜、神经、肾髓质、胃肠道、皮肤等,即使不缺氧也常由糖的无氧氧化提供部分能量。此外,在感染性休克、肿瘤恶病质等病理情况下,糖的无氧氧化也极为活跃。

6. 其他单糖可转变为糖酵解的中间产物　果糖被磷酸化后、半乳糖转变为葡糖 1-磷酸、甘露糖转变为果糖 -6-磷酸,均可进入糖酵解,提供能量。

三、糖的有氧氧化

1. 糖的有氧氧化分为三个阶段(图 2-2)

(1)第一阶段:葡萄糖在细胞质中经糖酵解生成丙酮酸(同糖无氧氧化的第一阶段)。

(2)第二阶段:丙酮酸进入线粒体氧化脱羧生成乙酰 CoA。总反应式为:

$$丙酮酸 + NAD^+ + HS\text{-}CoA \longrightarrow 乙酰 CoA + NADH + H^+ + CO_2$$

此反应由丙酮酸脱氢酶复合体催化,反应不可逆。在真核细胞中,该酶复合体存在于线粒体中,由丙酮酸脱氢酶(E_1,辅因子是 TPP)、二氢硫辛酰胺转乙酰酶(E_2)和二氢硫辛酰胺脱氢酶(E_3,辅因子是 FAD、NAD^+)按比例组合而成,参与反应的辅因子有焦磷酸硫胺素(TPP)、硫辛酸、FAD、NAD^+ 和 CoA。

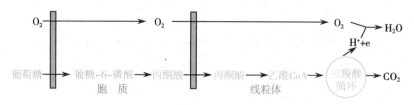

图 2-2　糖有氧氧化的三个阶段

（3）第三阶段：乙酰 CoA 进入三羧酸循环（亦称柠檬酸循环、Krebs 循环），并偶联进行氧化磷酸化。

2. 三羧酸循环使乙酰 CoA 彻底氧化

（1）三羧酸循环由 8 步反应组成：乙酰 CoA（主要来自三大营养物质的分解代谢）经三羧酸循环分解时，共经历 8 步反应，主要涉及 4 次脱氢、2 次脱羧和 1 次底物水平磷酸化。

1）乙酰 CoA 和草酰乙酸缩合成柠檬酸：由柠檬酸合酶催化，为不可逆反应（第 1 个限速步骤）。

2）柠檬酸经顺乌头酸转变为异柠檬酸：为可逆反应。

3）异柠檬酸氧化脱羧转变为 α- 酮戊二酸：由异柠檬酸脱氢酶催化，为不可逆反应（第 2 个限速步骤，第 1 次氧化脱羧反应）。释出的 CO_2 可被视作乙酰 CoA 的 1 个碳原子氧化产物。

4）α- 酮戊二酸脱羧转变为琥珀酰 CoA：由 α- 酮戊二酸脱氢酶复合体催化，为不可逆反应（第 3 个限速步骤，第 2 次氧化脱羧反应）。释出的 CO_2 可被视作乙酰 CoA 的另 1 个碳原子氧化产物。

5）琥珀酰 CoA 转变为琥珀酸：由琥珀酰 CoA 合成酶催化，为唯一的底物水平磷酸化反应，生成高能磷酸键（GTP/ATP），是可逆反应。

6）琥珀酸脱氢生成延胡索酸：由琥珀酸脱氢酶催化，辅因子是 FAD，为可逆反应。反应脱下的氢由 FAD 接受，生成 $FADH_2$，经电子传递链被氧化，生成 1.5 分子 ATP。

7）延胡索酸加水生成苹果酸：由延胡索酸酶催化，为可逆反应。

8）苹果酸脱氢生成草酰乙酸：由苹果酸脱氢酶催化，为可逆反应。

（2）三羧酸循环的总反应：$CH_3CO\sim SCoA + 3NAD^+ + FAD^+ + GDP（ADP）+ Pi + 2H_2O \rightarrow 2CO_2 + 3NADH + 3H^+ + FADH_2 + HS-CoA + GTP（ATP）$。

注意，每一次三羧酸循环消耗 1 分子乙酰 CoA（2 个碳），脱羧生成的 2 个 CO_2 的碳原子来自草酰乙酸而不是乙酰 CoA，这是由于中间反应过程中碳原子置换所致。每进行一轮三羧酸循环，最后再生的草酰乙酸的碳架就被更新一半，但其含量并没有增减。

另外，三羧酸循环的各种中间产物本身并无量的变化。三羧酸循环中的草酰乙酸主要来自丙酮酸的直接羧化，也可通过苹果酸脱氢生成，两者的根本来源都是葡萄糖。

> **ⓘ 提示**
>
> 三羧酸循环每进行一轮,底物水平磷酸化只能发生 1 次,故不是线粒体内的主要产能方式。

（3）三羧酸循环反应示意图（图 2-3）

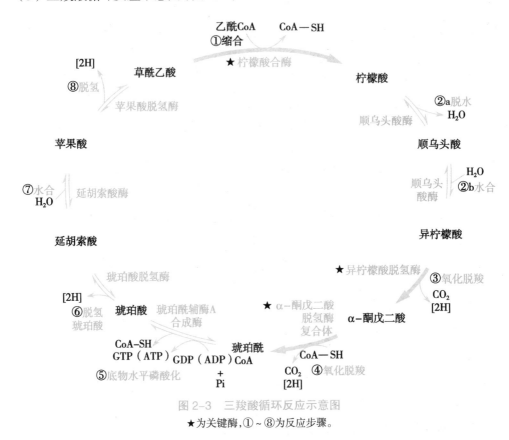

图 2-3 三羧酸循环反应示意图
★为关键酶,①~⑧为反应步骤。

（4）三羧酸循环的生理意义

1）三羧酸循环是三大营养物质分解产能的共同通路:糖、脂肪、氨基酸在体内分解最终都将产生乙酰 CoA,然后进入三羧酸循环彻底氧化。三羧酸循环通过 4 次脱氢反应提供还原当量,通过电子传递链和氧化磷酸化生成大量 ATP。

2）三羧酸循环是糖、脂肪、氨基酸代谢联系的枢纽

● 饱食时糖可转变成脂肪:其中柠檬酸发挥重要枢纽作用。葡萄糖分解成丙酮酸后,进入线粒体内氧化脱羧生成乙酰 CoA,乙酰 CoA 必须再转移到细胞质以合成脂肪酸。由于乙酰 CoA 不能通过线粒体内膜,于是它先与草酰乙酸缩合成柠檬酸,再通过载体转运至细胞质,在柠檬酸裂解酶作用下裂解释放出乙酰 CoA 和草酰乙酸,然后乙酰 CoA 可作为细胞质中脂肪酸合成及胆固醇合成的原料。

- 绝大部分氨基酸可转变成糖。许多氨基酸的碳架是三羧酸循环的中间产物,通过草酰乙酸可转变为葡萄糖。
- 糖可转变成非必需氨基酸。糖可通过三羧酸循环中的各中间产物接受氨基,从而合成非必需氨基酸如天冬氨酸、谷氨酸等。

3. 有氧氧化的生理意义

糖的有氧氧化是产能的主要途径。1mol 葡萄糖彻底氧化生成 CO_2 和 H_2O,可净生成 30mol ATP 或 32mol ATP(表 2-2)。

表 2-2　葡萄糖有氧氧化生成的 ATP

过程	反应	辅酶	ATP/mol
第一阶段	葡萄糖→葡糖 -6- 磷酸		-1
	果糖 -6- 磷酸→果糖 -1,6- 二磷酸		-1
	2×3- 磷酸甘油醛→$2 \times 1,3$- 二磷酸甘油酸	2NADH(细胞质)	3 或 5*
	$2 \times 1,3$- 二磷酸甘油酸→2×3- 磷酸甘油酸		2
	$2 \times$ 磷酸烯醇式丙酮酸→$2 \times$ 丙酮酸		2
第二阶段	$2 \times$ 丙酮酸→$2 \times$ 乙酰 CoA	2NADH(线粒体)	5
第三阶段	$2 \times$ 异柠檬酸→$2 \times \alpha$- 酮戊二酸	2NADH(线粒体)	5
	$2 \times \alpha$- 酮戊二酸→$2 \times$ 琥珀酰 CoA	2NADH	5
	$2 \times$ 琥珀酰 CoA→$2 \times$ 琥珀酸		2
	$2 \times$ 琥珀酸→$2 \times$ 延胡索酸	$2FADH_2$	3
	$2 \times$ 苹果酸→$2 \times$ 草酰乙酸	2NADH	5
	由 1 分子葡萄糖总共获得		30 或 32

注:*获得 ATP 的数量取决于还原当量进入线粒体的穿梭机制。

提示

线粒体内,每分子 NADH 的氢传递给氧时,可生成 2.5 分子 ATP;每分子 $FADH_2$ 的氢则只能生成 1.5 分子 ATP。将 NADH 从细胞质运到线粒体的机制有两种,分别产生 2.5 分子或者 1.5 分子 ATP。

4. 有氧氧化的调节

糖有氧氧化时,丙酮酸经三羧酸循环代谢速率的关键酶调节(表 2-3):一是丙酮酸脱氢酶复合体的活性,调控由丙酮酸生成乙酰 CoA 的速率;二是三羧酸循环中的 3 个关键酶活性,调控乙酰 CoA 彻底氧化的速率。

表 2-3 丙酮酸经三羧酸循环代谢速率的关键酶调节

关键酶	调节机制	抑制剂	激活剂
丙酮酸脱氢酶复合体	别构调节、化学修饰	ATP、乙酰 CoA、NADH、脂肪酸	AMP、CoA、NAD^+、Ca^{2+}
柠檬酸合酶	别构调节	柠檬酸、ATP、NADH、琥珀酰 CoA	ADP
异柠檬酸脱氢酶	别构调节	ATP	ADP、Ca^{2+}
α- 酮戊二酸脱氢酶复合体	别构调节	ATP、NADH、琥珀酰 CoA	Ca^{2+}

5. 糖有氧氧化与无氧酵解的关系 对于存在线粒体的细胞,利用葡萄糖分解产能时选择有氧氧化还是无氧氧化,主要取决于不同类型组织器官的代谢特点。

（1）巴斯德效应:肌组织在有氧条件下,糖的有氧氧化活跃,而无氧氧化则受到抑制,这一现象称为巴斯德效应。肌组织发生巴斯德效应的机制:细胞质中糖酵解所产生的 NADH 的去路,决定了糖酵解产物丙酮酸的代谢去向。有氧时,细胞质中 NADH 一旦产生立即进入线粒体内氧化,糖酵解最后生成的丙酮酸也就接着运入线粒体进行有氧氧化;缺氧时,NADH 留在细胞质中,以丙酮酸为受氢体,使之还原生成乳酸。因此,糖的有氧氧化可抑制糖的无氧氧化。

（2）瓦伯格效应:指增殖活跃的组织（如肿瘤）即使在有氧时,葡萄糖也不被彻底氧化,而是被分解生成乳酸的现象。瓦伯格效应可使肿瘤细胞获得生存优势,为肿瘤快速生长积累大量的生物合成原料。

四、糖原的合成与分解

1. 概述 糖原是葡萄糖的多聚体,是动物体内糖的储存形式。糖原分子呈多分支状,其葡萄糖单位主要以 α-1,4- 糖苷键连接,只有分支点形成 α-1,6- 糖苷键。糖原具有一个还原性末端和多个非还原性末端。在糖原的合成与分解过程中,葡萄糖单位的增减均发生在非还原性末端。糖原作为葡萄糖储备,当机体需要葡萄糖时可迅速动用糖原以供急需,而动用脂肪的速度则较慢。

2. 糖原合成 指由葡萄糖生成糖原的过程。

（1）合成部位:肝和骨骼肌。

（2）基本过程:糖原合成时,先将葡萄糖活化,再连接形成直链和支链。

1）葡萄糖活化为尿苷二磷酸葡萄糖（UDPG）:糖原合成起始于糖酵解中间产物葡糖 -6- 磷酸（G-6-P）。首先,G-6-P 变构生成葡糖 -1- 磷酸（G-1-P）。G-1-P 与尿苷三磷酸（UTP）反应生成 UDPG 和焦磷酸。此反应可逆,由 UDPG 焦磷酸化酶催化。焦磷酸在体内迅速被焦磷酸酶水解。UDPG 可看作"活性葡萄糖",充当葡萄糖供体。

2）糖原合成的起始需要引物：如细胞内糖原耗尽而需重新合成时，只能以糖原蛋白作为接受 UDPG 葡萄糖基的受体，以起始糖原的合成。直至形成与糖原蛋白相连接的八糖单位，即成为糖原合成的初始引物。

3）UDPG 中的葡萄糖基连接形成直链和支链：在糖原合酶作用下，UDPG 的葡萄糖基转移到糖原引物的非还原性末端，形成 α-1,4- 糖苷键，此反应不可逆。糖原合酶是糖原合成过程中的关键酶，只能延长糖链。当糖链长度达到至少 11 个葡萄糖基时，分支酶从该糖链的非还原末端将约 6~7 个葡萄糖基移到邻近糖链上，以 α-1,6 糖苷键相接，形成分支。

（3）糖原合成是耗能过程：葡萄糖单位活化时，生成葡糖 -6- 磷酸需消耗 1 个 ATP，焦磷酸水解成 2 分子磷酸时又损失 1 个高能磷酸键，共消耗 2 个 ATP。糖原合酶催化反应时，生成的 UDP 必须利用 ATP 重新生成 UTP，即 ATP 的高能磷酸键转移给了 UTP，故并无高能磷酸键的损失。

提示

　糖原分子每延长 1 个葡萄糖基，需消耗 2 个 ATP。

3. 糖原分解　指糖原分解为葡糖 -1- 磷酸被机体利用的过程，它不是糖原合成的逆反应。

（1）分解部位：肝、肌和肾。

（2）分解过程

1）糖原磷酸化酶分解 α-1,4- 糖苷键释出 G-1-P：肝糖原分解是从糖链的非还原性末端开始的，由糖原磷酸化酶催化分解 1 个葡萄糖基，生成 G-1-P，反应实际上不可逆。糖原磷酸化酶是糖原分解的关键酶，只作用于 α-1,4 糖苷键。

2）脱支酶分解 α-1,6- 糖苷键释出游离葡萄糖：糖原分支被脱支酶（葡聚糖转移酶和 α-1,6 糖苷酶）水解成游离葡萄糖。

3）肝能利用 G-6-P 生成葡萄糖而肌不能：肝糖原和肌糖原分解的起始阶段一样，主要释出 G-1-P，进而转变为 G-6-P，但 G-6-P 在肝和肌内的代谢去向差异显著。在肝内存在葡糖 -6- 磷酸酶，可将 G-6-P 水解成葡萄糖释放入血，因此饥饿时，肝糖原能够补充血糖，维持血糖稳定。

肌组织缺乏葡糖 -6- 磷酸酶，G-6-P 只能进行糖酵解，故肌糖原不能分解为葡萄糖，只能给肌收缩提供能量。

> **ⓘ 提示**
>
> 糖原主要储存于肝和骨骼肌,肝糖原是血糖的重要来源,这对于一些依赖葡萄糖供能的组织(如脑、红细胞等)尤为重要。肌糖原则主要为肌收缩提供急需的能量。

4. 糖原合成、分解的关键酶活性调节(表 2-4)

表 2-4 糖原合成、分解的关键酶活性调节

鉴别点	糖原合酶	糖原磷酸化酶
形式		
有活性	糖原合酶 a:去磷酸化	糖原磷酸化酶 a:磷酸化
无活性	糖原合酶 b:磷酸化	糖原磷酸化酶 b:去磷酸化
主要作用		
作用于 α-1,4 糖苷键	调节糖原合成	调节糖原分解
共价调节		
磷酸化后	活性降低	活性增高
激素调节	胰岛素促进糖原合成	①胰岛素抑制糖原分解 ②胰高血糖素促进肝糖原分解,肾上腺素促进肌糖原分解
别构调节	葡糖 -6- 磷酸:激活糖原合酶	①肝糖原磷酸化酶:主要受葡萄糖别构抑制 ②肌糖原磷酸化酶:AMP、Ca^{2+} 可激活;ATP、G-6-P 则抑制

5. **糖原贮积症由先天性酶缺陷所致**　糖原贮积症是一类遗传性代谢病,患者某些组织器官中出现大量糖原堆积的现象,其病因是先天性缺乏糖原代谢的相关酶类。

根据所缺陷的酶种类不同,受累的器官部位也不同,糖原的结构亦有差异,对健康的危害程度也不同。

(1)糖原贮积症Ⅰ型:缺乏葡糖 -6- 磷酸酶,则不能通过肝糖原和非糖物质补充血糖,后果严重。

(2)糖原贮积症Ⅱ型:溶酶体的 α- 葡糖苷酶可分解 α-1,4- 糖苷键和 α-1,6- 糖苷键,缺乏此酶使所有组织受损,患者常因心肌受损而猝死。

五、糖异生

1. **含义**　由非糖化合物(乳酸、甘油、生糖氨基酸等)转变为葡萄糖或糖原的过程称为糖异生。

2. 部位 糖异生的主要器官是肝;肾的糖异生能力相对很弱,但长期饥饿时可增强。

3. 基本途径 糖酵解和糖异生的多数反应是可逆的,仅糖酵解 3 个限速酶催化的反应需由糖异生关键酶来催化。

(1)丙酮酸经丙酮酸羧化支路生成磷酸烯醇式丙酮酸:分两步,共消耗 2 个 ATP。

1)丙酮酸羧化酶的辅因子为生物素,此酶仅存在于线粒体内,故细胞质中的丙酮酸必须进入线粒体,才能羧化生成草酰乙酸。磷酸烯醇式丙酮酸羧激酶在线粒体和细胞质中都存在,因此,涉及草酰乙酸从线粒体到细胞质的转运过程。

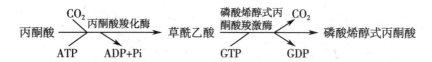

2)将草酰乙酸运出线粒体的方式:①经苹果酸转运:伴随 NADH 从线粒体到细胞质的转运;②经天冬氨酸转运:并无 NADH 的伴随转运。

草酰乙酸通过哪一种方式转运,主要取决于糖异生原料对供氢体的需求。糖异生在细胞质阶段中,1,3- 二磷酸甘油酸还原成 3- 磷酸甘油醛,需 NADH 供氢。

● 从乳酸开始糖异生:所需 NADH 来源于细胞质。乳酸脱氢生成丙酮酸时,已在细胞质中产生了 NADH,故草酰乙酸经天冬氨酸方式运出线粒体。

● 从丙酮酸或生糖氨基酸开始糖异生:所需 NADH 必须由线粒体提供,这些 NADH 可来自脂肪酸 β- 氧化或三羧酸循环。此时草酰乙酸经由苹果酸方式运出线粒体,以便同时将线粒体内的 NADH 运至细胞质以供利用。

(2)果糖 -1,6- 二磷酸水解为果糖 -6- 磷酸:由果糖二磷酸酶 -1 催化。

(3)葡糖 -6- 磷酸水解为葡萄糖:由葡糖 -6- 磷酸酶催化,是磷酸酯水解反应。

4. 糖异生的 4 个关键酶 丙酮酸羧化酶、磷酸烯醇式丙酮酸羧激酶、果糖二磷酸酶 -1 和葡糖 -6- 磷酸酶。它们与糖酵解中 3 个关键酶所催化的反应方向正好相反,使乳酸、生糖氨基酸经丙酮酸异生为葡萄糖。

5. 糖异生示意图(图 2-4)

6. 糖异生的调节

(1)第一个底物循环调节果糖 -6- 磷酸与果糖 -1,6- 二磷酸的互变。

1)果糖 -2,6- 二磷酸、AMP 反向调节第一个底物循环:两者既是磷酸果糖激酶 -1 的别构激活剂,又是果糖二磷酸酶 -1 的别构抑制剂,因此这一调控最为重要,对互逆反应两个关键酶进行高效同步反向调节,确保糖酵解活跃进行,糖异生被抑制。

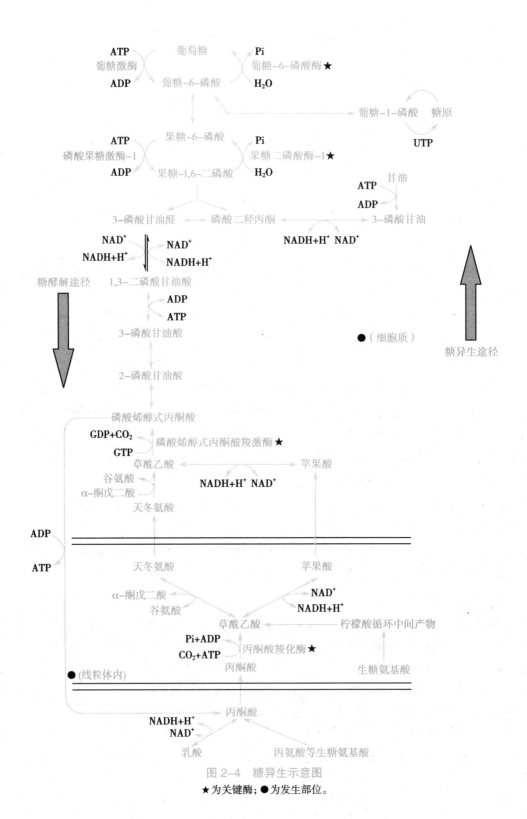

图 2-4 糖异生示意图

★为关键酶；●为发生部位。

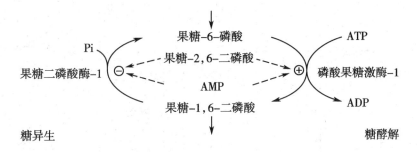

2）果糖 –2,6– 二磷酸是肝内糖异生与糖酵解的主要调节信号。

● 胰高血糖素：使果糖 –2,6– 二磷酸↓，故饥饿时肝糖异生↑而糖酵解↓。

● 胰岛素：使果糖 –2,6– 二磷酸↑，故进食后肝糖异生↓而糖酵解↑。

（2）第二个底物循环调节磷酸烯醇式丙酮酸与丙酮酸的互变：涉及 3 个关键酶的调节，见表 2–5。

表 2–5 第二个底物循环关键酶的调节

关键酶	调节机制	抑制剂及其影响	激活剂及其影响
丙酮酸激酶	别构调节、磷酸化修饰调节	丙氨酸、胰高血糖素：糖酵解↓	果糖 –1,6– 二磷酸：糖酵解↑
磷酸烯醇式丙酮酸羧激酶	激素诱导的含量调节	胰岛素：糖异生↓	胰高血糖素：糖异生↑
丙酮酸羧化酶	别构调节	—	乙酰 CoA：糖异生↑

（3）两个底物循环调节相互联系和协调。

7. 生理意义

（1）维持血糖浓度的恒定是肝糖异生最重要的生理作用。

（2）糖异生是补充或恢复肝糖原储备的重要途径。

（3）肾糖异生增强有利于维持酸碱平衡。

8. 乳酸循环（图 2-5）

（1）含义：肌肉收缩（尤其氧供应不足时）通过糖无氧氧化生成乳酸，乳酸通过细胞膜弥散入血后再入肝，在肝内异生为葡萄糖。葡萄糖释放入血液后又可被肌摄取，由此构成一个循环，称为乳酸循环，也称 Cori 循环。

（2）形成机制：乳酸循环的形成取决于肝和肌组织中酶的特点：在肝组织，糖异生活跃，又有葡糖 –6– 磷酸酶，可将葡糖 –6– 磷酸水解为葡萄糖。在肌内，糖异生活性低，且无葡糖 –6– 磷酸酶，因此肌内乳酸不能异生为葡萄糖。

（3）生理意义：既能回收乳酸中的能量，又可避免乳酸堆积而引起酸中毒。乳酸循环耗能，2 分子乳酸异生成葡萄糖需消耗 6 分子 ATP。

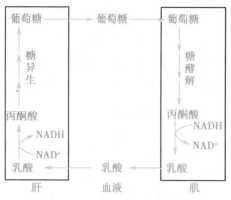

图 2-5　乳酸循环

六、磷酸戊糖途径

1. 反应部位　细胞质。

2. 磷酸戊糖途径分为两个阶段

● 第一阶段：是氧化反应，葡糖 -6- 磷酸生成磷酸戊糖、2 分子 NADPH 和 1 分子 CO_2。

● 第二阶段：是基团转移反应，最终生成果糖 -6- 磷酸和 3- 磷酸甘油醛。此外，还可提供 3C、4C、5C、6C、7C 中间产物，这些碳骨架也是体内生物合成所需要的碳源。

3. 总反应　3×葡糖 -6- 磷酸 +6NADP$^+$ → 2×果糖 -6- 磷酸 +3- 磷酸甘油醛 +6NADPH+ 6H$^+$+3CO_2。

4. 示意图（图 2-6 ）

5. 调节　葡糖 -6- 磷酸脱氢酶是磷酸戊糖途径的关键酶。该酶活性主要受 NADPH/ NADP$^+$ 比值的调节。比值升高，磷酸戊糖途径被抑制；比值降低时则被激活。

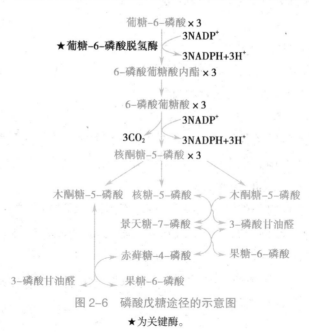

图 2-6　磷酸戊糖途径的示意图

★为关键酶。

6. 生理意义 磷酸戊糖途径是 NADPH 和磷酸核糖的主要来源。

（1）提供磷酸核糖参与核酸的生物合成：体内的核糖通过磷酸戊糖途径生成。磷酸核糖的生成方式：①经葡糖 –6– 磷酸氧化脱羧生成（人体的主要方式）；②经糖酵解的中间产物 3– 磷酸甘油醛和果糖 –6 磷酸通过基团转移生成（肌组织的方式）。

（2）提供 NADPH 作为供氢体参与多种代谢反应。

1）NADPH 是许多合成代谢的供氢体：参与脂质、非必需氨基酸的合成。

2）NADPH 参与羟化反应：参与从鲨烯合成胆固醇，从胆固醇合成胆汁酸、类固醇激素，从血红素合成胆红素等；参与生物转化相关的羟化反应。

3）NADPH 用于维持谷胱甘肽（GSH）的还原状态：还原型谷胱甘肽（GSSG）是体内重要的抗氧化剂，可以保护含巯基的蛋白质或酶免受氧化剂（尤其是过氧化物）的损害，还可保护红细胞膜的完整性。红细胞内缺乏葡糖 –6– 磷酸脱氢酶者，不能经磷酸戊糖途径得到充足的 NADPH，不足以使谷胱甘肽保持还原状态，故表现为红细胞易于破裂，发生溶血性黄疸。这种溶血现象常在食用蚕豆（是强氧化剂）后诱发，故称为蚕豆病。

> **提示**
>
> NADPH 携带的氢并不通过电子传递链氧化释出能量，而是参与许多代谢反应，发挥功能。

七、葡萄糖的其他代谢途径

1. 糖醛酸途径生成葡糖醛酸 糖醛酸途径（图 2-7）是指以葡糖醛酸为中间产物的葡萄糖代谢途径，在糖代谢中所占比例很小。

（1）对人类而言，糖醛酸途径的主要生理意义是生成活化的葡糖醛酸 UDPGA。葡糖醛酸是组成蛋白聚糖的糖胺聚糖（如透明质酸、硫酸软骨素、肝素等）的组成成分。

（2）此外，葡糖醛酸在肝内生物转化过程中参与很多结合反应。

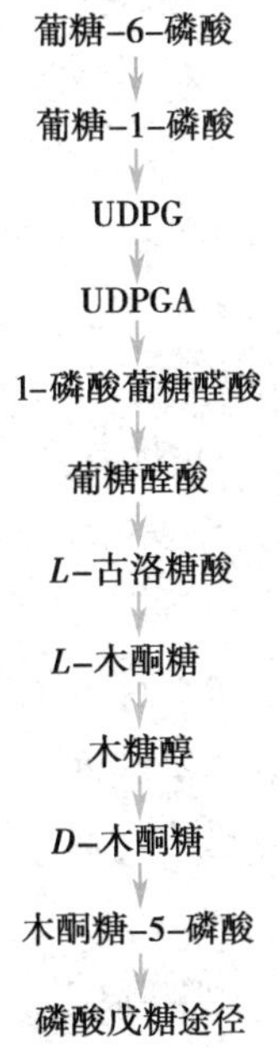

2. 多元醇途径生成少量多元醇 葡萄糖代谢还可生成一些多元醇，如山梨醇、木糖醇等，称为多元醇途径。这些代谢过程仅局限于某些组织，在葡萄糖代谢中所占比例极小。多元醇本身无毒且不易通过细胞膜，在肝、脑、肾上腺、眼等组织具有重要的生理、病理意义。

（1）生精细胞可利用葡萄糖经山梨醇生成果糖，使得人体精液中果糖浓度超过 10mmol/L。精子以果糖作为主要能源，而周围组织主要利用葡萄糖供能，这样就为精子活动提供了充足的能源保障。

（2）1 型糖尿病患者血糖水平高，透入眼中晶状体的葡萄糖增

葡糖–6–磷酸
葡糖–1–磷酸
UDPG
UDPGA
1–磷酸葡糖醛酸
葡糖醛酸
L–古洛糖酸
L–木酮糖
木糖醇
D–木酮糖
木酮糖–5–磷酸
磷酸戊糖途径

图 2-7 糖醛酸途径

加从而生成较多的山梨醇,山梨醇在局部增多可使渗透压升高而引起白内障。

八、血糖及其调节

1. 血糖浓度　血糖指血中的葡萄糖。血糖水平相当恒定,始终维持在 3.9~6.0mmol/L,这是由于血糖的来源与去路保持动态平衡所致。

2. 血糖的来源和去路

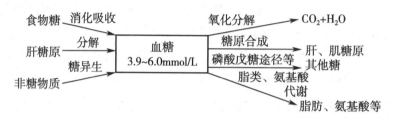

3. 血糖稳态主要受激素调节

（1）降低血糖:胰岛素是主要激素。总效应是促进葡萄糖分解利用,抑制糖异生,同时将多余血糖转变为糖原和甘油三酯。

（2）升高血糖

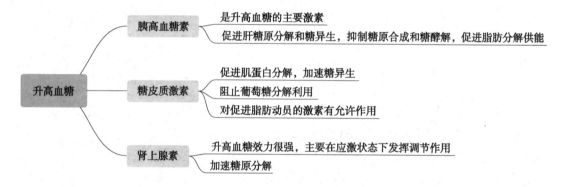

 提示

　　胰岛素是体内主要的降糖激素,胰高血糖素是主要的生糖激素。

4. 维持血糖恒定的临床意义

（1）正常人对摄入的葡萄糖具有很强的耐受能力:服糖后血糖在 0.5~1h 达到高峰,但一般不超过肾小管的重吸收能力（约为 10mmol/L,称为肾糖阈）,所以很难检测到糖尿;血糖在此峰值之后逐渐降低,一般在 2h 左右降至 7.8mmol/L 以下,3h 左右回落至接近空腹血糖水平。

（2）临床上可由糖代谢障碍引发血糖水平紊乱,导致出现低血糖或高血糖。其中,糖尿病是最常见的糖代谢紊乱疾病。

1）对于健康人群,低血糖是指血糖浓度低于 2.8mmol/L。

脑细胞主要依赖葡萄糖氧化供能,血糖过低就会影响脑的正常功能,出现头晕、倦怠无力、心悸等,严重时发生昏迷,称为低血糖休克。如不及时给患者静脉补充葡萄糖,可导致死亡。

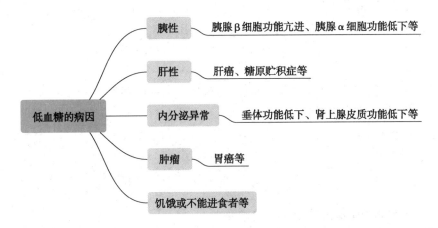

2）高血糖是指空腹血糖高于 7mmol/L。如果血糖浓度高于肾糖阈,就会形成糖尿。

引起糖尿的原因分为病理性和生理性两大类,具体包括:①遗传性胰岛素受体缺陷;②某些慢性肾炎、肾病综合征等引起肾对糖的重吸收障碍,但血糖及糖耐量曲线均正常;③情绪激动时交感神经兴奋,肾上腺素分泌增加,使肝糖原大量分解,导致生理性高血糖和糖尿;④临床上静脉滴注葡萄糖速度过快,使血糖迅速升高而出现糖尿。

3）糖尿病的特征是持续性高血糖和糖尿,特别是空腹血糖和糖耐量曲线高于正常范围。其主要病因是部分或完全胰岛素缺失、胰岛素抵抗(因细胞胰岛素受体减少或受体敏感性降低,导致对胰岛素的调节作用不敏感)。

糖尿病常伴有糖尿病视网膜病变、糖尿病性周围神经病变、糖尿病周围血管病变、糖尿病肾病等多种并发症,这些并发症的严重程度与血糖水平升高的程度、病史的长短有相关性。

5. 高糖刺激产生损伤细胞的生物学效应 引起糖尿病并发症的生化机制仍不太清楚,目前认为血中持续的高糖刺激能够使细胞生成晚期糖化终产物,同时发生氧化应激。糖化血红蛋白(GHb)可作为临床诊治糖尿病的参考。

经 典 试 题

(研)1. 下列酶中属于糖原合成关键酶的是

    A. UDPG 焦磷酸化酶　　　　　　　　B. 糖原合酶

    C. 糖原磷酸化酶　　　　　　　　　　D. 分支酶

(研)2. 下列物质中,能够在底物水平上生成 GTP 的是

    A. 乙酰 CoA　　　　　　　　　　　　B. 琥珀酰 CoA

C. 脂肪酰 CoA　　　　　　　　　D. 丙二酸单酰 CoA

（研）3. 丙酮酸脱氢酶复合体中不包括的物质是

　　A. FAD　　　　　　　　　　　B. 生物素

　　C. NAD　　　　　　　　　　　D. 辅酶 A

（执）4. 磷酸戊糖途径的主要产物之一是

　　A. NADPH　　　　　　　　　　B. FMN

　　C. CoQ　　　　　　　　　　　D. cAMP

　　E. ATP

（执）5. 糖酵解、糖异生、磷酸戊糖途径、糖原合成途径的共同代谢物是

　　A. 果糖 -1, 6- 二磷酸

　　B. F-6-P

　　C. G-1-P

　　D. 3- 磷酸甘油醛

　　E. G-6-P

（执）6. 下列属于糖酵解途径关键酶的是

　　A. 柠檬酸合酶

　　B. 丙酮酸激酶

　　C. 葡糖 -6- 磷酸酶

　　D. 苹果酸脱氢酶

　　E. 葡糖 -6- 磷酸脱氢酶

（执）（7~9 题共用备选答案）

　　A. 果糖二磷酸酶 -1

　　B. 磷酸果糖激酶 -1

　　C. HMG-CoA 还原酶

　　D. 糖原磷酸化酶

　　E. HMG-CoA 合成酶

　　7. 糖酵解途径中的关键酶是

　　8. 糖原分解途径中的关键酶是

　　9. 糖异生途径中的关键酶是

【答案与解析】

1. B

2. B。解析：若将底物的高能磷酸基直接转移给 ADP 或 GDP，生成 ATP 或 GTP，称为底物水平磷酸化。如糖无氧氧化中：1, 3- 二磷酸甘油酸 +ADP $\xleftrightarrow{\text{磷酸甘油酸激酶}}$ 3- 磷酸甘油酸 +ATP；磷酸烯醇式丙酮酸 +ADP $\xrightarrow{\text{丙酮酸激酶}}$ 丙酮酸 +ATP；三羧酸循环：琥珀酰 CoA+GDP+Pi $\xleftarrow{\text{琥珀酰 CoA 合成酶}}$ 琥珀酸 +HSCoA+GTP。故选 B。

3. B　4. A　5. E　6. B　7. B　8. D　9. A

温 故 知 新

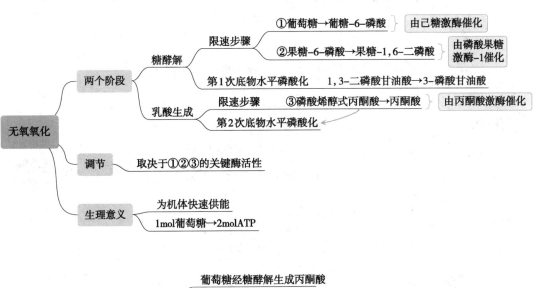

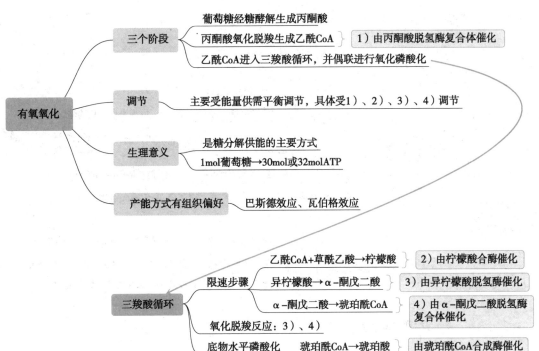

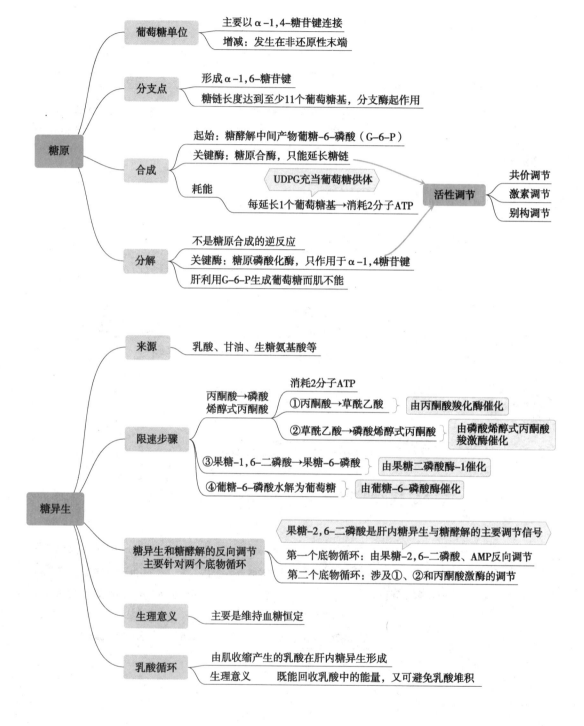

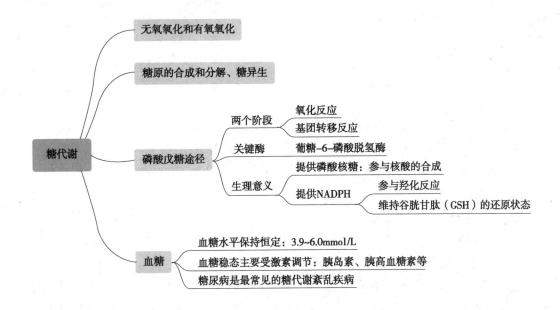

第六节 生物氧化

一、生物氧化

1. 化学物质在生物体内的氧化分解过程称为生物氧化。

2. 特点 需要酶催化,分阶段、逐步完成。线粒体内的生物氧化,其产物是 CO_2 和 H_2O,需要耗氧并伴随能量产生,能量主要用于生成 ATP 等。在微粒体、内质网等发生的氧化反应主要是对底物进行氧化修饰、转化等,并无 ATP 的生成。

二、线粒体氧化体系与呼吸链

1. 线粒体氧化体系 主要将 NADH 和 $FADH_2$ 中的 H^+ 和电子传递给氧而生成水,同时释放能量用于生成 ATP。催化此连续反应的酶是由多个含辅因子的蛋白质复合体组成按一定顺序排列在线粒体内膜中,形成一个连续传递电子/氢的反应链,故称为电子传递链。由于此体系需要消耗氧,与需氧细胞的呼吸过程有关,也称呼吸链。参与的递氢体和递电子体,见表2-6。

表 2-6 参与的递氢体和递电子体

类型	名称	具体作用
传递氢和电子	烟酰胺腺嘌呤核苷酸[$NAD(P)^+$]	传递 1H、$2e^-$
	黄素核苷酸衍生物(FMN、FAD)	传递 2H、$2e^-$
	泛醌[又称辅酶 Q(CoQ 或 Q)]	传递 2H、$2e^-$
传递电子	铁硫蛋白(含 Fe-S)	传递 $1e^-$
	细胞色素(Cyt)	传递 $1e^-$

提示

　　Q 可进行双、单电子的传递；铁硫蛋白、Cyt 是单电子传递体。

　　2. 呼吸链

　　（1）主要由位于线粒体内膜上的 4 种蛋白质复合体组成，分别称之为复合体Ⅰ、Ⅱ、Ⅲ和Ⅳ（表 2-7）。复合体的辅因子通过得失电子的方式传递电子；有些复合体是跨膜蛋白质，可将 H^+ 从线粒体基质侧转运至细胞质侧，形成线粒体内膜两侧 H^+ 浓度和电荷的梯度差。因此，呼吸链在传递电子的过程中，伴随 H^+ 的跨膜转运。

　　电子传递过程中，一对电子经复合体Ⅰ、Ⅲ、Ⅳ传递分别向膜间隙侧泵出 $4H^+$、$4H^+$ 和 $2H^+$，共 10 个 H^+。

　　（2）NADH 和 $FADH_2$ 是呼吸链的电子供体

　　呼吸链由 NADH 和 $FADH_2$ 提供氢，通过 4 个蛋白质复合体、Q，以及介于复合体Ⅲ与Ⅳ之间的 Cytc 共同完成电子的传递。复合体Ⅱ并不是处于复合体Ⅰ的下游，复合体Ⅰ和复合体Ⅱ分别获取各自的氢，向 Q 传递。因此 4 个复合体与 Q 和 Cytc 组成了两条电子传递链。

　　1）NADH 呼吸链：NADH→复合体Ⅰ→ Q →复合体Ⅲ→ Cytc →复合体Ⅳ→ O_2。

　　2）$FADH_2$ 呼吸链（琥珀酸氧化呼吸链）：琥珀酸→复合体Ⅱ→ Q →复合体Ⅲ→ Cytc →复合体Ⅳ→ O_2。

表 2-7　人线粒体的呼吸链复合体

复合体	酶名称	功能辅基	传递电子过程	其他
复合体Ⅰ	NADH- 泛醌还原酶	FMN、Fe-S	NADH → FMN → Fe-S → Q	有质子泵功能：传递 $2e^-$ 时，能将 4 个 H^+ 从线粒体的基质侧（N 侧）泵到膜间隙侧（P 侧），泵出质子所能量来自电子传递过程
复合体Ⅱ	琥珀酸 - 泛醌还原酶	FAD、Fe-S	琥珀酸 → FAD → Fe-S → Q	代谢途径中另外一些含 FAD 的脱氢酶，可通过不同的方式将相应底物脱下的氢经 FAD 传递给 Q，进入呼吸链
复合体Ⅲ	泛醌 -Cytc 还原酶	血红素、Fe-S	QH_2 → Cytb → Fe-S → $Cytc_1$ → Cytc	①有质子泵功能，每传递 $2e^-$ 向膜间隙释放 $4H^+$ ②Cytc 是呼吸链中唯一的水溶性球状蛋白质，与线粒体内膜的外表面疏松结合，不包含在复合体Ⅲ中
复合体Ⅳ	Cytc 氧化酶	血红素、Cu_A、Cu_B	Cytc → Cu_A → Cyta → $Cyta_3$ → Cu_B → O_2	有质子泵功能，每传递 $2e^-$ 将 2 个 H^+ 泵至膜间

3）呼吸链中电子应从电位低的组分向电位高的组分进行传递。

三、氧化磷酸化

1. 细胞内由 ADP 磷酸化生成 ATP 的方式

（1）底物水平磷酸化：指与高能键水解反应偶联，直接将高能代谢物的能量转移至 ADP，生成 ATP 的过程。能产生少量 ATP。

（2）氧化磷酸化：NADH 和 FADH$_2$ 通过线粒体呼吸链逐步失去电子被氧化生成水，电子传递过程伴随能量的逐步释放，此释能过程驱动 ADP 磷酸化生成 ATP，即 NADH 和 FADH$_2$ 的氧化过程与 ADP 的磷酸化过程相偶联。

> ⓘ 提示
>
> 人体 90% 的 ATP 是由线粒体中的氧化磷酸化产生的，产生 ATP 所需的能量由线粒体氧化体系提供。

2. 氧化磷酸化偶联部位 理论推测，呼吸链中氧化与磷酸化的偶联部位，即能生成 ATP 的部位，可根据下述实验方法及数据大致确定。

（1）P/O 比值：是指氧化磷酸化过程中，每消耗 1/2mol O$_2$ 所需磷酸的摩尔数，即所能合成 ATP 的摩尔数（或一对电子通过呼吸链传递给氧所生成 ATP 分子数）。一对电子经 NADH 呼吸链传递，P/O 比值约为 2.5，生成 2.5 分子的 ATP；一对电子经琥珀酸呼吸链传递，P/O 比值约为 1.5，可产生 1.5 分子的 ATP。

（2）自由能变化：生成 1mol ATP 约需要 30.5kJ，可见复合体Ⅰ、Ⅲ、Ⅳ传递一对电子释放的能量能够满足生成 ATP 所需的能量。注意：偶联部位并非意味着这三个复合体是直接产生 ATP 的部位，而是指电子传递释放的能量，能满足 ADP 磷酸化生成 ATP 的需要。

复合体Ⅰ、Ⅲ、Ⅳ的质子泵功能形成线粒体内膜两侧的质子梯度，储存了电子传递过程释放的部分能量。

3. 氧化磷酸化偶联机制 化学渗透假说阐明了氧化磷酸化的偶联机制。

（1）电子经呼吸链传递时释放的能量，通过复合体的质子泵功能，转运 H$^+$ 从线粒体基质到内膜的胞质侧。

（2）由于质子不能自由穿过线粒体内膜返回基质，从而形成跨线粒体内膜的质子电化学梯度（H$^+$ 浓度梯度和跨膜电位差），储存电子传递释放的能量。

（3）质子的电化学梯度转变为质子驱动力，促使质子从膜间隙侧顺浓度梯度回流至基质、释放储存的势能，用于驱动 ADP 与 Pi 结合生成 ATP。如一对电子自 NADH 传递至氧可释放约 -220kJ/mol 的能量，同时将 10 个 H$^+$ 从基质转移至膜间隙侧，形成的 H$^+$ 梯度储存约 -200kJ/mol，当质子顺浓度梯度回流至基质时用于驱动 ATP 合成。

> ℹ️ **提示**
>
> 氧化磷酸化偶联部位在复合体Ⅰ、Ⅲ、Ⅳ内,偶联机制是产生跨线粒体内膜的质子梯度。

4. 质子顺浓度梯度回流释放能量用于合成 ATP

（1）跨线粒体内膜的 H^+ 梯度驱动质子顺浓度梯度回流至基质时,储存的能量被 ATP 合酶充分利用,催化 ADP 与 Pi 生成 ATP。线粒体内膜上的复合体 V,即 ATP 合酶。ATP 合酶（表 2-8）是多蛋白组成的蘑菇样结构。

表 2-8　ATP 合酶

功能结构域	F_1	F_0
性质	亲水部分	疏水部分
含义	表示第一个被鉴定的与氧化磷酸化相关的因子	表示寡霉素敏感
定位	线粒体基质侧的蘑菇头状突起	大部分结构嵌入线粒体内膜中
功能	催化 ATP 合成	组成离子通道,用于质子的回流
组成	$\alpha_3\beta_3\gamma\delta\varepsilon$ 亚基复合体和寡霉素敏感蛋白	由疏水的 a、b_2、$c_{9\sim12}$ 亚基组成

（2）当质子顺梯度穿内膜向基质回流时,转子部分围绕定子部分进行旋转,使 F_1 中的 $\alpha\beta$ 功能单元利用释放的能量结合 ADP 和 Pi 并生成 ATP。跨内膜质子形成的电化学梯度势能是 ATP 合酶转动的驱动力。

（3）ATP 合酶转子循环一周生成 3 分子 ATP。实验表明,合成 1 分子 ATP 需 4 个 H^+,其中 3 个 H^+ 通过 ATP 合酶穿线粒体内膜回流入基质,另 1 个 H^+ 用于转运 ADP、Pi 和 ATP。每分子 NADH 经呼吸链传递泵出 $10H^+$,生成约 2.5（10/4）分子 ATP;而琥珀酸呼吸链每传递 2 个电子泵出 $6H^+$,生成 1.5（6/4）分子 ATP。

5. 氧化磷酸化的影响因素

（1）体内能量状态调节氧化磷酸化速率:ADP 是调节机体氧化磷酸化速率的主要因素。ATP/ADP 降低、ADP 浓度增加时,氧化磷酸化速度加快,合成 ATP 增多。

（2）抑制剂阻断氧化磷酸化过程（图 2-8）

1）呼吸链抑制剂:阻断电子传递过程,见图 2-8 中①、②、③、④。

2）解偶联剂:阻断 ADP 的磷酸化过程,使建立的质子电化学梯度被破坏,不能驱动 ATP 合酶来合成 ATP,见图 2-8 中⑤。

机体内源性解偶联剂:棕色脂肪组织的线粒体内膜中富含一种特别的蛋白质,称为解偶联蛋白 1（UCP1）。它是由 2 个 32kD 亚基组成的二聚体,使氧化磷酸化解偶联不生成 ATP,但质子梯度储存的能量以热能形式释放,故棕色脂肪组织是产热御寒组织。

3）ATP 合酶抑制剂:同时抑制电子传递和 ATP 的生成,见图 2-8 中⑥。寡霉素、二环己基碳二亚胺（DCCD）均可结合 F_0,阻断 H^+ 从 F_0 质子半通道回流,抑制 ATP 合酶活性。

线粒体内膜两侧质子电化学梯度能影响质子泵功能,也会抑制电子传递。抑制氧化磷酸化会降低线粒体对氧的需求,氧的消耗会减少。

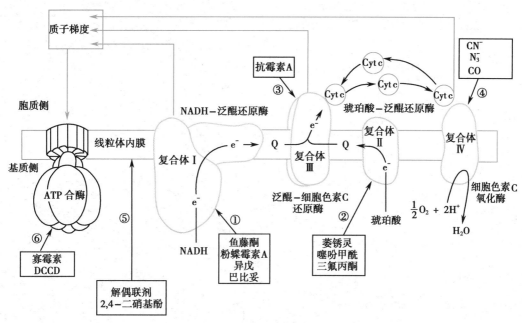

图 2-8 抑制剂阻断氧化磷酸化过程
①~⑥为抑制剂。

（3）甲状腺激素可促进氧化磷酸化和产热:甲状腺激素可促进细胞膜上 Na^+,K^+-ATP 酶的表达,使 ATP 加速分解为 ADP 和 Pi,ADP 浓度增高而促进氧化磷酸化。另外,T_3 可诱导解偶联蛋白基因表达,使氧化释能和产热比率均增加,ATP 合成减少,导致机体耗氧和产热同时增加。

（4）线粒体 DNA（mtDNA）突变可影响氧化磷酸化功能:使 ATP 生成减少致能量代谢紊乱、引起疾病。

6. 胞质中 NADH 的氧化　细胞质中的 NADH 通过穿梭机制进入线粒体呼吸链,才能进行氧化。

（1）α-磷酸甘油穿梭（图 2-9）:脑和骨骼肌细胞的细胞质 NADH 主要通过此穿梭机制进入线粒体呼吸链进行氧化。$FADH_2$ 直接将 2H 传递给泛醌进入氧化呼吸链,因此 1 分子的 NADH 经此穿梭能产生 1.5 分子 ATP。

（2）苹果酸-天冬氨酸穿梭（图 2-10）:肝、肾及心肌细胞细胞质 NADH 经此途径转运至线粒体呼吸链。该穿梭需要 2 种内膜转运蛋白质和 2 种酶协同参与。进入基质的 $NADH+H^+$ 则通过 NADH 呼吸链进行氧化,生成 2.5 分子 ATP。

7. 其他氧化与抗氧化体系

（1）过氧化物酶体和微粒体中的酶类:除线粒体氧化体系外,在细胞内还存在其他氧化体系,参与物质的生物氧化,主要是参与体内代谢物、药物和毒物的生物转化。

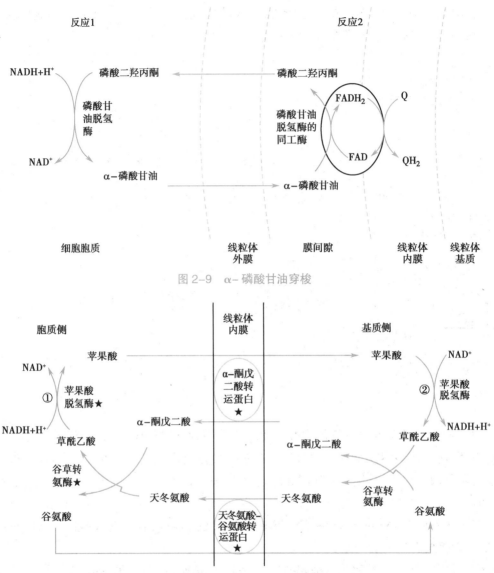

图 2-9 α-磷酸甘油穿梭

图 2-10 苹果酸 – 天冬氨酸穿梭
①、②为主要反应顺序,★为转运蛋白和酶。

1）微粒体细胞色素 P450 单加氧酶催化底物分子羟基化。

2）过氧化物酶体中含过氧化氢酶及过氧化物酶等。

（2）线粒体呼吸链也可产生活性氧：线粒体呼吸链存在单电子传递过程,生成反应活性氧类（ROS）组分,是引起细胞氧化损伤的原因之一。

1）除呼吸链外,细胞质中的黄嘌呤氧化酶、微粒体中的 Cyt P450 氧化还原酶等催化的反应,需要氧为底物,也可产生 O_2^-。但这些酶产生的 ROS 远低于线粒体呼吸链。另外,细菌感染、组织缺氧等病理过程,电离辐射、吸烟、药物等外源因素也可导致细胞产生大量的 ROS。

2）ROS 通过不同的方式释放到线粒体基质、膜间隙及细胞质等部位,对细胞的功能产生广泛的影响。少量的 ROS 能够促进细胞增殖等,但 ROS 的大量累积会损伤细胞功能,甚至会导致细胞死亡。

3）线粒体一方面通过消耗氧用于产生 ATP 供能,另一方面也会产生 ROS 而损伤自身及细胞等。因此,生物进化已使机体发展了有效的抗氧化体系及时清除 ROS,防止其累积产生有害影响。

（3）抗氧化酶体系有清除反应活性氧的功能：体内存在的各种抗氧化酶、小分子抗氧化剂等,形成了重要的防御体系以对抗 ROS 的副作用。

1）抗氧化酶：如超氧化物歧化酶（SOD）、过氧化氢酶、谷胱甘肽过氧化物酶。

2）小分子自由基清除剂：维生素 C、维生素 E、β– 胡萝卜素等。

四、ATP 与其他高能化合物

1. 高能磷酸键　高能磷酸化合物是指那些水解时能释放较大自由能的含有磷酸基的化合物,通常其释放的标准自由能 $\Delta G'$ 大于 25kJ/mol,并将水解时释放能量较多的磷酸酯键,称之为高能磷酸键,用 "~P" 符号表示。

2. ATP 的利用

（1）ATP 是能量捕获和释放利用的重要分子,ATP 是体内最重要的高能磷酸化合物,是细胞可直接利用的能量形式。

（2）ATP 是能量转移和核苷酸相互转变的核心。UTP、CTP、GTP 可为糖原、磷脂、蛋白质等合成反应提供能量,但它们一般是在核苷二磷酸激酶催化下,从 ATP 中获得 ~P 产生。如 ATP+UDP → ADP+UTP。

ATP 分子性质稳定,但寿命仅数分钟,不在细胞中储存,而是不断进行 ATP/ADP 的再循环,其相互转变的量十分可观,转变过程中伴随自由能的释放和获得,在各种生理活动中完成能量的穿梭转换,因此称为 "能量货币"。

（3）ATP 通过转移自身基团提供能量：如 ATP 给葡萄糖提供磷酸基和能量,合成的葡糖 –6– 磷酸容易进入糖酵解或其他代谢途径。

（4）磷酸肌酸也是储存能量的高能化合物：高能磷酸键可根据机体需要在 ATP 和磷酸肌酸间转移。

3. 其他高能磷酸化合物　磷酸烯醇式丙酮酸、氨基甲酰磷酸、1, 3– 二磷酸甘油酸、乙酰 CoA、ADP、焦磷酸、葡糖 –1– 磷酸。

────○ 经 典 试 题 ○────

〔研〕1. 直接参与苹果酸 – 天冬氨酸穿梭的重要中间产物是

　　A. 丙酮酸　　　　　　　　　　B. 磷酸二羟丙酮

　　C. 磷酸甘油　　　　　　　　　D. 草酰乙酸

（研）2. 能够影响氧化磷酸化的因素有

    A. ［ADP］/［ATP］   B. 甲状腺素增加

    C. 线粒体突变   D. CO 阻断 $Cyta_3$

（执）3. 不含高能磷酸键的化合物是

    A. 1, 3- 二磷酸甘油酸   B. 磷酸肌酸

    C. 腺苷三磷酸   D. 磷酸烯醇式丙酮酸

    E. 果糖 –1, 6- 二磷酸

（执）4. 呼吸链电子传递过程中可直接被磷酸化的物质是

    A. CDP   B. ADP

    C. GDP   D. TDP

    E. UDP

【答案】

1. D   2. ABCD   3. E   4. B

温 故 知 新

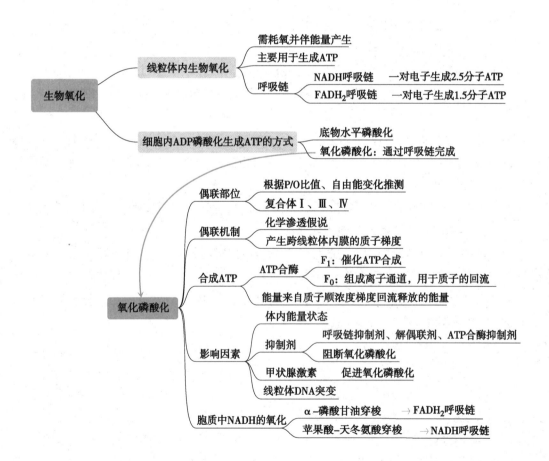

第七节　脂　质　代　谢

一、脂质的生理功能

脂质种类多、结构复杂，决定了其在生命体内功能的多样性和复杂性。脂质分子不由基因编码，独立于从基因到蛋白质的遗传信息系统之外，不易溶于水是其最基本的特性，决定了脂质在以基因到蛋白质为遗传信息系统、以水为基础环境的生命体内的特殊性，也决定了其在生命活动或疾病发生发展中的特别重要性。

脂质是脂肪和类脂的总称。脂肪即甘油三酯，也称三脂肪酰基甘油；类脂包括固醇及其酯、磷脂和糖脂等。

1. 储能和供能　甘油三酯是机体重要的能源物质。1g 甘油三酯彻底氧化可产生 38kJ 能量，1g 蛋白质或 1g 碳水化合物只产生 17kJ 能量。甘油三酯是脂肪酸的重要储存库。甘油二酯还是重要的细胞信号分子。

2. 脂肪酸是脂肪、胆固醇酯和磷脂的重要组成成分

（1）磷脂：是构成生物膜的重要成分。细胞膜中能发现几乎所有的磷脂，甘油磷脂中以磷脂酰胆碱、磷脂酰乙醇胺、磷脂酰丝氨酸含量最高，鞘磷脂中以神经鞘磷脂为主。各种磷脂在不同生物膜中所占比例不同。磷脂酰胆碱也称卵磷脂，存在于细胞膜中。心磷脂是线粒体膜的主要脂质。磷脂酰肌醇是第二信使（甘油二酯和肌醇三磷酸）的前体。

（2）胆固醇：是细胞膜的基本结构成分。胆固醇是动物细胞膜的另一基本结构成分，但亚细胞器膜含量较少。胆固醇可转化为一些具有重要生物学功能的固醇化合物，如类固醇激素、胆汁酸和维生素 D_3。

3. 合成不饱和脂肪酸衍生物　前列腺素、血栓噁烷、白三烯是二十碳多不饱和脂肪酸衍生物。花生四烯酸是前列腺素、血栓烷和白三烯等生物活性物质的前体。

（1）前列腺素（PG）

1）PGE_2：诱发炎症，促进局部血管扩张，使毛细血管通透性增加，引起红肿热痛等。

2）PGE_2、PGA_2：使动脉平滑肌舒张，降低血压。

3）PGE_2、PGI_2：抑制胃酸分泌，促进胃肠平滑肌蠕动。

4）卵泡产生的 PGE_2、$PGF_{2\alpha}$ 在排卵过程中起重要作用。

5）$PGF_{2\alpha}$ 可使卵巢平滑肌收缩，引起排卵。子宫释放的 $PGF_{2\alpha}$ 能使黄体溶解。分娩时子宫内膜释出的 $PGF_{2\alpha}$ 能使子宫收缩加强，促进分娩。

 提示

花生四烯酸是前列腺素（PG）的前体，必需脂肪酸的缺乏可导致 PG 减少。

（2）血栓噁烷（TXA$_2$）：血小板产生的 TXA$_2$、PGE$_2$ 能促进血小板聚集、血管收缩，促进凝血及血栓形成。而血管内皮细胞释放的 PGI$_2$ 则具有很强的舒血管及抗血小板聚集、抑制凝血及血栓形成的作用。可见，PGI$_2$ 有抗 TXA$_2$ 的作用。

（3）白三烯（LTs）：①过敏反应慢反应物质是 LTC$_4$、LTD$_4$ 及 LTE$_4$ 混合物，其支气管平滑肌收缩作用较组胺、PGF$_{2\alpha}$ 强，作用缓慢而持久；还可引起胃肠平滑肌剧烈收缩。②LTB$_4$能调节白细胞功能，促进炎症和过敏反应发展。③LTD$_4$ 使毛细血管通透性增加。

4. 合成必需脂肪酸 人体自身不能合成，必须由食物提供的脂肪酸称为<u>必需脂肪酸</u>，包括<u>亚油酸、α-亚麻酸、花生四烯酸（以亚油酸为原料合成）</u>。

注意，脂质组分的复杂性决定了脂质分析技术的复杂性。通常需先提取，分离，还可能需要进行酸、碱或酶处理，然后再根据其特点性质和分析目的，选择不同方法进行分析。如用有机溶剂提取脂质、用层析分离脂质等，对于甘油三酯、胆固醇酯、磷脂中的脂肪酸分析还需经特殊处理。

> 层析是脂质分离最常用和最基本的方法。

二、脂肪的消化与吸收

脂肪乳化及消化所需酶：<u>胆汁酸盐有较强乳化作用</u>，将脂质乳化成细小微团，使脂质消化酶吸附在乳化微团的脂－水界面，极大地增加消化酶与脂质接触面积，促进脂质消化。<u>小肠上段是脂质消化的主要场所</u>。

1. <u>胰腺分泌的脂质消化酶</u> 包括胰脂酶、辅脂酶、磷脂酶 A 和胆固醇酯酶。

（1）辅脂酶：在胰腺泡以酶原形式存在，分泌入十二指肠腔后被胰蛋白酶从 N- 端水解，移去五肽而激活。

1）辅脂酶本身不具脂酶活性，但可通过疏水键与甘油三酯结合，通过氢键与胰脂酶结合，将胰脂酶锚定在乳化微团的脂－水界面，使胰脂酶与脂肪充分接触发挥水解脂肪的功能。

2）辅脂酶还可防止胰脂酶在脂水界面上变性、失活。

3）可见，辅脂酶是胰脂酶发挥脂肪消化作用必不可少的辅因子。

（2）胰磷脂酶 A$_2$：催化磷脂 2 位酯键水解，生成脂肪酸和溶血磷脂。

（3）胆固醇酯酶：水解胆固醇酯，生成胆固醇和脂肪酸。

> 溶血磷脂、胆固醇可协助胆汁酸盐将食物脂质乳化成更小的混合微团，易被小肠黏膜细胞吸收。

2. 吸收的脂质经再合成后进入血液循环

（1）脂质及其消化产物主要在十二指肠下段及空肠上段吸收。

（2）少量由中（6~10C）、短（2~4C）链脂肪酸构成的甘油三酯,经胆汁酸盐乳化后可直接被肠黏膜细胞摄取,继而在细胞内脂肪酶作用下,水解成脂肪酸及甘油,通过门静脉进入血液循环。

（3）脂质消化产生的长链（12~26C）脂肪酸、2- 甘油一酯、胆固醇和溶血磷脂等,在小肠进入肠黏膜细胞。长链脂肪酸在小肠黏膜细胞重新合成甘油三酯。再与载脂蛋白 B48、C、A I、A IV 等及磷脂、胆固醇共同组装成乳糜微粒（CM）,被肠黏膜细胞分泌,经淋巴系统进入血液循环。

3. 脂质消化吸收在维持机体脂质平衡中具有重要作用

（1）体内脂质过多,尤其是饱和脂肪酸、胆固醇过多,在肥胖、高脂血症、动脉粥样硬化、2 型糖尿病（T2DM）、高血压和癌等发生中具有重要作用。

（2）小肠被认为是介于机体内、外脂质间的选择性屏障。脂质通过该屏障过多会导致其在体内堆积,促进上述疾病发生。小肠的脂质消化、吸收能力具有很大可塑性。脂质本身可刺激小肠、增强脂质消化吸收能力。这不仅能促进摄入增多时脂质的消化吸收,保障体内能量、必需脂肪酸、脂溶性维生素供应,也能增强机体对食物缺乏环境的适应能力。

三、脂肪的合成代谢

不同来源脂肪酸在不同器官以不同的途径合成甘油三酯。

1. 合成部位 肝、脂肪组织及小肠。在细胞质中完成,以肝合成能力最强。营养不良、中毒等可引起肝细胞 VLDL 生成障碍,导致甘油三酯在肝细胞蓄积,发生脂肪肝。脂肪细胞是机体储存甘油三酯的"脂库"。

2. 合成原料 甘油和脂肪酸是合成甘油三酯的基本原料。

（1）机体能分解葡萄糖产生 3- 磷酸甘油,也能利用葡萄糖分解代谢中间产物乙酰 CoA 合成脂肪酸,人和动物即使完全不摄取,亦可由糖转化合成大量甘油三酯。

（2）小肠黏膜细胞主要利用摄取的甘油三酯消化产物重新合成甘油三酯,当其以乳糜微粒形式运送至脂肪组织、肝等组织 / 器官后,脂肪酸亦可作为这些组织细胞合成甘油三酯的原料。

（3）脂肪组织还可水解极低密度脂蛋白甘油三酯,释放脂肪酸用于合成甘油三酯。

3. 合成途径

（1）甘油一酯途径合成甘油三酯:①脂肪酸活化成脂酰 CoA;②脂酰 CoA 转移酶催化、ATP 供能,将脂酰 CoA 的脂酰基转移至 2- 甘油一酯羟基上合成甘油三酯。

（2）甘油二酯途径合成甘油三酯:①脂肪酸活化成脂酰 CoA;②以 3- 磷酸甘油（来自葡萄糖酵解途径）为起始物,先合成 1,2 甘油二酯,通过酯化甘油二酯羟基生成甘油三酯。

肝、肾等组织含有甘油激酶,可催化游离甘油磷酸化生成3-磷酸甘油,供甘油三酯合成。

$$甘油 \xrightarrow[\text{ATP　ADP}]{\text{肝、肾甘油激酶}} 3\text{-磷酸甘油}$$

ℹ️ **提示**

> 甘油一酯途径见于小肠黏膜细胞,甘油二酯途径见于肝和脂肪组织细胞。

四、脂肪酸的合成代谢

内源性脂肪酸的合成需先合成软脂酸。

1. **软脂酸的合成**　软脂酸(16碳)由乙酰 CoA 在脂肪酸合酶复合体催化下合成。

(1)合成部位:在肝、肾、脑、肺、乳腺、脂肪等组织的细胞质。肝是人体合成脂肪酸的主要场所,合成能力较脂肪组织大。

(2)合成原料

1)乙酰 CoA:主要由葡萄糖分解供给,在线粒体内产生,不能自由透过线粒体内膜,需通过柠檬酸-丙酮酸循环(图2-11)进入细胞质。

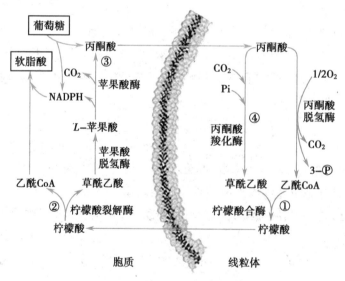

图 2-11　柠檬酸-丙酮酸循环

①乙酰 CoA 首先在线粒体内与草酰乙酸缩合生成柠檬酸,经线粒体内膜上载体转运进入细胞质。②细胞质中 ATP 柠檬酸裂解酶使柠檬酸裂解释出乙酰 CoA 及草酰乙酸。③进入细胞质的乙酰 CoA 可用以合成脂肪酸。而草酰乙酸则在苹果酸脱氢酶的作用下,还原成苹果酸;苹果酸可由苹果酸酶分解为丙酮酸。④丙酮酸再转运入线粒体,最终均形成线粒体内的草酰乙酸,再参与转运乙酰 CoA。

2）其他：ATP、NADPH、HCO_3^-（CO_2）及 Mn^{2+} 等原料。NADPH 主要来自磷酸戊糖途径，少量来自乙酰 CoA 转运时细胞质苹果酸氧化脱羧。

（3）合成过程

1）乙酰 CoA 转化成丙二酸单酰 CoA：是软脂酸合成的第一步反应。乙酰 CoA 羧化酶是脂肪酸合成的关键酶。

$$乙酰\ CoA+ATP+HCO_3^- \xrightarrow{\ \ 乙酰\ CoA\ 羧化酶、生物素、Mn^{2+}\ \ } 丙二酸单酰\ CoA+ADP+Pi$$

2）1 分子乙酰 CoA 与 7 分子丙二酸单酰 CoA 缩合而成 1 分子软脂酸：各种脂肪酸生物合成过程基本相似，均以丙二酸单酰 CoA 为基本原料，从乙酰 CoA 开始，经反复加成反应完成，每次（缩合—还原—脱水—再还原）循环延长 2 个碳原子。16 碳软脂酸合成需经 7 次循环反应。

（4）合成的调节

1）乙酰 CoA 羧化酶的调节（表 2-9）

表 2-9 乙酰 CoA 羧化酶的调节

鉴别要点	乙酰 CoA 羧化酶活性增高	乙酰 CoA 羧化酶活性降低
存在形式	有活性多聚体	无活性原聚体
别构调节	柠檬酸、异柠檬酸	软脂酰 CoA、长链脂酰 CoA
化学修饰	胰岛素：使其去磷酸化而恢复活性	胰高血糖素：使其磷酸化而失活
其他	高糖膳食、糖代谢加强	高脂膳食、脂肪动员

2）代谢物调节：ATP、NADPH 及乙酰 CoA 是脂肪酸合成原料，可促进脂肪酸合成。

3）激素调节：胰岛素是调节脂肪酸合成的主要激素。胰岛素可促进脂肪酸合成磷脂酸，增加脂肪合成。胰岛素还能增加脂肪组织脂蛋白脂肪酶活性，促进对血液甘油三酯脂肪酸摄取，促使脂肪组织合成脂肪贮存。

4）脂肪酸合酶可作为药物治疗的靶点：脂肪酸合酶抑制剂可明显减缓肿瘤生长。

2. 更长碳链脂肪酸的合成（表 2-10）　通过对软脂酸（16 碳）加工、延长完成。

表 2-10 更长碳链脂肪酸的合成

鉴别要点	内质网脂肪酸延长途径	线粒体脂肪酸延长途径
部位	内质网	线粒体
二碳单位供体	丙二酸单酰 CoA	乙酰 CoA
催化酶	脂肪酸延长酶体系	脂肪酸延长酶体系
每轮循环	通过缩合、加氢、脱水及再加氢等延长 2 个碳原子	通过缩合、加氢、脱水和再加氢等延长 2 个碳原子

续表

鉴别要点	内质网脂肪酸延长途径	线粒体脂肪酸延长途径
合成过程	NADPH 供氢,过程与软脂酸合成相似,但脂酰基不是以 ACP(酰基载体蛋白)为载体,而是连接在 CoASH 上进行	软脂酰 CoA 与乙酰 CoA 缩合生成 β- 酮硬脂酰 CoA → β 羟硬脂酰 CoA(NADPH 供氢)→脱水生成 α,β- 烯硬脂酰 CoA → 硬脂酰 CoA(NADPH 供氢)
碳链长度	可延长至 24 碳,以 18 碳硬脂酸为主	可延长至 24 碳或 26 碳,以 18 碳硬脂酸为主

3. 不饱和脂酸的合成

(1)体内单不饱和脂酸:油酸、软油酸,可自身合成。

(2)体内多不饱和脂酸:亚油酸、α- 亚麻酸和花生四烯酸,必需从食物(主要是植物油脂)中摄取,因此称必需脂肪酸。亚麻酸和花生四烯酸可从亚油酸(最重要)转化而来。

五、脂肪的分解代谢

1. 脂肪动员 指储存在白色脂肪细胞内的脂肪在脂肪酶作用下,逐步水解,释放游离脂肪酸和甘油供其他组织细胞氧化利用的过程。

(1)曾认为,脂肪动员由激素敏感性甘油三酯脂肪酶(HSL),也称激素敏感性脂肪酶(HSL)调控。HSL 催化甘油三酯水解的第一步,是脂肪动员的关键酶。随后发现催化甘油三酯水解第一步并不是 HSL 的主要作用。脂肪动员也还需多种酶和蛋白质参与,如脂肪组织甘油三酯脂肪酶(ATGL)和 Perilipin-1。

(2)脂肪在脂肪细胞内分解的步骤:①主要由 ATGL 催化,生成甘油二酯和脂肪酸。②主要由 HSL 催化,主要水解甘油二酯 sn-3 位酯键,生成甘油一酯和脂肪酸。③在甘油一酯脂肪酶催化下,生成甘油和脂肪酸。

(3)肾上腺素、去甲肾上腺素、胰高血糖素等能启动脂肪动员、促进脂肪水解为游离脂肪酸和甘油,称为脂解激素。胰岛素、前列腺素 E_2 等能对抗脂解激素的作用,抑制脂肪动员,称为抗脂解激素。

(4)血浆清蛋白可结合游离脂肪酸,能将脂肪酸运送至全身,主要由心、肝、骨骼肌等摄取利用。

2. 甘油转变为 3- 磷酸甘油后被利用 甘油可直接经血液运输至肝、肾、肠等组织利用。肝的甘油激酶活性最高,脂肪动员产生的甘油主要被肝摄取利用。

3. 脂肪酸 β- 氧化　除脑外,机体大多数组织均能氧化脂肪酸,以肝、心肌、骨骼肌能力最强。在 O_2 供充足时,脂肪酸可经脂肪酸活化、转移至线粒体、β- 氧化生成乙酰 CoA 及乙酰 CoA 进入三羧酸循环彻底氧化 4 个阶段,释放大量 ATP。

（1）脂肪酸活化为脂酰 CoA:脂肪酸被氧化前必须先活化,由内质网、线粒体外膜上的脂酰 CoA 合成酶催化生成脂酰 CoA。脂酰 CoA 含高能硫酯键,可提高脂肪酸代谢活性。活化反应生成的焦磷酸（PPi）立即被细胞内焦磷酸酶水解,可阻止逆向反应进行,故 1 分子脂肪酸活化实际上消耗 2 个高能磷酸键。

$$脂肪酸 + CoA-SH \xrightarrow[\quad ATP \quad Mg^{2+} \quad \searrow AMP \quad]{脂酰CoA合成酶} 脂酰CoA + PP_i$$

（2）脂酰 CoA 进入线粒体:催化脂肪酸氧化的酶系存在于线粒体基质,活化的脂酰 CoA 必须进入线粒体才能被氧化。长链脂酰 CoA 不能直接透过线粒体内膜,需要肉碱（或称 L-β 羟 -γ- 三甲氨基丁酸）协助转运。脂酰 CoA 进入线粒体是脂肪酸 β- 氧化的限速步骤,肉碱脂酰转移酶 I 是脂肪酸 β- 氧化的关键酶。

$$长链脂酰CoA + 肉碱 \xrightarrow[\text{碱脂酰转移酶 I}]{\text{线粒体外膜的肉}} 脂酰肉碱（外膜） \xrightarrow[\text{肉碱脂酰肉碱转位酶}]{\text{线粒体内膜肉碱-}} 脂酰肉碱（基质）$$

$$\xrightarrow[\text{碱脂酰转移酶 II}]{\text{线粒体内膜内侧肉}} 长链脂酰CoA + 肉碱$$

肉碱脂酰转移酶 I 活性增加:饥饿、高脂低糖膳食或糖尿病。肉碱脂酰转移酶 I 活性受抑:饱食后。

（3）脂酰 CoA 分解产生乙酰 CoA、$FADH_2$ 和 NADH:线粒体基质中存在由多个酶结合在一起形成的脂肪酸 β- 氧化酶系,在该酶系催化下,从脂酰基 β- 碳原子开始,进行脱氢（生成烯脂酰 CoA）、加水（生成羟脂酰 CoA）、再脱氢（生成 β- 酮脂酰 CoA）及硫解（产生乙酰 CoA）四步反应（图 2-12）,完成一次 β- 氧化。

1）经过上述四步反应,脂酰 CoA 的碳链被缩短 2 个碳原子。脱氢、加水、再脱氢及硫解反复进行,最终完成脂肪酸 β- 氧化。

2）生成的 $FADH_2$、NADH 经呼吸链氧化,与 ADP 磷酸化偶联,产生 ATP。

3）生成的乙酰 CoA 主要在线粒体通过三羧酸循环彻底氧化;在肝,部分乙酰 CoA 转变成酮体,通过血液运送至肝外组织氧化利用。

（4）脂肪酸彻底氧化生成大量 ATP:以软脂肪酸为例,1 分子软脂酸彻底氧化需进行 7 次 β- 氧化,生成 7 分子 $FADH_2$、7 分子 NADH 及 8 分子乙酰 CoA。

在 pH7.0,25℃的标准条件下氧化磷酸化,每分子 $FADH_2$ 产生 1.5 分子 ATP,每分子 NADH 产生 2.5 分子 ATP;每分子乙酰 CoA 经三羧酸循环彻底氧化产生 10 分子 ATP。故

1分子软脂酸彻底氧化共生成（7×1.5）+（7×2.5）+（8×10）=108分子ATP；除去脂肪酸活化消耗2个高能磷酸键（相当于2分子ATP），净生成106分子ATP。

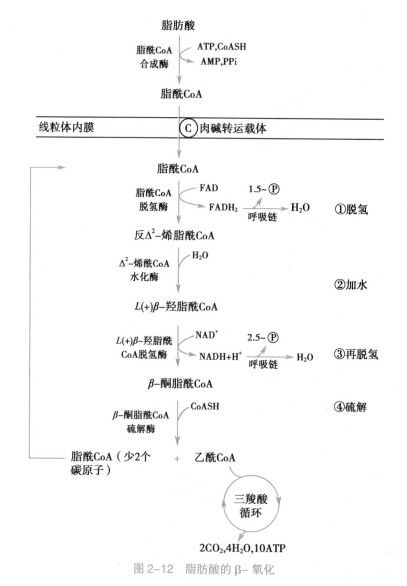

图 2-12　脂肪酸的 β- 氧化

（5）不同的脂肪酸还有不同的氧化方式

1）不饱和脂肪酸的氧化：不饱和脂肪酸也在线粒体进行 β 氧化。注意，饱和脂肪酸 β- 氧化产生的烯脂酰 CoA 是反式 Δ^2 烯脂酰 CoA，而天然不饱和脂肪酸中的双键为顺式。不饱和脂肪酸 β- 氧化产生的顺式 Δ^3 烯脂酰 CoA（需转变为 Δ^2 反式构型）或顺式 Δ^2 烯脂酰 CoA［形成的 $D(-)$-β- 羟脂酰 CoA］需转变为左旋异构体 $L(+)$ 型］需转变构型后才能继续 β- 氧化。

2）超长碳链脂肪酸（如 C_{20}、C_{22}）需先在过氧化酶体氧化成较短碳链脂肪酸。

3）奇数碳原子脂肪酸经 β- 氧化产生的丙酰 CoA，需经 β- 羧化酶及异构酶催化转变为琥珀酰 CoA 进行彻底氧化。

4）脂肪酸氧化还可从远侧甲基端进行，即 ω 氧化。

4. 酮体

（1）酮体生成：以脂肪酸 β- 氧化生成的乙酰 CoA 为原料，在肝线粒体由酮体合成酶系催化完成，向肝外输出。酮体包括乙酰乙酸、β- 羟丁酸（含量最多）和丙酮（微量）。

（2）生成过程

1）2 分子乙酰 CoA 缩合成乙酰乙酰 CoA：由乙酰乙酰 CoA 硫解酶催化，释放 1 分子 CoASH。

2）乙酰乙酰 CoA 与乙酰 CoA 缩合成羟基甲基戊二酸单酰 CoA（HMG-CoA）：由 HMG-CoA 合酶催化，生成 HMG-CoA，释放出 1 分子 CoASH。

3）HMG-CoA 裂解产生乙酰乙酸：在 HMG-CoA 裂解酶作用下完成，生成乙酰乙酸和乙酰 CoA。

4）乙酰乙酸还原成 β- 羟丁酸：由 NADH 供氢，在 β- 羟丁酸脱氢酶催化下完成。少量乙酰乙酸转变成丙酮。

（3）示意图（图 2-13）

（4）利用：肝外许多组织具有活性很强的酮体利用酶，能将酮体重新裂解成乙酰 CoA，通过三羧酸循环彻底氧化。所以肝内生成的酮体需经血液运输至肝外组织氧化利用。

1）乙酰乙酸的利用

①乙酰乙酸活化，生成乙酰乙酰 CoA。乙酰乙酸活化有两条途径：

A. 在心、肾、脑及骨骼肌线粒体

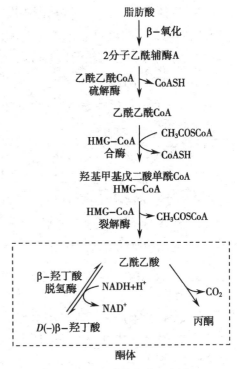

图 2-13 酮体生成示意图

$$乙酰乙酸 + 琥珀酰\ CoA \xleftrightarrow{\text{琥珀酰 CoA 转硫酶}} 乙酰乙酰\ CoA + 琥珀酸$$

B. 在心、肾、脑线粒体

$$乙酰乙酸 \xrightarrow{\text{乙酰乙酸硫激酶}} 乙酰乙酰\ CoA$$

②乙酰乙酰 CoA 硫解生成乙酰 CoA。

$$乙酰乙酰\ CoA \xrightarrow[\text{CoASH}]{\text{乙酰乙酰 CoA 硫解酶}} 2\ 乙酰\ CoA$$

③乙酰 CoA 进入三羧酸循环彻底氧化。

2）β- 羟丁酸的利用：β- 羟丁酸在 β- 羟丁酸脱氢酶催化下，脱氢生成乙酰乙酸，再转变成乙酰 CoA 被氧化。

3）丙酮的利用：生成量很少，可经肺呼出。

> **ⓘ 提示**
>
> 肝组织有活性较强的酮体合成酶系，但缺乏利用酮体的酶系。

（5）生理意义

1）酮体是肝向肝外组织输出能量的重要形式：心肌和肾皮质利用酮体的能力大于利用葡萄糖的能力。脑组织不能氧化分解脂肪酸，却能有效利用酮体。一般脑组织优先利用葡萄糖氧化供能，但葡萄糖供应不足时，酮体是脑组织的主要能源物质。

2）正常血中仅有少量酮体。饥饿、糖尿病时，由于脂肪动员加强，酮体生成增加，可导致酮症酸中毒。血酮体超过肾阈值，可引起酮尿。血丙酮酸含量增加，通过呼吸道排出，产生特殊的"烂苹果气味"。

（6）酮体生成的调节

1）餐食状态：饱食后胰岛素分泌↑，脂解作用↓、脂肪动员↓，导致酮体生成↓。饥饿时胰高血糖素分泌↑，脂肪动员↑，导致脂肪酸 β- 氧化及酮体生成↑。

2）糖代谢：糖供应不足、糖代谢障碍，酮体生成↑。

3）丙二酸单酰 CoA：糖代谢旺盛时，促进丙二酸单酰 CoA 合成，酮体生成↓。

六、磷脂代谢

1. 概述　磷脂由甘油或鞘氨醇、脂肪酸、磷酸和含氮化合物组成。含甘油的磷脂称为甘油磷脂，因取代基团 -X 不同，形成不同的甘油磷脂。含鞘氨醇或二氢鞘氨醇的磷脂称为鞘磷脂，鞘磷脂的取代基为磷酸胆碱或磷酸乙醇胺，鞘糖脂的取代基为葡萄糖、半乳糖或唾液酸等。

2. 甘油磷脂代谢

（1）合成部位：各组织细胞内质网均含有甘油磷脂合成酶系，以肝、肾及肠等活性最高。

（2）合成原料（表 2-11）

（3）合成途径

1）甘油二酯合成途径：CDP- 胆碱与甘油二酯缩合，生成磷脂酰胆碱；CDP- 乙醇胺与甘油二酯缩合，生成磷脂酰乙醇胺。这两类磷脂占组织及血液磷脂 75% 以上。

另外，磷脂酰胆碱也可由 S- 腺苷甲硫氨酸提供甲基，使磷脂酰乙醇胺甲基化而生成，但这种方式合成量仅占总量 10%~15%。

表 2-11　甘油磷脂的合成原料

名称	说明
甘油、脂肪酸	主要由葡萄糖转化而来,甘油 2 位的多不饱和脂肪酸为必需脂肪酸,只能从食物(植物油)摄取
磷酸盐、肌醇	—
丝氨酸	是合成磷脂酰丝氨酸的原料,脱羧后生成乙醇胺(合成磷脂酰乙醇胺的原料)
胆碱	①由食物供给;②由丝氨酸及甲硫氨酸合成:乙醇胺从 S- 腺苷甲硫氨酸获得 3 个甲基生成胆碱
ATP、CTP	ATP 供能,CTP 参与形成 CDP- 乙醇胺、CDP- 胆碱、CDP- 甘油二酯等活化中间物

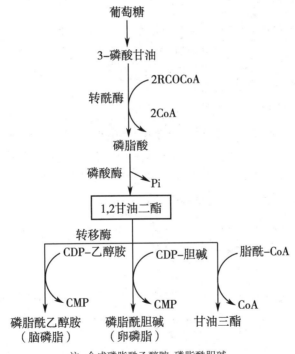

注:合成磷脂酰乙醇胺、磷脂酰胆碱。

2)CDP- 甘油二酯合成途径:CDP- 甘油二酯与肌醇缩合生成磷脂酰肌醇;CDP- 甘油二酯与丝氨酸生成磷脂酰丝氨酸;CDP- 甘油二酯与磷脂酰甘油缩合生成二磷脂酰甘油(心磷脂)。

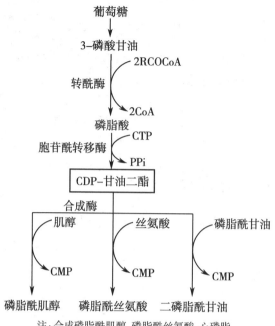

注：合成磷脂酰肌醇、磷脂酰丝氨酸、心磷脂。

（4）降解：甘油磷脂由磷脂酶降解。

磷脂酶 A_1 →甘油磷脂 -1 位酯键→溶血磷脂 2。

磷脂酶 B_2 →溶血磷脂 2-2 位酯键→甘油磷酸胆碱。

磷脂酶 A_2 →甘油磷脂 -2 位酯键→溶血磷脂 1（使红细胞膜或其他细胞膜破坏引起溶血或细胞坏死）。

磷脂酶 B_1 →溶血磷脂 1-1 位酯键→甘油磷酸胆碱。

磷脂酶 C →甘油磷脂 -3 位磷酸酯键→甘油二酯。

磷脂酶 D →甘油磷脂 - 磷酸取代基间酯键→磷脂酸。

3. 鞘磷脂代谢

（1）神经鞘磷脂：是人体含量最多的鞘磷脂，由鞘氨醇、脂肪酸及磷酸胆碱构成。

1）合成鞘氨醇：人体各组织细胞内质网均存在合成鞘氨醇酶系，以脑组织活性最高。

● 基本原料：软脂酰 CoA、丝氨酸和胆碱，还需磷酸吡哆醛、NADPH 及 FAD 等辅酶。

● 过程：在磷酸吡哆醛参与下，由内质网 3- 酮基二氢鞘氨醇合成酶催化，软脂酰 CoA 与 L- 丝氨酸缩合并脱羧生成 3- 酮基二氢鞘氨醇，再由 NADPH 供氢、还原酶催化，加氢生成二氢鞘氨醇，然后在脱氢酶催化下，脱氢生成鞘氨醇。

2）合成神经鞘磷脂：鞘氨醇与脂酰 CoA 由脂酰转移酶催化，生成 N- 脂酰鞘氨醇，再由 CDP- 胆碱提供磷酸胆碱，生成神经鞘磷脂。

（2）降解：神经鞘磷脂酶存在于脑、肝、脾、肾等组织细胞溶酶体，属磷脂酶 C 类，能使磷酸酯键水解，产生磷酸胆碱及 N- 脂酰鞘氨醇。

七、胆固醇代谢

胆固醇有游离胆固醇（FC）和胆固醇酯（CE）两种形式，广泛分布于各组织，约 1/4 分布在脑及神经组织。

1. 胆固醇的合成

（1）部位：除成年动物脑组织及成熟红细胞外，几乎全身各组织均可合成胆固醇。肝是主要合成器官，其次是小肠。胆固醇合成酶系存在于细胞质及光面内质网膜。

（2）原料：1 分子胆固醇需 18 分子乙酰 CoA（是葡萄糖、氨基酸、脂肪酸在线粒体内的分解产物，需转运至细胞质）、16 分子 NADPH（来自磷酸戊糖途径）、36 分子 ATP。

（3）合成途径：大致分 3 个阶段。

1）由乙酰 CoA 合成甲羟戊酸：2 分子乙酰 CoA 在乙酰乙酰 CoA 硫解酶作用下，缩合成乙酰乙酰 CoA；再在 HMG-CoA 合酶作用下，与 1 分子乙酰 CoA 缩合成 HMG-CoA。HMG-CoA 在内质网 HMG-CoA 还原酶（是胆固醇合成关键酶）作用下，由 NADPH 供氢，还原生成甲羟戊酸（MVA）。

2）甲羟戊酸经 15 碳化合物转变成 30 碳的鲨烯：MVA 经脱羧、磷酸化、缩合、还原等多步反应生成鲨烯。

3）鲨烯环化为羊毛固醇后转变为胆固醇。

> **提示**
>
> 在线粒体中，HMG-CoA 被裂解生成酮体；而细胞质生成的 HMG-CoA，则由内质网 HMG-CoA 还原酶还原生成甲羟戊酸。

（4）合成调节

1）HMG-CoA 还原酶活性具有与胆固醇合成相同的昼夜节律性：午夜最高，中午最低。

2）HMG-CoA 还原酶活性的调节（表 2-12）

3）细胞胆固醇含量：是影响胆固醇合成的主要因素之一，主要通过改变 HMG-CoA 还原酶合成影响胆固醇合成。降低细胞胆固醇含量，可解除胆固醇对酶蛋白合成的抑制作用。

4）餐食状态：饥饿或禁食可抑制肝合成胆固醇。高糖、高饱和脂肪膳食，肝 HMG-CoA 还原酶活性增加，乙酰 CoA、ATP、NADPH 充足，胆固醇合成增加。

表 2-12　HMG-CoA 还原酶活性的调节

调节方式	调节机制	胆固醇合成
别构调节	甲羟戊酸、胆固醇及胆固醇氧化产物 7β- 羟胆固醇、25- 羟胆固醇是别构抑制剂	减少
化学修饰调节	磷酸化:失活	减少
	去磷酸化:恢复活性	增加
酶含量调节	细胞胆固醇升高,会抑制 HMG-CoA 还原酶合成	减少

5)激素调节:①胰岛素及甲状腺素,增加胆固醇合成。甲状腺素还能促进胆固醇转变为胆汁酸,故甲状腺功能亢进时血清胆固醇降低。②胰高血糖素、皮质醇,减少胆固醇合成。

2. 胆固醇的转化及去路

(1)胆固醇在肝被转化成胆汁酸:是主要去路,随胆汁排出。游离胆固醇也可随胆汁排出。

(2)合成类固醇激素:肾上腺皮质细胞储存大量胆固醇酯,其中 10% 自身合成。肾上腺皮质球状带→醛固酮;束状带→皮质醇;网状带细胞→雄激素。睾丸间质细胞→睾酮,卵泡内膜细胞及黄体→雌二醇及孕酮。

(3)合成维生素 D_3:皮肤→ 7- 脱氢胆固醇,经紫外线照射转变为维生素 D_3。

八、血浆脂蛋白代谢

1. 血脂及其组成　血浆脂质包括甘油三酯、磷脂、胆固醇及其酯,以及游离脂肪酸等。磷脂主要有卵磷脂(约 70%)、神经鞘磷脂(约 20%)及脑磷脂(约 10%)。

2. 血浆脂蛋白

(1)电泳法分类:从正极(+)至负极(-)依次为:α- 脂蛋白、前 β- 脂蛋白、β- 脂蛋白及乳糜微粒(CM)。

(2)超速离心法分类:乳糜微粒(CM)、极低密度脂蛋白(VLDL)、低密度脂蛋白(LDL)和高密度脂蛋白(HDL),分别相当于电泳法的 CM、前 β- 脂蛋白、β- 脂蛋白和 α- 脂蛋白。

中密度脂蛋白(IDL)是 VLDL 在血浆中向 LDL 转化的中间产物,组成及密度介于VLDL 及 LDL 之间。脂蛋白(a)[Lp(a)]是一类独立脂蛋白,由肝产生,不转化成其他脂蛋白。

(3)组成:蛋白质、甘油三酯、磷脂、胆固醇及其酯。

(4)功能、代谢(表 2-13)

1)乳糜微粒的合成:脂肪消化后,小肠黏膜细胞用中长链脂肪酸再合成甘油三酯(TG),与磷脂、胆固醇,加上 apo B48、apo A I、apoA II、apoA IV 等组装成新生 CM,经淋巴入血,从 HDL 获得 apoC 及 apoE,并将 apo A I、apoA II、apoA IV 转移给 HDL,形成成熟 CM。

表 2-13 血浆脂蛋白的功能、代谢

分类法		合成部位	功能
密度法	电泳法		
乳糜微粒	乳糜微粒	小肠黏膜细胞	转运外源性甘油三酯及胆固醇
VLDL	前 β- 脂蛋白	肝细胞	转运内源性甘油三酯及胆固醇
LDL	β- 脂蛋白	血浆	转运内源性胆固醇
HDL	α- 脂蛋白	肝、肠、血浆	逆向转运胆固醇

2）乳糜微粒的降解：①TG 及磷脂被血管内皮细胞表面的脂蛋白脂肪酶（LPL，由 apoCⅡ激活）水解，产生甘油、脂肪酸及溶血磷脂；脂肪酸被心肌、骨骼肌、脂肪组织及肝组织摄取利用。②CM 最后转变成富含胆固醇酯（CE）、apoB48 及 apoE 的 CM 残粒，被细胞膜 LDL 受体相关蛋白（LRP）识别、结合并被肝细胞摄取后彻底降解。

3）VLDL 的合成：肝细胞以葡萄糖分解代谢中间产物、食物来源的脂肪酸等为原料合成 TG，再与 apoB100、E 以及磷脂、胆固醇等组装成 VLDL。

4）VLDL 的降解：TG 在 LPL 作用下逐步水解，同时表面的 apoC、磷脂及胆固醇向 HDL 转移，而 HDL 胆固醇酯又转移到 VLDL。VLDL 颗粒变小，密度增加变为中密度脂蛋白（IDL）。部分 IDL 被肝细胞摄取、降解。未被肝细胞摄取的 IDL，其 TG 被 LPL 及肝脂肪酶进一步水解，最后剩下 CE 和 apoB100，VLDL 即转变为 LDL。

5）LDL 的合成：主要由 VLDL 在血浆中转变而来。

6）LDL 的降解：肝是降解主要器官，肾上腺皮质、卵巢、睾丸等摄取及降解 LDL 的能力较强。血浆 LDL 多经 LDL 受体途径降解，余经单核 - 吞噬细胞系统降解。氧化修饰 LDL（Ox-LDL），被单核 - 吞噬细胞系统中的巨噬细胞及血管内皮细胞清除。

7）HDL 的合成：新生 HDL 主要由肝合成，小肠可合成部分。在 CM 及 VLDL 代谢时，其表面 apo AⅠ、apoAⅡ、apoAⅣ、apoC 以及磷脂、胆固醇等脱离亦可形成。

8）HDL 的降解：新生 HDL 的代谢过程实际上就是胆固醇逆向转运（RCT）过程，它将肝外组织细胞胆固醇，通过血液循环转运到肝，转化为胆汁酸排出，部分胆固醇也可直接随胆汁排入肠腔。

血浆卵磷脂：胆固醇脂肪酰基转移酶（LCAT）是 RCT 第二步（即 HDL 所运载的胆固醇的酯化及胆固醇酯的转运）的重要酶类。LCAT 由肝实质细胞合成和分泌，在血浆中发挥作用，HDL 表面的 apo AⅠ是 LCAT 激活剂。

3. 高脂蛋白血症

（1）血浆脂质水平异常升高，超过正常值上限称为高脂血症。目前，高脂血症的诊断标准：①成人空腹 12~14h 血浆甘油三酯 >2.26mmol/L、胆固醇 >6.21mmol/L；②儿童胆固醇 >4.14mmol/L。

（2）脂蛋白异常血症分型（表 2-14）。脂蛋白异常血症还可分为原发性和继发性两大类。

表 2-14 脂蛋白异常血症分型

分型	血浆脂蛋白变化	血脂变化	
I	CM 升高	胆固醇↑	甘油三酯↑↑↑
IIa	LDL 升高	胆固醇↑↑	
IIb	LDL、VLDL 升高	胆固醇↑↑	甘油三酯↑↑
III	IDL 升高	胆固醇↑↑	甘油三酯↑↑
IV	VLDL 升高		甘油三酯↑↑
V	CM、VLDL 升高	胆固醇↑	甘油三酯↑↑↑

○ 经 典 试 题 ○

（研）1. 酮体不能在肝中氧化的主要原因是肝中缺乏

　　A. HMG-CoA 合成酶

　　B. HMG-CoA 裂解酶

　　C. HMG-CoA 还原酶

　　D. 琥珀酰 CoA 转硫酶

（研）2. 下列磷脂中,合成代谢过程需进行甲基化的是

　　A. 磷脂酰胆碱

　　B. 磷脂酰肌醇

　　C. 磷脂酰丝氨酸

　　D. 磷脂酸

（研）3. 脂肪酸 β- 氧化的限速酶是

　　A. 肉碱脂酰转移酶 I

　　B. 肉碱脂酰转移酶 II

　　C. 肉碱 – 脂酰肉碱转位酶

　　D. 脂酰 CoA 脱氢酶

（执）4. 甘油三酯合成的基本原料是

　　A. 甘油

　　B. 胆固醇酯

　　C. 胆碱

　　D. 鞘氨醇

　　E. 胆固醇

（执）5. 各型高脂蛋白血症中不增高的脂蛋白是

A. CM 　　　　　　　　B. VLDL

C. HDL 　　　　　　　　D. IDL

E. LDL

（执）6. 饥饿时分解代谢可产生酮体的物质是

A. 维生素 　　　　　　　B. 核苷酸

C. 葡萄糖 　　　　　　　D. 氨基酸

E. 脂肪酸

（执）7. 脂肪酸合成的原料乙酰 CoA 从线粒体转移至胞质的途径是

A. 三羧酸循环 　　　　　B. 乳酸循环

C. 丙氨酸 - 葡萄糖循环 　　D. 柠檬酸 - 丙酮酸循环

E. 糖醛酸循环

（执）8. 下列属于营养必需脂肪酸的是

A. 软脂酸 　　　　　　　B. 油酸

C. 硬脂酸 　　　　　　　D. 亚麻酸

E. 月桂酸

【答案】

1. D 2. A 3. A 4. A 5. C 6. E 7. D 8. D

温 故 知 新

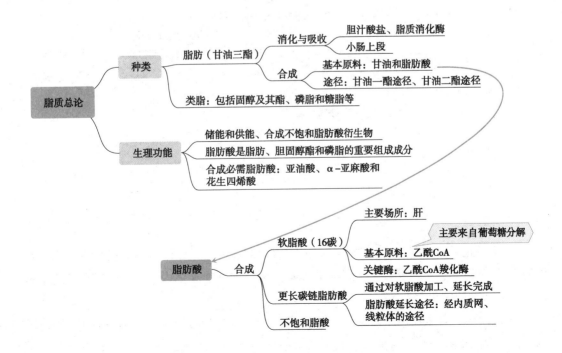

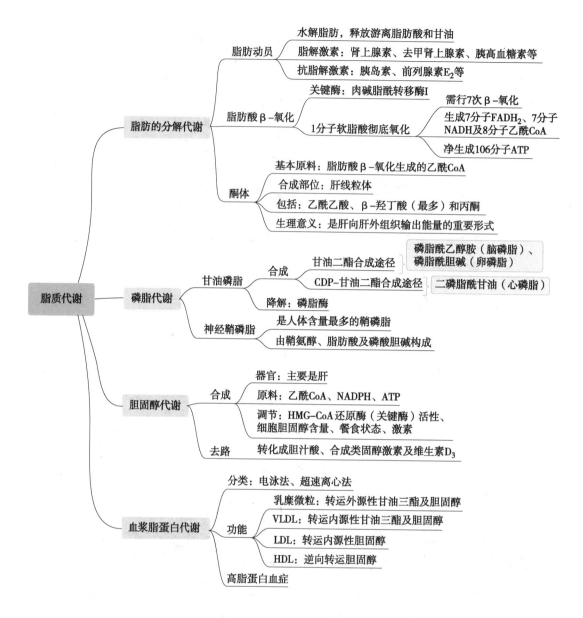

第八节　蛋白质消化吸收和氨基酸代谢

一、蛋白质的生理功能

1. **氨基酸**　是蛋白质的基本组成单位,氨基酸可合成蛋白质,也是合成核酸、儿茶酚胺类激素、甲状腺素及一些神经递质的重要原料。多余氨基酸在体内也可转变成糖类或脂肪,或作为能源物质氧化分解。

2. **蛋白质**　是生命的物质基础,维持细胞、组织的生长、更新、修补;参与体内多种重要的生理活动,如催化物质代谢反应、代谢调节、运输物质、机体免疫、肌肉收缩和血液凝固等;

作为能源物质氧化供能。

3. 营养必需氨基酸　指体内需要而不能自身合成,必须由食物提供的氨基酸。包括亮氨酸、异亮氨酸、苏氨酸、缬氨酸、赖氨酸、甲硫氨酸、苯丙氨酸、色氨酸和组氨酸。

（1）蛋白质的营养价值:是指食物蛋白质在体内的利用率。蛋白质营养价值的高低主要取决于食物蛋白质中必需氨基酸的种类和比例。一般含必需氨基酸种类多、比例高的蛋白质,其营养价值高;反之营养价值低。

（2）食物蛋白质的互补作用

1）多种营养价值较低的蛋白质混合食用,彼此间必需氨基酸可以得到互相补充,从而提高蛋白质的营养价值,这种作用称为食物蛋白质的互补作用。

2）举例:如谷类蛋白质含赖氨酸较少含色氨酸较多,豆类蛋白质含赖氨酸较多含色氨酸较少,将两者混合食用即可提高蛋白质的营养价值。

4. 氮平衡　氮平衡是指每日氮的摄入量与排出量之间的关系。可用于描述体内蛋白质的代谢状况。

（1）摄入氮基本上来源于食物中的蛋白质,经机体消化吸收后主要用于体内蛋白质的合成;排出氮主要来自粪便和尿液中的含氮化合物,绝大部分是蛋白质在体内分解代谢的终产物。

（2）人体氮平衡的情况

1）总平衡:摄入氮量 = 排出氮量,即氮的"收支"平衡,见于正常成人。

2）正平衡:摄入氮量 > 排出氮量,反映体内蛋白质的合成 > 分解,见于儿童、孕妇及恢复期。

3）负平衡:摄入氮量 < 排出氮量,反映体内蛋白质的合成 < 分解,见于饥饿、严重烧伤、出血及消耗性疾病患者。

（3）根据氮平衡实验计算,当正常成人食用不含蛋白质膳食约 8d 后,每天的排出氮量逐渐趋于恒定。此时,每公斤体重每日排出的氮量约为 53mg,故一位 60kg 体重的正常成人每日蛋白质的最低分解量约为 20g。由于食物蛋白质与人体蛋白质组成的差异,消化吸收后不可能全部被利用,因此,为了维持氮的总平衡,正常成人每日蛋白质的最低生理需要量为 30~50g。要长期保持氮的总平衡,我国营养学会推荐正常成人每日蛋白质的需要量为 80g。

二、蛋白质在肠道的消化、吸收及腐败作用

食物蛋白质的消化吸收是体内氨基酸的主要来源。同时,消化过程还可消除食物蛋白质的抗原性,避免引起机体的过敏和毒性反应。食物蛋白质的消化由胃开始,但主要在小肠进行。消化液中蛋白酶类都以酶原形式存在,以免自身组织被破坏。酶原分泌到肠腔后即转变为有活性的蛋白酶。

1. 蛋白酶在消化中的作用

（1）蛋白质在胃中的消化主要由胃蛋白酶催化。蛋白质在胃中被水解成多肽和氨基酸。

1）胃蛋白酶原由胃黏膜主细胞分泌,经盐酸激活后转变成为有活性的胃蛋白酶。胃蛋白酶也能激活胃蛋白酶原转变成胃蛋白酶,称为自身催化作用。

2）胃蛋白酶的最适 pH 为 1.5~2.5。酸性的胃液可使蛋白质变性,有利于蛋白质的水解。胃蛋白酶对肽键的特异性较差,主要水解由芳香族氨基酸、甲硫氨酸和亮氨酸等氨基酸残基形成的肽键。

3）胃蛋白酶还具有凝乳作用,可使乳汁中的酪蛋白与 Ca^{2+} 形成乳凝块,使乳汁在胃中的停留时间延长,有利于乳汁中蛋白质的消化。

（2）小肠是消化蛋白质的主要部位。在小肠中,未经消化或消化不完全的蛋白质受胰液及肠黏膜细胞分泌的多种蛋白酶及肽酶的共同作用,进一步水解成寡肽和氨基酸。

（3）胰液中蛋白质消化的酶以酶原形式存在,有胰蛋白酶原、糜蛋白酶原、弹性蛋白酶原、羧基肽酶原 A 及 B。

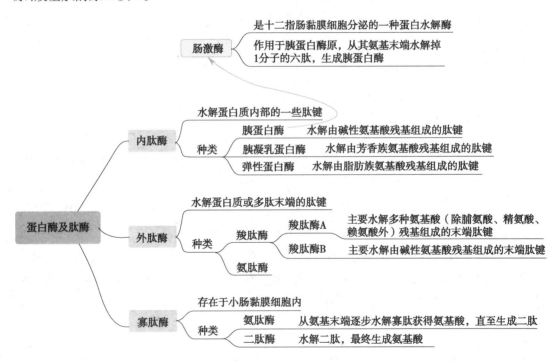

2. 氨基酸的吸收　氨基酸及一些小肽主要是通过耗能的钠依赖性主动运转而吸收,小肠黏膜上皮细胞有氨基酸运载蛋白和小肽运载蛋白质。

（1）目前已知体内至少有 7 种载体蛋白参与氨基酸和寡肽的吸收。这些载体蛋白又被称为转运蛋白,包括中性氨基酸转运蛋白、酸性氨基酸转运蛋白、碱性氨基酸转运蛋白、亚氨基酸转运蛋白、β- 氨基酸转运蛋白、二肽转运蛋白及三肽转运蛋白。

（2）当某些氨基酸共用同一载体时，由于在结构上有一定的相似性，这些氨基酸在吸收过程中将彼此竞争。氨基酸通过转运蛋白的吸收过程不仅存在于小肠黏膜细胞，也存在于肾小管细胞和肌细胞等细胞膜上。

3. 蛋白质的腐败作用

（1）未被吸收的氨基酸及未被消化的蛋白质，在大肠下部受大肠埃希菌的作用发生化学变化。这种作用称为蛋白质的腐败作用。

（2）一般认为，人类维生素 K 的供应，主要来自大肠菌群。其他大多数腐败作用产物，对人类是有害的，如胺类、酚类、吲哚及硫化氢等。

（3）肠道细菌通过脱羧基作用产生胺类：未被消化的蛋白质经肠道细菌蛋白酶的作用可水解生成氨基酸，然后在细菌氨基酸脱羧酶的作用下，氨基酸脱去羧基生成胺类物质。

1）组氨酸、赖氨酸、色氨酸、酪氨酸及苯丙氨酸通过脱羧基作用分别生成组胺、尸胺、色胺、酪胺及苯乙胺。组胺和尸胺可降血压，酪胺可升高血压。这些毒性物质如果经门静脉进入体内，通常经肝代谢转化为无毒形式排出体外。

2）在肝功能受损时，酪胺和苯乙胺不能在肝内及时转化，极易进入脑组织，经 β- 羟化酶作用，分别转化为 β- 羟酪胺和苯乙醇胺。因其结构类似于儿茶酚胺，故被称为假神经递质。假神经递质增多时，可竞争性地干扰儿茶酚胺的正常功能，阻碍神经冲动传递，使大脑发生异常抑制，这可能是肝性脑病发生的原因之一。

（4）肠道细菌通过脱氨基作用产生氨：未被吸收的氨基酸在肠道细菌的作用下，通过脱氨基作用可以生成氨，这是肠道氨的重要来源之一。另一来源是血液中的尿素渗入肠道，经肠菌尿素酶的水解而生成氨。这些氨均可被吸收进入血液，最终在肝中合成尿素。降低肠道的 pH，可减少氨的吸收。

（5）生成的腐败产物主要随粪便排出体外，也有少量经门静脉吸收进入体内，大多在肝经过生物转化作用后排出体外。

三、氨基酸的一般代谢

1. 体内蛋白质的降解

（1）体内蛋白质的降解：成人体内的蛋白质每天有 1%~2% 被降解，其中主要是骨骼肌中的蛋白质。降解产生的氨基酸，大约 70%~80% 又被重新合成新的蛋白质。

（2）不同蛋白质的降解速率不同：蛋白质降解的速率用半寿期（$t_{1/2}$）表示，半寿期是指将其浓度减少到开始值 50% 所需要的时间。

体内许多关键酶的 $t_{1/2}$ 都很短，例如胆固醇合成关键酶 HMG-CoA 还原酶的 $t_{1/2}$ 为 0.5~2h。为满足生理需要，关键酶的降解既可加速亦可滞后，从而改变酶的含量，进一步改变代谢产物的流量和浓度。

（3）真核细胞内蛋白质的降解途径（表 2-15）

1）蛋白质在溶酶体通过 ATP 非依赖途径被降解：溶酶体的主要功能是消化作用，是细胞内的消化器官。

表 2-15 真核细胞内蛋白质的降解途径

鉴别要点	ATP 非依赖途径降解	ATP 依赖途径降解
消耗 ATP	不需要	需要
降解部位	细胞内的溶酶体	细胞核和胞质内的蛋白酶体
降解对象	细胞外来的蛋白质、膜蛋白和胞内长寿命蛋白质	异常蛋白质和短寿命蛋白质
特点	溶酶体的多种组织蛋白酶对蛋白质选择性较差	需泛素的参与。蛋白酶体特异性识别泛素标记的蛋白质并将其降解

2）蛋白质在蛋白酶体通过 ATP 依赖途径被降解：蛋白质通过此途径降解需泛素的参与。泛素由 76 个氨基酸组成，广泛存在于真核细胞。首先泛素与被选择降解的蛋白质形成共价连接，使后者标记，然后蛋白酶体将其降解，产生约 7~9 个氨基酸残基组成的肽链，肽链经寡肽酶水解成氨基酸。泛素的这种标记作用称为泛素化，由泛素激活酶、泛素结合酶、泛素蛋白连接酶参与催化完成。一种蛋白质的降解需多次泛素化反应，形成泛素链。

2. 外源性氨基酸与内源性氨基酸组成氨基酸代谢库

（1）体内组织蛋白质降解产生的氨基酸及体内合成的非必需氨基酸属于内源性氨基酸，与食物蛋白质经消化吸收的氨基酸（外源性氨基酸）共同分布于体内各处，参与代谢，称为氨基酸代谢库。

（2）氨基酸代谢库通常以游离氨基酸总量计算。由于氨基酸不能自由通过细胞膜，所以在体内的分布是不均一的。骨骼肌中的氨基酸占总代谢库的 50% 以上，肝约占 10%，肾约占 4%，血浆占 1%~6%。消化吸收的大多数氨基酸，例如丙氨酸和芳香族氨基酸等主要在肝中分解，而支链氨基酸的分解代谢主要在骨骼肌中进行。

（3）体内氨基酸的主要功能是合成多肽和蛋白质，也可转变成其他含氮化合物。正常人尿中排出的氨基酸极少。由于各种氨基酸具有共同的基本结构，因此分解代谢途径有相同之处；但各种氨基酸在侧链结构上存在一定的差异，又导致了各自独特的代谢方式。

（4）体内氨基酸代谢的概况（图 2-14）

3. 氨基酸分解代谢 氨基酸分解代谢的主要反应是脱氨基作用，可以通过多种方式如转氨基、氧化脱氨基及非氧化脱氨基等方式脱去氨基。

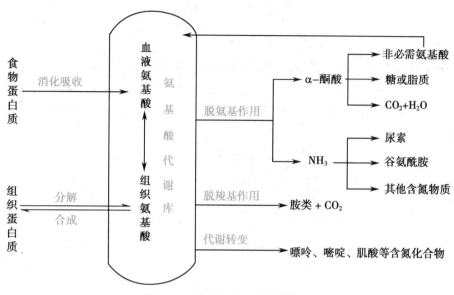

图 2-14　体内氨基酸代谢的概况

（1）转氨基作用：转氨基作用是在氨基转移酶的催化下，可逆地将 α- 氨基酸的氨基转移给 α- 酮酸，结果是氨基酸脱去氨基生成相应的 α- 酮酸，而原来的 α- 酮酸则转变成另一种氨基酸。

1）除赖氨酸、苏氨酸、脯氨酸、羟脯氨酸外，大多数氨基酸都能进行转氨基作用。除 α- 氨基之外，氨基酸侧链末端的氨基，如鸟氨酸的 δ- 氨基也可通过转氨基作用脱去。

$$\underset{\text{COOH}}{\overset{R_1}{H-C-NH_2}} + \underset{\text{COOH}}{\overset{R_2}{C=O}} \xrightleftharpoons{\text{转氨酶}} \underset{\text{COOH}}{\overset{R_1}{C=O}} + \underset{\text{COOH}}{\overset{R_2}{H-C-NH_2}}$$

2）氨基转移酶也称转氨酶，不同氨基酸与 α- 酮酸之间的转氨基作用只能由专一的转氨酶催化。体内存在多种转氨酶，以 L- 谷氨酸和 α- 酮酸的氨基转移酶最为重要。

如谷丙转氨酶（ALT）和谷草转氨酶（AST）在体内广泛存在，但各组织中含量不同。肝组织中 ALT 的活性最高，心肌组织中 AST 的活性最高。当某种原因使细胞膜通透性增高或细胞破裂时，氨基转移酶可大量释放入血，使血清中氨基转移酶活性明显升高。例如急性肝炎患者血清 ALT 活性显著升高；心肌梗死患者血清 AST 明显上升。临床上可以此作为疾病诊断和预后的参考指标。

$$\text{谷氨酸 + 丙酮酸} \xrightleftharpoons{\text{ALT}} \text{α- 酮戊二酸 + 丙氨酸}$$

$$\text{谷氨酸 + 草酰乙酸} \xrightleftharpoons{\text{AST}} \text{α- 酮戊二酸 + 天冬氨酸}$$

3）各种氨基转移酶的辅酶都是磷酸吡哆醛（维生素 B_6），结合于转氨酶活性中心赖氨酸的 ε- 氨基上。

（2）*L-*谷氨酸氧化脱氨基：*L-*谷氨酸是体内唯一能以相当高的速率进行氧化脱氨反应的氨基酸，脱下的氨基进一步代谢后排出体外。

*L-*谷氨酸的氧化脱氨反应由 *L-*谷氨酸脱氢酶催化完成，此酶广泛存在于肝、肾、脑等，属于一种不需氧脱氢酶。在 *L-*谷氨酸脱氢酶催化下，*L-*谷氨酸氧化脱氨生成 α-酮戊二酸和氨。*L-*谷氨酸脱氢酶是体内唯一既能利用 NAD^+ 又能利用 $NADP^+$ 接受还原当量的酶。

（3）联合脱氨（转氨脱氨）作用：首先通过转氨基作用使其他氨基酸的氨基转移至 α-酮戊二酸生成 *L-*谷氨酸，然后 *L-*谷氨酸再脱氨基，就可以使氨基酸脱氨生成 NH_3。这种方式需要氨基转移酶与 *L-*谷氨酸脱氢酶联合作用，即转氨基作用与 *L-*谷氨酸的氧化脱氨基作用偶联进行。

（4）氨基酸氧化酶脱氨基：在肝、肾组织中还存在一种 *L-*氨基酸氧化酶，属黄素酶类，其辅基是 FMN 或 FAD。这些能够自动氧化的黄素蛋白将氨基酸氧化成 α-亚氨基酸，然后再加水分解成相应的 α-酮酸，并释放铵离子。分子氧可进一步直接氧化还原型黄素蛋白形成过氧化氢（H_2O_2），H_2O_2 被过氧化氢酶（存在于大多数组织中，尤其是肝）裂解为氧和 H_2O。

4. α-酮酸的代谢

（1）α-酮酸可通过三羧酸循环与生物氧化体系彻底氧化分解并提供能量

1）α-酮酸在体内可通过三羧酸循环与生物氧化体系彻底氧化生成 CO_2 和 H_2O，同时释放能量以供机体生理活动需要。

2）可见，氨基酸也是一类能源物质。

（2）α-酮酸经氨基化生成营养非必需氨基酸

1）体内的一些营养非必需氨基酸可通过相应的 α-酮酸经氨基化而生成。例如，丙酮酸、草酰乙酸、α-酮戊二酸经氨基化后分别转变成丙氨酸、天冬氨酸和谷氨酸。

2）这些 α-酮酸也可以是来自糖代谢和三羧酸循环的产物。

（3）α-酮酸可转变成糖和脂质

1）将在体内可以转变成糖的氨基酸称为生糖氨基酸；能转变成酮体的氨基酸称为生酮氨基酸；既能转变成糖又能转变成酮体的氨基酸称为生糖兼生酮氨基酸。

2）氨基酸生糖及生酮性质的分类（表2-16）。

四、氨的代谢

体内代谢产生的氨及消化道吸收的氨进入血液形成血氨。正常生理情况下，血氨水平在47~65μmol/L。氨具有毒性，特别是脑组织对氨的作用尤为敏感。

1. 氨的来源　氨基酸脱氨基（体内氨的主要来源）、胺类分解、肠道细菌作用产氨、肾小管上皮细胞分泌氨（主要来自谷氨酰胺）。

表 2-16 氨基酸生糖及生酮性质的分类

类别	具体种类
生糖氨基酸	甘氨酸、丝氨酸、缬氨酸、组氨酸、精氨酸、半胱氨酸、脯氨酸、丙氨酸、谷氨酸、谷氨酰胺、天冬氨酸、天冬酰胺、甲硫氨酸
生酮氨基酸	亮氨酸、赖氨酸
生糖兼生酮氨基酸	异亮氨酸、苯丙氨酸、酪氨酸、苏氨酸、色氨酸

（1）肠道细菌作用产氨：蛋白质和氨基酸在肠道细菌腐败作用下可产生氨,肠道内尿素经细菌尿素酶水解也可产生氨。

1）肠道产氨量较多,每天约为 4g。当腐败作用增强时,氨的产生量增多。肠道内产生的氨主要在结肠吸收入血。

2）在碱性环境中,NH_4^+ 易转变成 NH_3,而 NH_3 比 NH_4^+ 易于穿过细胞膜而被吸收。因此肠道偏碱时,氨的吸收增强。临床上对高血氨患者采用弱酸性透析液做结肠透析,而禁止用碱性的肥皂水灌肠,就是为了减少氨的吸收。

（2）肾小管上皮细胞分泌的氨主要来自谷氨酰胺

1）谷氨酰胺在谷氨酰胺酶的催化下水解成谷氨酸和氨,这部分氨分泌到肾小管管腔中与尿中的 H^+ 结合成 NH_4^+,以铵盐的形式由尿排出体外,这对调节机体的酸碱平衡起着重要作用。

2）酸性尿有利于肾小管细胞中的氨扩散入尿,而碱性尿则妨碍肾小管细胞中 NH_3 的分泌,此时氨被吸收入血,成为血氨的另一个来源。

3）临床上对因肝硬化而产生腹水的患者,不宜使用碱性利尿药,以免血氨升高。

2. 氨的转运 氨在人体内是有毒物质,各组织中产生的氨必须以无毒的方式经血液运输到肝合成尿素,或运输到肾以铵盐的形式排出体外。氨在血液中以丙氨酸和谷氨酰胺的形式转运。

（1）氨通过丙氨酸 - 葡萄糖循环从骨骼肌运往肝：骨骼肌主要以丙酮酸作为氨基受体,经转氨基作用生成丙氨酸,丙氨酸进入血液后被运往肝。在肝中,丙氨酸通过联合脱氨基作用生成丙酮酸,并释放氨。氨用于合成尿素,丙酮酸经糖异生途径生成葡萄糖。葡萄糖经血液运往肌肉,沿糖酵解转变成丙酮酸,后者再接受氨基生成丙氨酸。丙氨酸和葡萄糖周而复始的转变,完成骨骼肌和肝之间氨的转运途径称为丙氨酸 - 葡萄糖循环（图 2-15）。

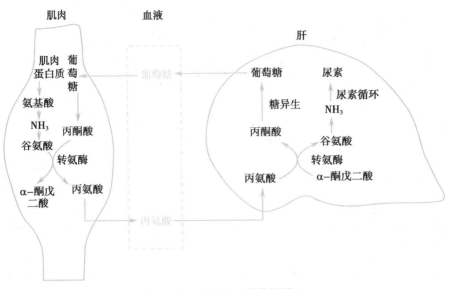

图 2-15　丙氨酸 - 葡萄糖循环

> ℹ️ 提示
>
> 　　丙氨酸 - 葡萄糖循环使骨骼肌组织中氨基酸的氨基（"氨"）以丙氨酸形式运往肝，同时，肝又为骨骼肌提供了生成丙酮酸的葡萄糖。

　　（2）氨通过谷氨酰胺从脑和骨骼肌等组织运往肝或肾：谷氨酰胺是另一种转运氨的形式。在脑和骨骼肌等组织，氨与谷氨酸由谷氨酰胺合成酶催化后合成谷氨酰胺，并经血液运往肝或肾，再经谷氨酰胺酶催化水解成谷氨酸及氨。

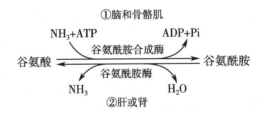

> ℹ️ 提示
>
> 　　谷氨酰胺既是氨的解毒产物，又是氨的储存及运输形式。谷氨酰胺还可以提供氨基使天冬氨酸转变成天冬酰胺。

　　3. 氨的去路　氨可以与 α- 酮戊二酸反应生成谷氨酸，谷氨酸的氨基又可以转移给其他 α- 酮酸，生成相应的非必需氨基酸。正常情况下体内的氨主要在肝合成尿素，只有少部分氨在肾以铵盐形式随尿排出。

（1）尿素的生成（图 2-16）：尿素是通过鸟氨酸循环合成的，鸟氨酸循环又称尿素循环。

1）$NH_3+CO_2+ATP\to$氨基甲酰磷酸：由氨基甲酰磷酸合成酶Ⅰ（CPS-Ⅰ）催化，此反应消耗 2 分子 ATP，为酰胺键和酸酐键的合成提供驱动力。此酶为尿素合成的关键酶，受 N-乙酰谷氨酸（AGA）的别构激活。

2）氨基甲酰磷酸 + 鸟氨酸→瓜氨酸：由鸟氨酸氨基甲酰转移酶（OCT）催化，氨基甲酰磷酸上的氨基甲酰部分转移到鸟氨酸上，生成瓜氨酸和磷酸。OCT 也存在于肝细胞线粒体中。

3）瓜氨酸 + 天冬氨酸→精氨酸代琥珀酸：瓜氨酸在线粒体合成后，被转运到胞质中由精氨酸代琥珀酸合成酶（关键酶）催化此反应。由 ATP 供能，天冬氨酸提供尿素中的第 2 个氮原子。

4）精氨酸代琥珀酸→精氨酸 + 延胡索酸：由精氨酸代琥珀酸裂解酶催化。反应产物精氨酸中保留了来自游离 NH_3 和天冬氨酸分子的氮。

上述反应裂解生成的延胡索酸可经柠檬酸循环的中间步骤转变成草酰乙酸，后者与谷氨酸在 AST 催化下进行转氨基反应，又可重新生成天冬氨酸，而谷氨酸的氨基可来自体内的多种氨基酸。由此可见，体内多种氨基酸的氨基可通过天冬氨酸的形式参与尿素的合成。

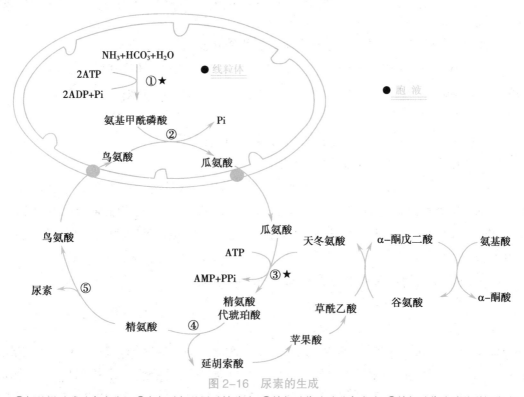

图 2-16 尿素的生成

①氨基甲酰磷酸合成酶Ⅰ；②鸟氨酸氨基甲酰转移酶；③精氨酸代琥珀酸合成酶；④精氨酸代琥珀酸裂解酶；⑤精氨酸酶；●为反应部位，★为关键酶。

5）精氨酸→尿素 + 鸟氨酸：由精氨酸酶催化。鸟氨酸经载体转运进入线粒体，参与瓜氨酸的合成。

如此反复，完成鸟氨酸循环。尿素则作为代谢终产物排出体外。

（2）尿素合成的总反应

$$2NH_3 + CO_2 + 3ATP + 3H_2O \longleftrightarrow 尿素 + 2ADP + AMP + 4Pi$$

> ⓘ 提示
>
> CPS-I、AGA 都存在肝细胞线粒体中。

（3）尿素合成的调节

1）高蛋白质膳食增加尿素合成：进食高蛋白质膳食时，蛋白质分解增多，尿素合成速度加快，尿素可占排出氮的 90%。

2）AGA 激活 CPS-I 启动尿素合成：CPS-I 是鸟氨酸循环启动的关键酶。如前所述，AGA 是 CPS-I 的别构激活剂，由 AGA 合酶催化生成。精氨酸是 AGA 合酶的激活剂，精氨酸浓度增高时，尿素合成增加。

3）精氨酸代琥珀酸合成酶：精氨酸代琥珀酸合成酶的活性最低，是尿素合成启动以后的关键酶，可调节尿素的合成速度。

4. 高血氨　尿素生成障碍可引起高血氨症或氨中毒。

（1）正常情况下，血氨的来源与去路保持动态平衡，而氨在肝中合成尿素是维持这种平衡的关键。肝功能严重受损或尿素合成相关酶遗传性缺陷时，可导致尿素合成障碍，使血氨浓度升高，称为高血氨症。

（2）临床症状：呕吐、厌食、间歇性共济失调、嗜睡甚至昏迷等。

（3）作用机制：毒性作用机制尚不清楚。

1）脑细胞能量代谢障碍：氨进入脑组织，可与脑中的 α- 酮戊二酸结合生成谷氨酸，氨也可与脑中的谷氨酸进一步结合生成谷氨酰胺。高血氨时，脑中氨的增加可使脑细胞中的 α- 酮戊二酸减少，导致三羧酸循环减弱，ATP 生成减少，引起大脑功能障碍，严重时昏迷，称为肝性脑病。

2）脑水肿：谷氨酸、谷氨酰胺增多，渗透压增大，可致脑水肿。

五、个别氨基酸的代谢

1. 氨基酸的脱羧基作用（表 2-17）　有些氨基酸可通过脱羧酶（辅酶是磷酸吡哆醛）进行脱羧基，生成胺类。细胞内广泛存在胺氧化酶（属于黄素蛋白，在肝中活性最高），能将胺氧化成相应的醛、NH_3 和 H_2O_2。醛类可继续氧化成羧酸，羧酸再氧化成 CO_2 和 H_2O 或随尿排出，以避免胺类蓄积。

表 2-17　氨基酸的脱羧基作用

名称	脱羧产物	反应式	说明
谷氨酸	γ-氨基丁酸（GABA）	谷氨酸 $\xrightarrow[\text{CO}_2]{\text{L-谷氨酸脱羧酶}}$ γ-氨基丁酸	谷氨酸脱羧酶在脑、肾组织中活性很高，故 GABA（抑制性神经递质）在脑组织中的浓度较高
组氨酸	组胺	组氨酸 $\xrightarrow[\text{CO}_2]{\text{组氨酸脱羧酶}}$ 组胺	组胺在乳腺、肺、肝、肌、胃黏膜中含量较高，主要见于肥大细胞。组胺是血管扩张剂，可使支气管平滑肌收缩，诱发哮喘；促进胃黏膜细胞分泌胃蛋白酶原及胃酸
色氨酸	5-羟色胺（5-HT）	色氨酸 $\xrightarrow{\text{色氨酸羟化酶}}$ 5-羟色氨酸 $\xrightarrow[\text{CO}_2]{\text{5-羟色氨酸脱羧酶}}$ 5-羟色胺	5-HT 是抑制性神经递质，可直接影响神经传导。在外周组织，5-HT 有强烈的血管收缩作用
鸟氨酸	多胺类物质	L-鸟氨酸 $\xrightarrow[\text{CO}_2]{\text{鸟氨酸脱羧酶}}$ 腐胺 S-腺苷甲硫氨酸（SAM）$\xrightarrow[\text{CO}_2]{\text{SAM脱羧酶}}$ 脱羧基SAM 腐胺 $\xrightarrow[\text{脱羧基SAM}]{\text{丙胺转移酶}}$ 亚精胺 $\xrightarrow[\text{脱羧基SAM}]{\text{丙胺转移酶}}$ 精胺	鸟氨酸脱羧酶是多胺合成的关键酶。精胺、亚精胺是调节细胞生长的重要物质

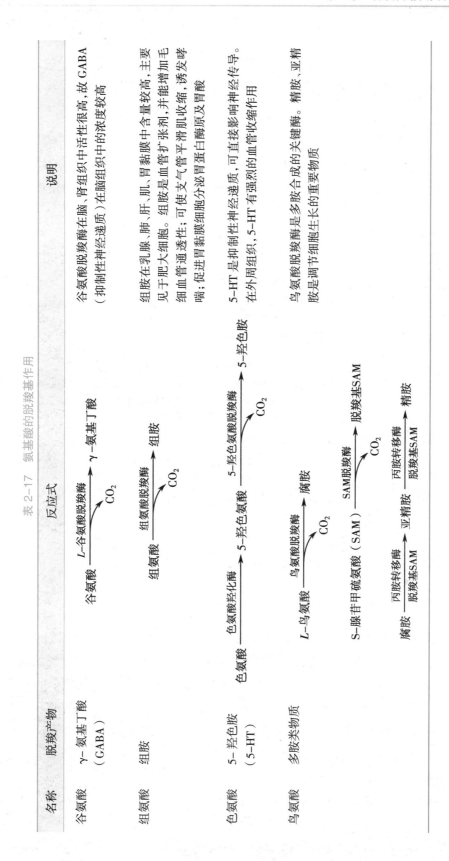

$$\text{氨基酸} \xrightarrow[\text{脱羧酶}]{-CO_2} \text{胺} \xrightarrow[\text{单胺氧化酶}]{\substack{O_2 \\ H_2O} \quad \substack{H_2O_2 \\ NH_3}} \text{醛} \xrightarrow{+1/2\,O_2} \text{羧酸}$$

ℹ️ **提示**

在体内多胺大部分与乙酰基结合随尿排出,小部分氧化成 CO_2 和 NH_3。目前临床上常测定患者血或尿中多胺的水平作为肿瘤辅助诊断及病情变化的生化指标之一。

2. **一碳单位**(图 2-17)

(1)**概念**:指某些氨基酸在分解代谢过程中产生的含有一个碳原子的有机基团,包括甲基(—CH_3)、亚甲基(—CH_2)、次甲基(=CH—)、甲酰基(—CHO)及亚氨甲基(—CH=NH)等。

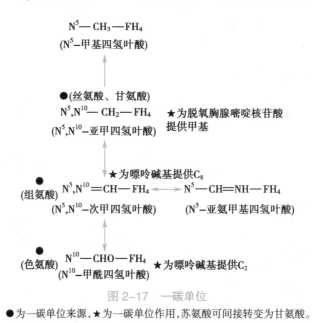

图 2-17　一碳单位
●为一碳单位来源,★为一碳单位作用,苏氨酸可间接转变为甘氨酸。

(2)**来源**:丝氨酸、甘氨酸、组氨酸、色氨酸及苏氨酸(间接转变为甘氨酸)。

1)一碳单位由氨基酸生成的同时即结合在四氢叶酸的 N^5、N^{10} 位上。四氢叶酸的 N^5 结合甲基或亚氨甲基,N^5 和 N^{10} 结合亚甲基或次甲基,N^5 或 N^{10} 结合甲酰基。

2)各种不同形式的一碳单位中,碳原子的氧化状态不同。在适当条件下,它们可以通过氧化还原反应而彼此转变。但在这些反应中,N^5-甲基四氢叶酸的生成是不可逆的。

ℹ️ **提示**

一碳单位的来源简称"丝-甘-组-色-苏"。

（3）载体：一碳单位不能游离存在，四氢叶酸（FH_4）是一碳单位的运载体。在体内，四氢叶酸是由叶酸经过二氢叶酸还原酶催化，分两步还原反应生成的。

$$叶酸 \xrightarrow[\text{NADPH+H}^+ \quad \text{NADP}^+]{\text{二氢叶酸还原酶}} 二氢叶酸 \xrightarrow[\text{NADPH+H}^+ \quad \text{NADP}^+]{\text{二氢叶酸还原酶}} 四氢叶酸$$

（4）意义：一碳单位主要参与嘌呤及嘧啶的合成，在核酸生物合成中有重要作用，一碳单位将氨基酸和核苷酸代谢密切联系。

1）一碳单位代谢障碍或 FH_4 不足时，可引起巨幼细胞贫血等疾病。

2）应用磺胺类药物可抑制某些细菌合成二氢叶酸，进而抑制细菌繁殖，但对人体影响不大。应用叶酸类似物如甲氨蝶呤等可抑制 FH_4 的生成，从而抑制核酸的合成，起到抗肿瘤作用。

3. 含硫氨基酸代谢　含硫氨基酸包括甲硫氨酸、半胱氨酸和胱氨酸。

（1）含硫氨基酸：甲硫氨酸可转变为半胱氨酸和胱氨酸，后两者可相互转变，但不能转为甲硫氨酸。

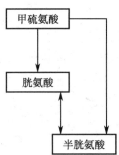

（2）甲硫氨酸循环：甲硫氨酸参与甲基转移反应，其转甲基作用与甲硫氨酸循环有关。通过转甲基作用可生成多种含甲基的生理活性物质，如肾上腺素、肉碱、胆碱及肌酸等。

1）转甲基反应前，甲硫氨酸必须经腺苷转移酶催化与 ATP 反应，生成 S- 腺苷甲硫氨酸（SAM）。SAM 中的甲基称为活性甲基，故 SAM 称为活性甲硫氨酸。SAM 是体内最重要的甲基直接供体。

$$甲硫氨酸 \xrightarrow[\text{ATP} \quad \text{PPi+Pi}]{\text{腺苷转移酶}} \begin{array}{c}\text{S-腺苷甲硫氨酸}\\(\text{SAM})\end{array}$$

2）SAM 经甲基转移酶催化，将甲基转移至另一种物质，使其发生甲基化反应，而 SAM 失去甲基后生成 S- 腺苷同型半胱氨酸，后者脱去腺苷生成同型半胱氨酸。同型半胱氨酸若再接受 N^5-CH_3-FH_4 提供的甲基，则可重新生成甲硫氨酸。由此形成一个循环过程，称为甲硫氨酸循环（图 2-18）。

3）生理意义：由 N^5-CH_3-FH_4 提供甲基生成甲硫氨酸，再通过 SAM 提供甲基，以进行体内广泛存在的甲基化反应，故 N^5-CH_3-FH_4 可看成是体内甲基的间接供体。

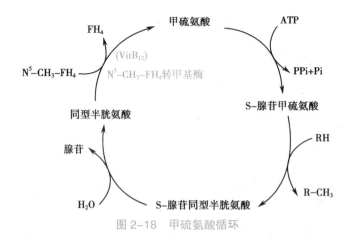

图 2-18 甲硫氨酸循环

> ℹ️ **提示**
>
> 在甲硫氨酸循环中,同型半胱氨酸接受甲基后可生成甲硫氨酸,但体内不能合成同型半胱氨酸,它只能由甲硫氨酸转变而来。故甲硫氨酸必须由食物提供,是营养必需氨基酸。

$N^5-CH_3-FH_4$ 提供甲基使同型半胱氨酸转变成甲硫氨酸,由 N^5- 甲基四氢叶酸转甲基酶(又称甲硫氨酸合成酶)催化,辅酶是维生素 B_{12}。维生素 B_{12} 缺乏时,$N^5-CH_3-FH_4$ 的甲基不能转移给同型半胱氨酸,影响甲硫氨酸的合成,也影响四氢叶酸的再生,使组织中游离四氢叶酸减少,一碳单位参与碱基合成受影响,可致核酸合成障碍影响细胞分裂。故维生素 B_{12} 不足时可引起巨幼细胞贫血。

同型半胱氨酸在血中浓度升高,可能是动脉粥样硬化和冠状动脉粥样硬化性心脏病(简称冠心病)发生的独立危险因素。

(3)甲硫氨酸为肌酸合成提供甲基:肌酸、磷酸肌酸是能量储存与利用的重要化合物。

1)肌酸:是以甘氨酸为骨架,由精氨酸提供脒基,SAM 提供甲基而合成(主要在肝)。

2)磷酸肌酸:在肌酸激酶(CK)催化下,肌酸接受 ATP 的高能磷酸基形成磷酸肌酸(在心肌、骨骼肌、脑组织中含量丰富)。

CK 由两种亚基组成,即 M 亚基(肌型)与 B 亚基(脑型)。CK 的 3 种同工酶:MM 主要在骨骼肌,MB 主要在心肌,而 BB 主要在脑。MB 可作为心肌梗死的辅助诊断指标之一。

3)肌酐:是肌酸、磷酸肌酸的最终代谢产物。肌酐随尿排出,正常人每日尿中肌酐的排出量恒定。当肾功能障碍时,肌酐排出受阻,血中浓度升高。血肌酐测定有助于肾功能不全的诊断。

(4)胱氨酸、半胱氨酸代谢

1)胱氨酸含有二硫键(—S—S—),半胱氨酸含有巯基(—SH),两者可相互转变。

　　两个半胱氨酸残基间所形成的二硫键对维持蛋白质空间构象的稳定及其功能有重要作用。体内有许多重要的酶,如琥珀酸脱氢酶、乳酸脱氢酶等,其活性与半胱氨酸的巯基直接有关,故有巯基酶之称。芥子气、重金属盐等毒物,能与酶分子中的巯基结合而抑制巯基酶活性。体内存在的还原型谷胱甘肽能保护酶分子上的巯基,因而有重要生理功能。

　　2)半胱氨酸可转变成牛磺酸:牛磺酸是结合胆汁酸的组成成分之一。

　　3)半胱氨酸可生成活性硫酸根:含硫氨基酸氧化分解均可产生硫酸根,但半胱氨酸是体内硫酸根的主要来源。体内的硫酸根,一部分以无机盐的形式随尿排出,另一部分由 ATP 活化生成活性硫酸根,即 $3'$-磷酸腺苷 $5'$-磷酸硫酸(PAPS)。

　　PAPS 在肝生物转化中提供硫酸根使某些物质生成硫酸酯,还可参与硫酸角质素及硫酸软骨素等分子中硫酸化氨基糖的合成。

　　4. 芳香族氨基酸的代谢

　　芳香族氨基酸包括苯丙氨酸、酪氨酸和色氨酸。酪氨酸可由苯丙氨酸羟化生成。苯丙氨酸与色氨酸为营养必需氨基酸。

　　(1)苯丙氨酸和酪氨酸代谢:既有联系又有区别。

　　1)正常情况下,苯丙氨酸的主要代谢途径是经羟化作用生成酪氨酸,反应由苯丙氨酸羟化酶催化。苯丙氨酸羟化酶主要存在于肝等组织,属一种单加氧酶,辅酶是四氢生物蝶呤,催化的反应不可逆,故酪氨酸不能转变为苯丙氨酸。

　　苯丙氨酸除转变为酪氨酸外,少量可经转氨基作用生成苯丙酮酸。

　　2)酪氨酸转变为儿茶酚胺和黑色素或彻底氧化分解:酪氨酸的进一步代谢与合成某些神经递质、激素及黑色素有关。

　　● 酪氨酸在肾上腺髓质和神经组织,经酪氨酸羟化酶催化,生成 3,4-二羟苯丙氨酸(DOPA),又称多巴。酪氨酸羟化酶也是以四氢生物蝶呤为辅酶的单加氧酶。

　　● 多巴在多巴脱羧酶的作用下,脱去羧基生成多巴胺。多巴胺是一种神经递质。

　　● 在肾上腺髓质,多巴胺侧链的 β-碳原子再被羟化,生成去甲肾上腺素,后者甲基化生成肾上腺素。多巴胺、去甲肾上腺素及肾上腺素统称为儿茶酚胺。酪氨酸羟化酶是合成儿茶酚胺的关键酶,受终产物的反馈。

　　● 酪氨酸代谢的另一条途径是合成黑色素。在黑色素细胞中,酪氨酸经酪氨酸酶作用,羟化生成多巴,后者经氧化、脱羧等反应转变成吲哚醌,最后吲哚醌聚合为黑色素。

　　● 酪氨酸还可在转氨酶的催化下,生成对羟苯丙酮酸,后者经尿黑酸等中间产进一步转变成延胡索酸和乙酰乙酸,然后两者分别沿糖和脂质代谢途径进行代谢。因此,苯丙氨酸和酪氨酸是生糖兼生酮氨基酸。

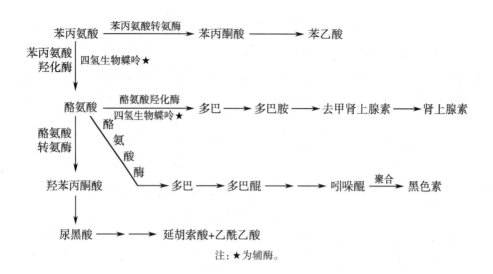

注:★为辅酶。

多巴胺、去甲肾上腺素、肾上腺素统称为儿茶酚胺,酪氨酸羟化酶是关键酶。帕金森病患者脑内多巴胺生成减少。

3)缺乏苯丙氨酸羟化酶:苯丙氨酸不能正常转变为酪氨酸,体内苯丙氨酸蓄积,并经转氨基作用生成苯丙酮酸。大量苯丙酮酸及其部分代谢产物(苯乳酸、苯乙酸)由尿排出,称为苯丙酮尿症。

苯丙酮酸的堆积对中枢神经系统有毒性,导致脑发育障碍,患儿智力低下。治疗原则是早期发现,并适当控制膳食中苯丙氨酸的含量。

4)缺乏酪氨酸酶:黑色素(吲哚醌的聚合物)合成障碍,皮肤、毛发等发白,称为白化病。当体内尿黑酸分解代谢的酶先天性缺陷时,尿黑酸的分解受阻,可出现尿黑酸尿症。

(2)色氨酸代谢:色氨酸可生成 5- 羟色胺(5-HT),还可分解产生一碳单位、丙酮酸、乙酰乙酰 CoA。少部分色氨酸可转变成烟酸,但合成量很少,不能满足机体的需要。

5. 支链氨基酸的分解有相似的代谢过程

(1)代谢过程(图 2-19):支链氨基酸包括缬氨酸、亮氨酸和异亮氨酸,它们都是营养必需氨基酸,在体内的分解有相似的代谢过程,大致分为三个阶段:

1)通过转氨基作用生成相应的 α- 酮酸。

2)通过氧化脱羧生成相应的脂酰 CoA。

3)通过 β- 氧化过程生成不同的中间产物参与三羧酸循环。

图 2-19　支链氨基酸的分解代谢

（2）部位：支链氨基酸的分解代谢主要在骨骼肌中进行。

6. 氨基酸衍生物的重要含氮化合物（表 2-18）

表 2-18 氨基酸衍生物的重要含氮化合物

氨基酸	衍生化合物
天冬氨酸、谷氨酰胺、甘氨酸	嘌呤碱（含氮碱基、核酸成分）
天冬氨酸	嘧啶碱（含氮碱基、核酸成分）
甘氨酸	卟啉化合物（细胞色素、血红素成分）
苯丙氨酸、酪氨酸	儿茶酚胺、甲状腺素（神经递质、激素）
色氨酸	5- 羟色胺、烟酸（神经递质、维生素）
谷氨酸	γ- 氨基丁酸（神经递质）
甲硫氨酸、鸟氨酸	亚精胺、精胺（细胞增殖促进剂）
组氨酸	组胺（血管舒张剂）
半胱氨酸	牛磺酸（结合胆汁酸成分）
苯丙氨酸、酪氨酸	黑色素（皮肤色素）
甘氨酸、精氨酸、甲硫氨酸	肌酸、磷酸肌酸（能量储存）
精氨酸	一氧化氮（NO）（细胞信息转导分子）

◦ 经 典 试 题 ◦

（研）1. 体内转运一碳单位的载体是

　　A. 叶酸　　　　　　　　　　B. 生物素

　　C. 四氢叶酸　　　　　　　　D. S- 腺苷蛋氨酸

（研）2. 参与血液中氨运输的主要氨基酸有

　　A. 丙氨酸　　　　　　　　　B. 鸟氨酸

　　C. 谷氨酰胺　　　　　　　　D. 谷氨酸

（研）3. 需要 S- 腺苷甲硫氨酸参与的反应有

　　A. 磷脂酰胆碱生物合成

　　B. 各种不同形式一碳单位的转换

　　C. 肌酸的生物合成

　　D. 去甲肾上腺素转变为肾上腺素

（执）4. 谷类和豆类食物的营养互补氨基酸是

　　A. 赖氨酸和色氨酸

B. 赖氨酸和酪氨酸

C. 赖氨酸和丙氨酸

D. 赖氨酸和谷氨酸

E. 赖氨酸和甘氨酸

（执）5. 下列氨基酸中能转化生成儿茶酚胺的是

A. 脯氨酸   B. 色氨酸

C. 酪氨酸   D. 天冬氨酸

E. 甲硫氨酸

（执）6. 转氨酶的辅酶是

A. 磷酸吡哆醛   B. 焦磷酸硫胺素

C. 生物素   D. 四氢叶酸

E. 泛酸

【答案】

1. C   2. AC   3. ACD   4. A   5. C   6. A

◦温 故 知 新◦

- 蛋白质概论
  - **生理功能** —— 是生命的物质基础，参与多种生理活动，氧化供能
  - **营养必需氨基酸** —— 决定蛋白质营养价值的高低
  - **氮平衡** —— 总平衡、正平衡、负平衡
  - **消化吸收**
    - 外源性蛋白质 —— 寡肽、氨基酸
    - 未消化吸收的蛋白质在结肠下段发生腐败

- 氨基酸的一般代谢
  - 体内蛋白质降解产生氨基酸
    - ATP非依赖途径：溶酶体、组织蛋白酶
    - ATP依赖途径降解：蛋白酶体、需泛素参与 —— 真核细胞内
  - 氨基酸代谢库 —— 内源性氨基酸+外源性氨基酸
  - 分解代谢
    - 转氨基作用
      - 由转氨酶催化，以L-谷氨酸和α-酮酸的转氨酶最重要
      - 生成另一种氨基酸+另一种α-酮酸
    - L-谷氨酸氧化脱氨基
      - 由L-谷氨酸脱氢酶催化
      - 生成α-酮戊二酸和氨
    - 联合脱氨（转氨脱氨）作用 —— 由转氨酶+L-谷氨酸脱氢酶催化
    - 氨基酸氧化酶脱氨基 —— 存在于肝、肾组织
  - α-酮酸的代谢 —— 氧化分解供能，生成营养非必需氨基酸，转变成糖和脂质

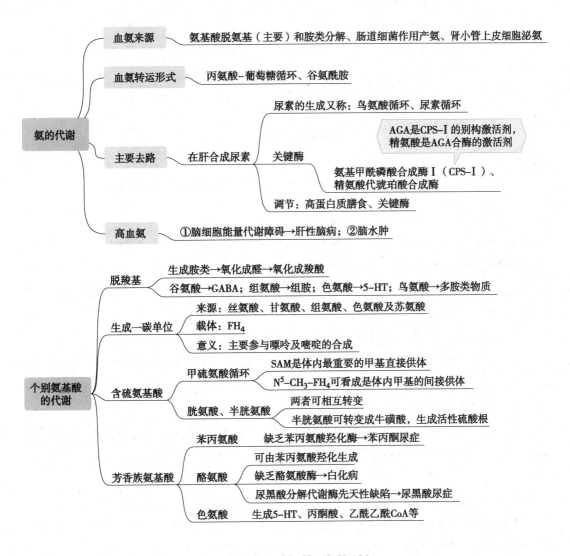

第九节　核苷酸代谢

一、核苷酸代谢概述

1. 核苷酸具有多种生物学功能

（1）作为核酸合成的原料，这是核苷酸最主要的功能。

（2）作为体内能量的利用形式。ATP 是细胞的主要能量形式。此外 GTP 等也可以提供能量。

（3）参与代谢和生理调节。某些核苷酸或其衍生物是重要的调节分子。例如 cAMP 是多种细胞膜受体激素作用的第二信使；cGMP 也与代谢调节有关。

（4）组成辅酶。例如腺苷酸可作为多种辅酶（NAD$^+$、FAD、CoA 等）的组成成分。

（5）活化中间代谢物。核苷酸可以作为多种活化中间代谢物的载体。

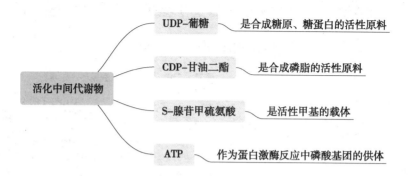

2. 核苷酸经核酸酶水解后可被吸收

（1）核酸酶：是所有可以水解核酸的酶。

1）依据核酸酶作用的底物不同分类：DNA 酶（DNase）和 RNA 酶（RNase）两类。DNA 酶能够专一性地催化脱氧核糖核酸的水解，而 RNA 酶能够专一性地催化核糖核酸的水解。

2）按照对底物二级结构的专一性分类：单链酶和双链酶。

3）依据对底物的作用方式分类：核酸外切酶仅能水解位于核酸分子链末端的磷酸二酯键。根据其作用的方向性，又有 5′→3′ 核酸外切酶和 3′–5′ 核酸外切酶之分。核酸内切酶只可以在 DNA 或 RNA 分子内部切断磷酸二酯键。

有些核酸内切酶的酶切位点具有核酸序列特异性，称为限制性内切核酸酶。一般限制性内切核酸酶的酶切位点的核酸序列具有回文结构。有些核酸内切酶则没有序列特异性的要求。

4）功能：细胞内的核酸酶一方面参与 DNA 的合成与修复以及 RNA 合成后的剪接等重要的基因复制和基因表达过程；另一方面负责清除多余的、结构和功能异常的核酸，同时也可以清除侵入细胞的外源性核酸，这些作用对于维持细胞的正常活动具有重要意义。

有些核酸酶属于多功能酶。

（2）核酸的消化与吸收

1）食物中的核酸多以核蛋白的形式存在。核蛋白在胃中受胃酸的作用，分解成核酸与蛋白质。核酸进入小肠后，受胰液和肠液中各种水解酶的作用逐步水解。

2）核苷酸及其水解产物均可被细胞吸收，并且绝大部分在肠黏膜细胞中被进一步分解。分解产生的戊糖被吸收而参加体内的戊糖代谢；嘌呤和嘧啶碱则主要被分解而排出体外。

（3）核苷酸代谢包括合成和分解代谢：核苷酸根据碱基不同分为嘌呤核苷酸和嘧啶核苷酸，其代谢包括合成和分解代谢。合成代谢包括从头合成和补救合成。从头合成的碱基来源是利用氨基酸、一碳单位及 CO_2 等新合成含 N 的杂环；补救合成的碱基来源于体内游离碱基。

二、嘌呤核苷酸的合成

1. 合成途径（表 2-19）及从头合成嘌呤碱的元素来源（图 2-20）

表 2-19 嘌呤核苷酸的合成途径

鉴别要点	从头合成	补救合成
含义	以磷酸核糖、氨基酸、一碳单位及 CO_2 等简单物质为原料，经过一系列酶促反应，合成嘌呤核苷酸	利用体内游离的嘌呤或嘌呤核苷经简单的反应过程，合成嘌呤核苷酸
原料	谷氨酸、天冬氨酸、甘氨酸、CO_2 及甲酰基（来自四氢叶酸）等	游离的嘌呤碱、嘌呤核苷
合成器官	主要是肝，其次是小肠黏膜和胸腺；在细胞质进行	脑和骨髓
特点	耗能（ATP）和消耗大量氨基酸、主要途径	耗能少、次要途径
过程	两阶段：①合成次黄嘌呤核苷酸（IMP）；②IMP 转变成腺嘌呤核苷酸（AMP）与鸟嘌呤核苷酸（GMP）	嘌呤碱或嘌呤核苷重新合成嘌呤核苷酸
调控	①生成 PRPP：PRPP 合成酶是关键酶（更重要）；生成 PRA：PRPP 酰胺转移酶（别构酶）是关键酶，两酶均可被 IMP、AMP 及 GMP 等抑制 ②交叉调节作用：IMP 转化为 AMP 时需要 GTP，转化为 GMP 时需要 ATP。有利于维持 ATP 与 GTP 浓度的平衡	APRT（腺嘌呤磷酸核糖转移酶）可被 AMP 抑制，HGPRT（次黄嘌呤 – 鸟嘌呤磷酸核糖转移酶）可被 IMP、GMP 抑制

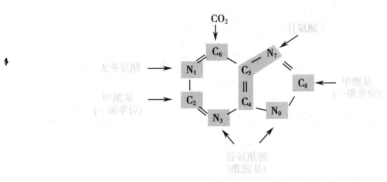

图 2-20 从头合成嘌呤碱的元素来源

2. 从头合成的过程

（1）IMP 的合成：核糖 –5′ 磷酸来自磷酸戊糖途径，★为关键酶。

核糖–5′–磷酸 $\xrightarrow[\bigstar]{\text{PRPP合成酶}}$ 5′–磷酸核糖–1′–焦磷酸（PRPP） $\xrightarrow[\text{PRPP酰胺转移酶}\bigstar]{}$ 5′–磷酸核糖胺（PRA） $\xrightarrow{\text{甘氨酸}}$

甘氨酰胺核苷酸 $\longrightarrow$ $\longrightarrow$ IMP

（2）AMP 的合成：消耗 GTP，● 为耗能来源。

$$IMP \xrightarrow[\text{天冬氨酸、GTP●}]{\text{腺苷酸代琥珀酸合成酶}} \text{腺苷酸代琥珀酸} \xrightarrow{\text{腺苷酸代琥珀酸裂解酶}} AMP$$

（3）GMP 的合成：消耗 ATP，● 为耗能来源。

$$IMP \xrightarrow[\text{NAD}^+\text{、H}_2\text{O}]{\text{IMP脱氢酶}} \text{XMP（黄苷酸）} \xrightarrow[\text{ATP●}]{\text{GMP合成酶}} GMP$$

（4）ATP 的合成

$$AMP \xrightarrow[\text{ATP \ ADP}]{\text{激酶}} ADP \xrightarrow{\text{激酶}} ATP$$

（5）GTP 的合成

$$GMP \xrightarrow[\text{ATP \ ADP}]{\text{激酶}} GDP \xrightarrow[\text{ATP \ ADP}]{\text{激酶}} GTP$$

> (i) 提示
>
> 　　IMP 是嘌呤核苷酸合成的前体或重要中间产物，IMP 可分别转变成 AMP 和 GMP。

3. 补救合成的过程

（1）方法：细胞利用现成嘌呤碱或嘌呤核苷重新合成嘌呤核苷酸。

● 嘌呤碱的重新利用。

$$\text{腺嘌呤} +PRPP \xrightarrow{\text{APRT}} AMP+PPi$$

$$\text{次黄嘌呤} +PRPP \xrightarrow{\text{HGPRT}} IMP+PPi$$

$$\text{鸟嘌呤} +PRPP \xrightarrow{\text{HGPRT}} GMP+PPi$$

● 嘌呤核苷的重新利用：经磷酸化反应合成嘌呤核苷酸。生物体内只存在腺苷激酶。

$$\text{腺嘌呤核苷} \xrightarrow[\text{ATP \quad ADP}]{\text{腺苷激酶}} AMP$$

（2）补救合成的意义：①可节省从头合成时能量和一些氨基酸的消耗。②体内某些组织如脑、骨髓等缺乏从头合成嘌呤核苷酸的酶体系，只能进行补救合成。由于基因缺陷而导致 HGPRT 完全缺失，表现为 Lesch-Nyhan 综合征。

4. 体内嘌呤核苷酸可以相互转变（图 2-21）

5. 脱氧核苷酸的生成　在二磷酸核苷水平进行。某一种 NDP 被还原酶还原成 dNDP 时，需要特定 NTP 的促进，同时也受其他 NTP 的抑制。

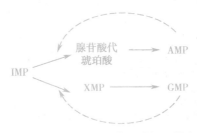

图 2-21 体内嘌呤核苷酸的相互转变

（1）脱氧二磷酸核苷酸（dNDP）的生成：除 dTMP 是从 dUMP 转变而来以外，其他嘌呤及嘧啶的脱氧核苷酸，都是在二磷酸核苷（NDP）水平上进行（N 代表 A、G、U、C 等碱基），此反应由核苷酸还原酶（别构酶）催化。

$$NDP \xrightarrow[\text{核苷酸还原酶，} Mg^{2+}]{NADPH+H^{+} \quad NADP^{+}+H_2O} dNDP$$

（2）三磷酸脱氧核苷（dNTP）的生成：经激酶的作用，dNDP 再磷酸化生成。

$$dNDP+ATP \xrightarrow{\text{激酶}} dNTP+ADP$$

6. 嘌呤核苷酸的抗代谢物（表 2-20） 嘌呤核苷酸的抗代谢物是一些嘌呤、氨基酸或叶酸等的类似物。它们主要以竞争性抑制或"以假乱真"等方式干扰或阻断嘌呤核苷酸的合成代谢，从而进一步阻止核酸以及蛋白质的生物合成。肿瘤细胞的核酸及蛋白质合成十分旺盛，因此这些抗代谢物具有抗肿瘤作用。

表 2-20 嘌呤核苷酸的抗代谢物

分类	举例	机制
嘌呤类似物	①6-巯基嘌呤（6-MP）：与次黄嘌呤类似，唯一不同的是分子中 C6 上由巯基取代 ②6-巯基鸟嘌呤、8-氮杂鸟嘌呤	①6-MP 可经磷酸核糖化生成 6-MP 核苷酸，并以这种形式抑制 IMP 转变为 AMP、GMP ②6-MP 能竞争性抑制 HGPRT，使 PRPP 分子中的磷酸核糖不能向鸟嘌呤及次黄嘌呤转移，阻止补救合成 ③6-MP 核苷酸与 IMP 结构相似，故可反馈抑制 PRPP 酰胺转移酶，进而干扰磷酸核糖胺的形成，阻断嘌呤核苷酸的从头合成
氨基酸类似物	氮杂丝氨酸、6-重氮-5-氧正亮氨酸：与谷氨酰胺类似	干扰谷氨酰胺在嘌呤核苷酸合成中的作用，抑制嘌呤核苷酸合成
叶酸类似物	氨蝶呤、甲氨蝶呤（MTX）：与叶酸类似	竞争性抑制二氢叶酸还原酶，使叶酸不能还原成二氢叶酸及四氢叶酸，使嘌呤分子中来自一碳单位的 C_8 及 C_2 均得不到供应，抑制嘌呤核苷酸合成

> **提示**
>
> 上述药物如甲氨蝶呤等缺乏对肿瘤细胞的特异性,故对增殖速度较旺盛的某些正常组织亦有杀伤性,因而具较大的毒副作用。

7. 嘌呤核苷酸的分解代谢(图 2-22) 体内嘌呤核苷酸分解代谢主要在肝、小肠、肾中进行。嘌呤碱基最终形成水溶性较差的尿酸。进食高嘌呤饮食,体内核酸大量分解(如白血病、恶性肿瘤),肾脏疾病使尿酸排泄障碍时,导致血中尿酸升高,引起痛风。别嘌呤醇与次黄嘌呤结构类似,可抑制黄嘌呤氧化酶,从而抑制尿酸的生成。黄嘌呤、次黄嘌呤的水溶性较尿酸大得多。

图 2-22 嘌呤核苷酸的分解代谢

三、嘧啶核苷酸合成

1. 合成途径(表 2-21)及从头合成嘧啶碱的元素来源(图 2-23)

表 2-21 嘧啶核苷酸的合成途径

鉴别要点	从头合成	补救合成
原料	谷氨酰胺、天冬氨酸、CO_2 等	游离的嘧啶碱、嘧啶核苷酸
合成部位	肝(细胞质、线粒体)	红细胞
过程	先合成含有嘧啶环的乳清酸,再与磷酸核糖相连	与嘌呤核苷酸补救合成相似
调控	①哺乳类动物:关键酶是氨基甲酰磷酸合成酶Ⅱ,受 UMP 反馈抑制 ②细菌:关键酶是天冬氨酸氨基甲酰转移酶,受 CTP 反馈抑制 ③PRPP 合成酶:受产物嘧啶核苷酸的抑制	—

图 2-23 从头合成嘧啶碱的
元素来源

2. 从头合成过程(图 2-24)

(1)尿嘧啶核苷酸(UMP)的合成:嘧啶环的合成开始于氨基甲酰磷酸的生成。在细胞质中,首先以谷氨酰胺为氮源,由氨基甲酰磷酸合成酶Ⅱ催化合成氨基甲酰磷酸。氨基甲酰磷酸与天冬氨酸在胞质中的天冬氨酸氨基甲酰转移酶催化下,生成氨甲酰天冬氨酸,后者经脱水、再脱氢成为乳清酸。乳清酸与PRPP在乳清酸磷酸核糖转移酶催化下,生成乳清酸核苷酸,再由乳清酸核苷酸脱羧酶催化脱去羧基,即生成UMP。

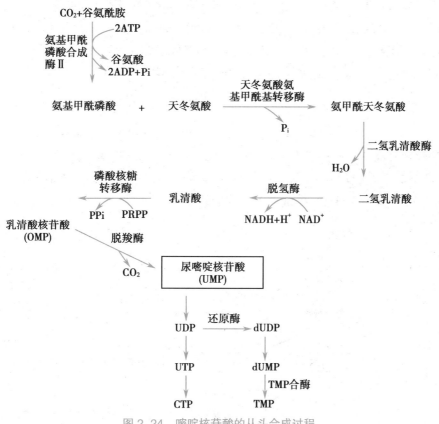

图2-24 嘧啶核苷酸的从头合成过程

胞嘧啶核苷酸和胸腺嘧啶核苷酸均可由UMP转变而来。

> ℹ️ **提示**
>
> 尿素合成中所需的氨基甲酰磷酸,是在肝线粒体中由氨基甲酰磷酸合成酶Ⅰ催化生成的,注意鉴别。

(2)三磷酸胞苷(CTP)的合成:UMP通过尿苷酸激酶和二磷酸核苷激酶的连续作用,生成三磷酸尿苷(UTP),并在CTP合成酶催化下,从谷氨酰胺接受氨基而成为三磷酸胞苷(CTP)。

(3)脱氧胸腺嘧啶核苷酸(dTMP或TMP)的生成:dTMP是由dUMP经甲基化而生成的,反应由胸苷酸合酶催化,N^5,N^{10}–亚甲四氢叶酸作为甲基供体(继之生成的二氢叶酸又可在二氢叶酸还原酶的作用下,重新生成四氢叶酸)。胸苷酸合酶与二氢叶酸还原酶可被用于肿瘤化疗的靶点。

dUMP的合成:一是dUDP的水解脱磷酸,另一个是dCMP的脱氨基(主要)。

3. 补救合成过程

（1）嘧啶磷酸核糖转移酶：是补救合成的主要酶，能利用尿嘧啶、胸腺嘧啶、乳清酸作为底物，但对胞嘧啶不起作用。

（2）尿苷激酶：也是一种补救合成酶，催化尿苷生成尿苷酸。

（3）脱氧胸苷可通过胸苷激酶催化生成 dTMP，此酶在正常肝中活性很低，而再生肝中酶活性升高，在恶性肿瘤中该酶活性也明显升高并与恶性程度有关。

$$嘧啶 + PRPP \xrightarrow{\text{嘧啶磷酸核糖转移酶}} 磷酸嘧啶核苷 + PPi$$

$$尿嘧啶核苷 + ATP \xrightarrow{\text{尿苷激酶}} UMP + ADP$$

4. 嘧啶核苷酸的分解代谢（图 2-25）　主要在肝进行。最终可生成易溶于水的 NH_3、CO_2、β- 丙氨酸及 β- 氨基异丁酸。摄入 DNA 丰富的食物的人以及经放射线治疗或化学治疗后的肿瘤患者，其尿液中 β- 氨基异丁酸排出量增多。

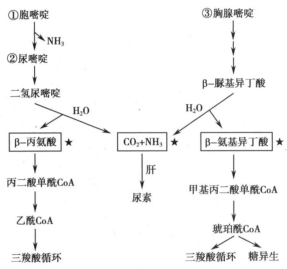

图 2-25　嘧啶核苷酸的分解代谢
①②③为嘧啶碱类型，★为分解代谢产物。

5. 嘧啶核苷酸的抗代谢物（表 2-22）　嘧啶核苷酸的抗代谢物也是一些嘧啶、氨基酸或叶酸等的类似物，它们对代谢的影响及抗肿瘤作用与嘌呤抗代谢物相似。

表 2-22　嘧啶核苷酸的抗代谢物

分类	举例	机制
嘧啶类似物	5- 氟尿嘧啶（5-FU），其结构类似于胸腺嘧啶，可转变为一磷酸脱氧氟尿嘧啶核苷（FdUMP）及三磷酸氟尿嘧啶核苷（FUTP）	FdUMP：与 dUMP 结构相似，是胸苷酸合酶的抑制剂，可阻断 dTMP 合成 FUTP：可以 FUMP 的形式掺入 RNA 分子，异常核苷酸的掺入破坏了 RNA 的结构和功能

续表

分类	举例	机制
氨基酸类似物	氮杂丝氨酸	结构类似谷氨酰胺,可抑制 CTP 的生成
叶酸类似物	甲氨蝶呤	结构与叶酸类似,可干扰叶酸代谢,使 dUMP 不能利用一碳单位甲基化而生成 dTMP,进而影响 DNA 合成
核苷类似物	阿糖胞苷	能抑制 CDP 还原成 dCDP,影响 DNA 的合成

ⓘ 提示

　　5-FU 本身并无生物学活性,必须在体内转变成 FdUMP 及 FUTP 后,才能发挥作用。

○── 经典试题 ──○

(研)1. 嘌呤核苷酸补救合成途径的底物是

　　A. 甘氨酸　　　　　　　　　B. 天冬氨酸

　　C. 谷氨酰胺　　　　　　　　D. 腺嘌呤

(研)2. 下列核苷酸经核糖核苷酸还原酶催化,能转变生成脱氧核苷酸的是

　　A. NMP　　　　　　　　　　B. NDP

　　C. NTP　　　　　　　　　　D. dNTP

(研)3. 别嘌呤醇治疗痛风的可能机制是

　　A. 抑制黄嘌呤氧化酶

　　B. 促进 dUMP 的甲基化

　　C. 促进尿酸生成的逆反应

　　D. 抑制脱氧核糖核苷酸的生成

(研)4. 下列参与核苷酸合成的酶中,受 5- 氟尿嘧啶抑制的是

　　A. 胸苷酸合酶　　　　　　　B. 尿苷激酶

　　C. CPS Ⅱ　　　　　　　　　D. PRPP 合成酶

(执)5. 嘌呤核苷酸从头合成的原料是

　　A. 天冬氨酸　　　　　　　　B. 甲硫氨酸

　　C. 丝氨酸　　　　　　　　　D. 酪氨酸

　　E. 精氨酸

【答案】

　1. D　2. B　3. A　4. A　5. A

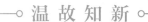温 故 知 新

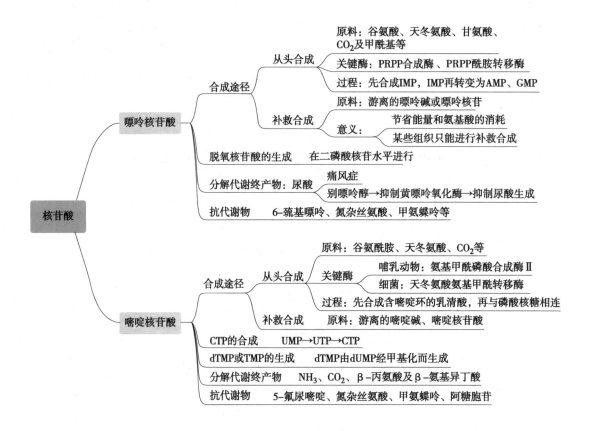

第十节　代谢的整合和调节

一、物质代谢的特点和相互联系

1. 特点　①体内各种物质代谢过程相互联系形成一个整体。②机体物质代谢不断受到精细调节。③各组织、器官物质代谢各具特色。④体内各种代谢物都具有共同的代谢池。⑤ATP 是机体储存能量和消耗能量的共同形式。⑥NADPH 提供合成代谢所需的还原当量。

2. 相互联系

（1）物质代谢与能量代谢相互关联

1）糖、脂和蛋白质是人体的主要能量物质,虽然这三大营养物质在体内分解氧化的代谢途径各不相同,但都有共同的中间代谢物乙酰 CoA。三羧酸循环和氧化磷酸化是糖、脂肪、蛋白质最后分解的共同代谢途径,释放出的能量均以 ATP 形式储存。任一供能物质的分解代谢占优势,常能抑制其他供能物质的氧化分解。

2）从能量供应角度看,三大营养物质可以互相替代、相互补充、相互制约。一般供能以糖及脂肪为主,并尽量减少蛋白质的消耗。

在因疾病不能进食或无食物供给时,为保证血糖恒定,肝糖异生增强,蛋白质分解加强。如饥饿持续（1周以上）,长期糖异生增强使蛋白质大量分解,势必威胁生命,故机体通过调节作用转向以保存蛋白质为主,体内各组织包括脑组织以脂肪酸及酮体为主要能源,蛋白质的分解明显降低。

（2）糖、脂质和蛋白质代谢通过中间代谢物而相互联系（图 2-26）

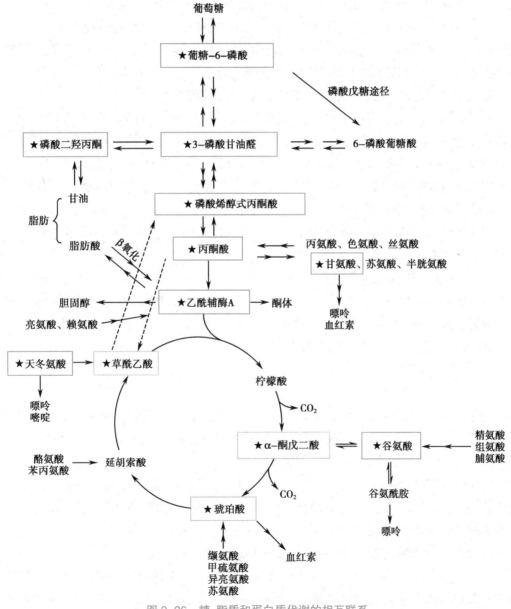

图 2-26　糖、脂质和蛋白质代谢的相互联系
★ 为枢纽性中间代谢物。

1）葡萄糖可转变为脂肪酸：当摄入的葡萄糖超过体内需要时，除合成少量糖原储存在肝脏及肌肉外，葡萄糖氧化分解过程中生成的柠檬酸及最终产生的 ATP 增多，可别构激活乙酰 CoA 羧化酶，使葡萄糖分解产生的乙酰辅酶 A 羧化成丙二酸单酰 CoA，进而合成脂肪酸及脂肪。这样，可将葡萄糖转变成脂肪储存于脂肪组织。

但脂肪分解产生的脂肪酸不能在体内转变为葡萄糖，因为脂肪酸分解生成的乙酰 CoA 不能逆行转变为丙酮酸。尽管脂肪分解产生的甘油可以在肝、肾、肠等组织甘油激酶的作用下转变成磷酸甘油，进而转变成糖，但与脂肪中大量脂肪酸分解生成的乙酰 CoA 相比，其量极少。此外，脂肪酸分解代谢能否顺利进行及其强度，还依赖于糖代谢状况。

2）葡萄糖与大部分氨基酸可以相互转变：组成人体蛋白质的 20 种氨基酸中，除生酮氨基酸（亮氨酸、赖氨酸）外，都可通过脱氨作用，生成相应的 α- 酮酸。这些 α- 酮酸可转变成某些能进入糖异生途径的中间代谢物，循糖异生途径转变为葡萄糖。

糖代谢中间代谢物仅能在体内转变成 11 种非必需氨基酸。

3）氨基酸可转变为多种脂质，但脂质几乎不能转变为氨基酸：体内的氨基酸，无论是生糖氨基酸、生酮氨基酸，还是生酮兼生糖氨基酸，均能分解生成乙酰 CoA，经还原缩合反应可合成脂肪酸，进而合成脂肪。氨基酸分解产生的乙酰 CoA 也可用于合成胆固醇。氨基酸还可作为合成磷脂的原料，如丝氨酸脱羧可变为乙醇胺，乙醇胺经甲基化可变为胆碱。丝氨酸、乙醇胺及胆碱分别是合成丝氨酸磷脂、脑磷脂及卵磷脂的原料。所以，氨基酸能转变为多种脂质。

但脂肪酸、胆固醇等脂质不能转变为氨基酸，仅脂肪中的甘油可异生成葡萄糖，转变为某些非必需氨基酸，但量很少。

4）一些氨基酸、磷酸戊糖是合成核苷酸的原料：一碳单位是一些氨基酸在分解过程中产生的。这些氨基酸可直接作为核苷酸合成的原料，也可转化成核苷酸合成的原料。核苷酸中的另一成分磷酸戊糖是葡萄糖经磷酸戊糖途径分解的重要产物。所以，葡萄糖和一些氨基酸可在体内转化为核酸分子的组成成分。

二、代谢调节

要保证机体的正常功能，就必须确保糖、脂质、蛋白质、水、无机盐、维生素这些营养物质在体内的代谢，能够根据机体的代谢状态和执行功能的需要，有条不紊地进行。这就需要对这些物质的代谢方向速率和流量进行精细调节。

在代谢调节中，细胞水平代谢调节是基础，激素及神经对代谢的调节需通过细胞水平代谢调节实现。这种调节一旦不足以协调各种物质的代谢之间的平衡，不能适应机体内外环境改变的需要，就会使细胞、机体的功能失常，导致人体疾病发生。

1. 细胞水平代谢调节 主要通过对关键酶活性的调节来实现。

（1）各种代谢酶在细胞内区隔分布是物质代谢及其调节的亚细胞结构基础：酶的这种区隔分布，能避免不同代谢途径之间彼此干扰，使同一代谢途径中的系列酶促反应能够更顺利地连续进行，既提高了代谢途径的进行速度，也有利于调控。

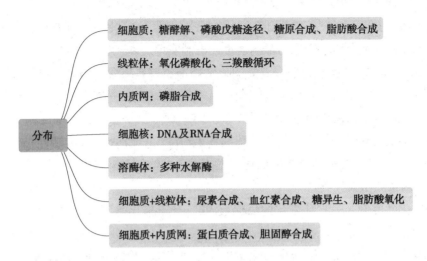

（2）关键调节酶活性决定整个代谢途径的速度和方向：改变关键酶活性是细胞水平代谢调节的基本方式，也是激素水平代谢调节和整体代谢调节的重要环节。

关键酶的特点包括：①常常催化一条代谢途径的第一步反应或分支点上的反应，速度最慢，其活性能决定整个代谢途径的总速度；②常催化单向反应或非平衡反应，其活性能决定整个代谢途径的方向；③酶活性除受底物控制外，还受多种代谢物或效应剂调节。

（3）代谢调节按速度分类（表2-23）

表 2-23 代谢调节按速度分类

鉴别要点	快速调节	迟缓调节
原理	改变酶分子结构（改变酶活性）	改变酶分子的合成或降解速度（改变酶含量）
方式	①别构调节：是生物界普遍存在的代谢调节方式，通过改变酶分子构象改变酶活性；使一种物质的代谢与相应的代谢需求和相关物质的代谢协调 ②化学修饰调节：通过酶促共价修饰调节酶活性，具有级联放大效应	①诱导或阻遏酶蛋白编码基因表达调节酶含量 ②改变酶蛋白降解速度调节酶含量
发挥调节作用的时间	数秒或数分钟内	数小时甚至数天

1）别构调节：是生物界普遍存在的代谢调节方式，一些小分子化合物能与酶蛋白分子活性中心外的特定部位特异结合，改变酶蛋白分子构象，从而改变酶活性。别构效应的机制有两种。

● 其一，酶的调节亚基含有一个"假底物"序列，当其结合催化亚基的活性位点时能阻止底物的结合，抑制酶活性；当效应剂分子结合调节亚基后，"假底物"序列构象变化，释放催化亚基使其发挥催化作用。cAMP 激活 cAMP 依赖的蛋白激酶通过这种机制实现。

● 其二，别构效应剂与调节亚基结合能引起酶分子三级和 / 或四级结构在"T"构象

（紧密态、无活性/低活性）与"R"构象（松弛态、有活性/高活性）之间互变，从而影响酶活性。氧对脱氧血红蛋白构象变化的影响通过此机制实现。

2）酶促共价修饰：有多种形式。酶的化学修饰主要有磷酸化与去磷酸化、乙酰化与去乙酰化、甲化与去甲基化、腺苷化与去腺苷化及—SH与—S—S—互变等，其中磷酸化与去磷酸化最多见。化学修饰调节的特点如下：

● 绝大多数受化学修饰调节的关键酶都具无活性（或低活性）和有活性（或高活性）两种形式，它们可分别在两种不同酶的催化下发生共价修饰，互相转变。催化互变的酶在体内受上游调节因素如激素控制。

● 酶的化学修饰是另一酶催化的酶促反应，一分子催化酶可催化多个底物酶分子发生共价修饰，特异性强，有放大效应。

● 磷酸化与去磷酸化是最常见的酶促化学修饰反应。酶的1分子亚基发生磷酸化常需要消耗1分子ATP，与合成酶蛋白所消耗的ATP要少得多，且作用迅速，又有放大效应，是调节酶活性经济有效的方式。

● 催化共价修饰的酶自身也常受别构调节、化学修饰调节，并与激素调节偶联，形成由信号分子（激素等）、信号转导分子和效应分子（受化学修饰调节的关键酶）组成的级联反应，使细胞内酶活性调节更精细协调。通过级联酶促反应，形成级联放大效应，只需少量激素释放即可产生迅速而强大的生理效应，满足机体的需要。

> ⓘ 提示
>
> 酶蛋白分子中丝氨酸、苏氨酸、酪氨酸的羟基是磷酸化修饰的位点。

3）诱导或阻遏酶蛋白编码基因表达调节酶含量：酶的底物、产物、激素或药物可诱导或阻遏酶蛋白编码基因的表达。诱导剂或阻遏剂在酶蛋白生物合成的转录或翻译过程中发挥作用，影响转录较常见。体内也有一些酶，其浓度在任何时间、任何条件下基本不变，几乎恒定。这类酶称为组成（型）酶，如甘油醛-3-磷酸脱氢酶，常作为基因表达变化研究的内参照。

● 酶的诱导剂经常是底物或类似物，如蛋白质摄入增多时，氨基酸分解代谢加强，鸟苷酸循环底物增加，可诱导参与鸟苷酸循环的酶合成增加。

● 酶的阻遏剂经常是代谢产物，如HMG-CoA还原酶是胆固醇合成的关键酶，在肝内的合成可被胆固醇阻遏。但肠黏膜细胞中胆固醇的合成不受胆固醇的影响，摄取高胆固醇膳食，血胆固醇仍有升高的危险。

● 很多药物和毒物可促进肝细胞微粒体单加氧酶（或混合功能氧化酶）或其他一些药物代谢酶的诱导合成，虽然能使一些毒物解毒，但也能使药物失活，产生耐药。

4）改变酶蛋白降解速度调节酶含量：改变酶蛋白分子的降解速度是调节酶含量的重要途径。凡能改变或影响蛋白质降解机制的因素均可主动调节酶蛋白的降解速度，进而调节酶含量。

2. 激素水平调节　通过特异性受体调节靶细胞的代谢。激素能与特定组织或细胞(即靶组织或靶细胞)的受体特异结合,通过一系列细胞信转导反应,引起代谢改变,发挥代谢调节作用。由于受体存在的细胞部位和特性不同,激素信号的转导途径和生物学效应也有所不同。

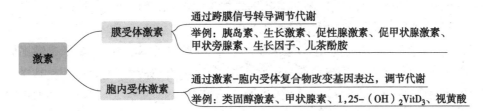

3. 整体水平调节　机体通过神经系统及神经－体液途径协调整体的代谢。在神经系统主导下,调节激素释放,并通过激素整合不同组织、器官的各种代谢,实现整体调节,以适应饱食、空腹、饥饿、营养过剩、应激等状态,维持整体代谢平衡。

(1)饱食状态下机体三大物质代谢(表 2-24):与膳食组成有关。

表 2-24　饱食状态下机体三大物质代谢

分类	代谢调节
混合膳食	①机体主要分解葡萄糖供能 ②未被分解的葡萄糖,部分在胰岛素作用下合成糖原,部分在肝内转换为丙酮酸、乙酰 CoA,合成甘油三酯,以 VLDL 形式输送至脂肪等组织 ③吸收的葡萄糖超过糖原贮存能力时,主要在肝大量转化为甘油三酯,由 VLDL 运输至脂肪组织贮存 ④吸收的甘油三酯部分经肝转换成内源性甘油三酯,大部分输送到脂肪组织、骨骼肌等转换、储存或利用
高糖膳食	小肠吸收的葡萄糖部分合成糖原,大部分转换成甘油三酯等非糖物质储存或利用
高蛋白膳食	小肠吸收的氨基酸主要异生为葡萄糖,供应脑组织及其他肝外组织;部分氨基酸转化为乙酰 CoA,合成甘油三酯;部分氨基酸直接输送到骨骼肌
高脂膳食	小肠吸收的甘油三酯输送到脂肪、肌组织。脂肪组织也部分分解脂肪成脂肪酸,输送到其他组织。肝氧化脂肪酸,产生酮体,供应肝外组织

(2)空腹状态:物质代谢以糖原分解、糖异生、中度脂肪动员为特征。

1)空腹通常指餐后 12h 以后。此时体内胰岛素水平降低,胰高血糖素升高。

2)事实上,在胰高血糖素作用下,餐后 6~8h 肝糖原即开始分解补充血糖,主要供给脑,兼顾其他组织需要。

3)餐后 12~18h,尽管肝糖原分解仍可持续进行,但由于肝糖原即将耗尽,能用于分解的糖原已经很少,所以肝糖原分解水平较低,主要靠糖异生补充血糖。同时,脂肪动员中度增加,释放脂肪酸供应肝、肌等组织利用。肝氧化脂肪酸,产生酮体,主要供应肌组织。骨骼肌在接受脂肪组织输出的脂肪酸的同时,部分氨基酸分解,补充肝糖异生的原料。

（3）饥饿时:机体主要氧化分解脂肪供能。

1）短期饥饿（1~3d 未进食）:①由于进食 18h 后肝糖原基本耗尽,短期饥饿使血糖趋于降低,血中甘油和游离脂肪酸明显增加,氨基酸增加;胰岛素分泌极少,胰高血糖素分泌增加。②机体糖氧化供能减少而以脂肪氧化供能为主,脂肪动员加强,酮体生成增多,肝糖异生明显加强,骨骼肌蛋白分解加强,释放入血的氨基酸增加。

2）长期饥饿（>3d 未进食）:①通常在饥饿 4~7d 后,机体就发生与短期饥饿不同的改变。②脂肪动员进一步加强,蛋白质分解减少,负氮平衡有所改善,糖异生明显减少。③按理论计算,正常人脂肪储备可维持饥饿长达 3 个月的基本能量需要。但由于长期饥饿使脂肪动员加强,产生大量的酮体,可导致酸中毒。加之蛋白质的分解,缺乏维生素、微量元素和蛋白质的补充等,长期饥饿可造成器官损害甚至危及生命。

（4）应激状态:使机体分解代谢加强。

1）应激:是机体或细胞为应对内、外环境刺激作出一系列非特异性反应。这些刺激包括中毒、感染、发热、创伤、疼痛、大剂量运动或恐惧等。应激反应可以是"一过性"的,也可以是持续性的。

2）应激状态下,交感神经兴奋,肾上腺髓质、皮质激素分泌增多,血浆胰高血糖素、生长激素水平增加,而胰岛素分泌减少,引起一系列代谢改变。

3）应激可使血糖升高（对保证大脑、红细胞的供能有重要意义）、脂肪动员增强、蛋白质分解加强（机体呈负氮平衡）。

（5）肥胖是多因素引起代谢失衡的结果

1）肥胖是多种重大慢性疾病的危险因素:肥胖人群动脉粥样硬化、冠心病、卒中、糖尿病、高血压等疾病的风险显著高于正常人群,是这些疾病的主要危险因素之一。不仅如此,肥胖还与痴呆、脂肪性肝病、呼吸道疾病和某些肿瘤的发生相关。

2）较长时间的能量摄入大于消耗导致肥胖:正常情况下,当能量摄入大于消耗,机体将过剩的能量以脂肪的形式储存于脂肪细胞过多时,脂肪组织就会产生反馈信号,作用于摄食中枢,调节摄食行为和能量代谢,不会产生持续性的能量摄入大于消耗。一旦这个神经内分泌机制失调,就会引起摄食行为、物质和能量代谢障碍,导致肥胖。如抑制食欲的激素功能障碍引起肥胖,刺激食欲的激素功能异常增强引起肥胖,肥胖患者脂连蛋白缺陷、胰岛素抵抗导致肥胖。

三、组织、器官的代谢特点和联系

1. 肝 是人体物质代谢的中心和枢纽。肝是机体物质代谢的枢纽,是人体的中心生化工厂。在糖、脂质、蛋白质、水、无机盐、维生素代谢中均具有独特而重要的作用。肝的耗氧量占全身耗氧量的 20%,可利用葡萄糖、脂肪酸、甘油、氨基酸供能,但不能利用酮体。肝可进行糖原合成、酮体生成和糖异生。肝可合成脂肪,但不能储存脂肪。

2. 脑 主要利用葡萄糖供能且耗氧量大。葡萄糖和酮体是脑的主要能量物质。长期饥饿、血糖供应不足时,脑主要利用由肝生成的酮体供能。脑的耗氧量高达全身耗氧总量的1/4,是静息状态下消耗氧很大的器官。脑具有特异的氨基酸及其代谢调节机制。

> ⓘ **提示**
>
> 脑没有糖原,也没有作为能量储存的脂肪及蛋白质用于分解代谢。

3. 心肌 可利用多种能源物质。

(1)心肌可利用多种营养物质及其代谢中间产物为能源

1)心肌细胞含有多种硫激酶,可催化不同长度碳链脂肪酸转变成脂酰CoA,所以心肌优先利用脂肪酸氧化分解供能。心肌细胞含有丰富的酮体利用酶,也能彻底氧化脂肪酸分解的中间产物——酮体供能。正是由于心肌细胞优先利用脂肪酸,使其分解产生大量乙酰CoA,强烈抑制酵解途径的调节酶——磷酸果糖激酶 –1,继而抑制葡萄糖酵解。心肌细胞既富含细胞色素及线粒体,也富含LDH1,有利于乳酸氧化供能。

2)心肌主要通过有氧氧化脂肪酸、酮体和乳酸获得能量,极少进行糖酵解。心肌在饱食状态下不排斥利用葡萄糖;餐后数小时或饥饿时利用脂肪酸和酮体供能,运动中或运动后则利用乳酸供能。

(2)心肌细胞分解营养物质供能方式以有氧氧化为主

1)心肌细胞富含肌红蛋白、细胞色素及线粒体,前者能储氧,以保证心肌有节律、持续舒缩运动所需氧的供应;后两者利于利用氧进行有氧氧化,所以心肌分解代谢以有氧氧化为主。

2)心肌富含乳酸脱氢酶,以LDH1为主,与乳酸亲和力强,能催化乳酸氧化成丙酮酸,后者可羧化为草酰乙酸,有利于有氧氧化。

4. 骨骼肌 以肌糖原和脂肪酸为主要能量来源。红肌(如长骨肌)耗能多,富含肌红蛋白及细胞色素体系,具有较强的氧化磷酸化能力,主要通过氧化磷酸化获能。白肌(如胸肌)耗能少,主要靠糖酵解供能。静息状态下,肌组织主要以有氧氧化肌糖原、脂肪酸、酮体供能为主。短暂的骨骼肌收缩,以分解磷酸肌酸供能为主。剧烈运动时糖无氧氧化供能大大增加。

5. 脂肪组织 是储存和动员甘油三酯的重要组织。机体将从膳食中摄取的能量主要储存于脂肪组织。生理情况下,餐后吸收的脂肪和糖除部分氧化供能外,其余部分主要以脂肪形式储存于脂肪组织,供饥饿时利用。饥饿时,主要靠分解储存于脂肪组织的脂肪供能。

6. 肾 可进行糖异生和酮体生成。肾髓质无线粒体,主要靠糖酵解供能;肾皮质主要靠脂肪酸及酮体有氧氧化供能。一般情况下,肾糖异生产生的葡萄糖较少,但长期饥饿(5~6周)后肾糖异生的葡萄糖大量增加。

主要器官间的物质代谢联系,见图 2–27。

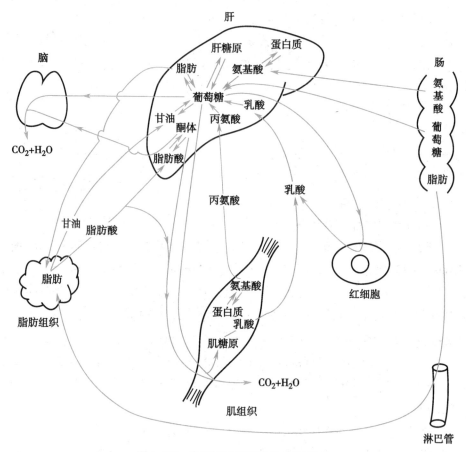

图 2-27 主要器官间的物质代谢联系

○ 经 典 试 题 ○

（研）1. 糖、脂肪酸及氨基酸三者代谢的交叉点是

    A. 磷酸烯醇式丙酮酸   B. 丙酮酸

    C. 延胡索酸   D. 乙酰 CoA

（研）2. 草酰乙酸不能直接转变生成的物质是

    A. 乙酰乙酸   B. 柠檬酸

    C. 天冬氨酸   D. 苹果酸

（研）3. 体内快速调节代谢的方式是

    A. 酶蛋白生物合成   B. 酶蛋白泛素化降解

    C. 酶蛋白化学修饰   D. 同工酶亚基的聚合

【答案】

1. D 2. A 3. C

温 故 知 新

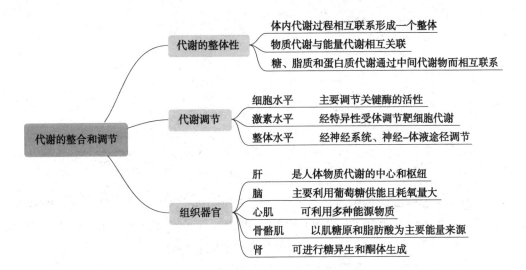

代谢的整合和调节

代谢的整体性
- 体内代谢过程相互联系形成一个整体
- 物质代谢与能量代谢相互关联
- 糖、脂质和蛋白质代谢通过中间代谢物而相互联系

代谢调节
- 细胞水平　主要调节关键酶的活性
- 激素水平　经特异性受体调节靶细胞代谢
- 整体水平　经神经系统、神经-体液途径调节

组织器官
- 肝　　是人体物质代谢的中心和枢纽
- 脑　　主要利用葡萄糖供能且耗氧量大
- 心肌　可利用多种能源物质
- 骨骼肌　以肌糖原和脂肪酸为主要能量来源
- 肾　　可进行糖异生和酮体生成

第三章

遗传信息的传递

第十一节　真核基因与基因组

一、概述

1. 基因　是能够编码蛋白质或 RNA 等具有特定功能产物的、负载遗传信息的基本单位。除了某些以 RNA 为基因组的 RNA 病毒外,基因通常是指染色体或基因组的一段 DNA 序列,其包括编码序列(外显子)和单个编码序列间的间隔序列(内含子)。

2. 基因组　是指一个生物体内所有遗传信息的总和。人类基因组包含了细胞核染色体 DNA(常染色体和性染色体)及线粒体 DNA 所携带的所有遗传物质。

二、真核基因的结构与功能

1. 基因的功能通过两个相关部分信息而完成　①可在细胞内表达为蛋白质或功能 RNA 的编码区序列;②为表达这些基因(即合成 RNA)所需要的启动子、增强子等调控区序列。

单个基因的组成结构及一个完整的生物体内基因的组织排列方式统称为基因组构。DNA 是基因的物质基础,基因的功能实际上是 DNA 的功能。

2. 基因的基本结构　包含编码蛋白质或 RNA 的编码序列及相关的非编码序列,后者包括单个编码序列间的间隔序列以及转录起始点后的基因 5′- 端非翻译区、3′- 端非翻译区。与原核生物相比较,真核基因结构最突出的特点是其不连续性,被称为断裂基因或割裂基因。

(1)在基因序列中,出现在成熟 mRNA 分子上的序列称为外显子;位于外显子之间、与 mRNA 剪接过程中被删除部分相对应的间隔序列则称为内含子。每个基因的内含子数目比外显子要少 1 个。内含子和外显子同时出现在最初合成的 mRNA 前体中,在合成后被剪接加工为成熟 mRNA。

(2)原核细胞的基因基本没有内含子。高等真核生物绝大部分编码蛋白质的基因都有内含子,但组蛋白编码基因例外。此外,编码 rRNA 和一些 tRNA 的基因也都有内含子。内含子的数量和大小在很大程度上决定了高等真核生物基因的大小。在不同种属中,外显子序列通常比较保守,而内含子序列则变异较大。外显子与内含子接头处有一段高度保守的序列,即内含子 5′- 端大多数以 GT 开始,3′- 端大多数以 AG 结束,这一共有序列是真核基因中 RNA 剪接的识别信号。

3. 基因编码区编码多肽链和特定的 RNA 分子

（1）基因的编码序列决定了其编码产物的序列和功能。因此,编码序列中一个碱基的改变或突变,都有可能使基因功能发生重要的变化。这些变化可能是原有功能的丧失,或是新功能的获得。当然,也有的碱基突变不会影响编码产物的序列或功能。

（2）有些相同的 DNA 序列由于其起始位点的变化或 mRNA 不同的剪接产物,可以编码不同的蛋白质多肽链。

4. 调控序列参与真核基因表达调控　位于基因转录区前后并与其紧邻的 DNA 序列通常是基因的调控区,又称为旁侧序列。

真核基因的调控序列又被称为顺式作用元件,包括启动子、上游调控元件、增强子、绝缘子、加尾信号和一些细胞信号反应元件等。

（1）启动子提供转录起始信号:启动子是 DNA 分子上能够被 RNA 聚合酶识别、结合并形成转录起始复合体的序列。大部分真核基因的启动子位于基因转录起点的上游,启动子本身通常不被转录;但有些启动子(如编码 tRNA 基因的启动子)的 DNA 序列可以位于转录起始点的下游,这些 DNA 序列可以被转录。

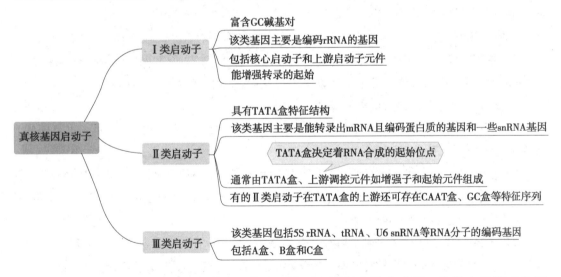

（2）增强子增强邻近基因的转录:增强子是可以增强真核启动子工作效率的顺式作用元件,是真核基因最重要的调控序列,决定着每一个基因在细胞内的表达水平。这一调控序列能够在相对于启动子的任何方向和任何位置(上游或者下游)上发挥这种增强作用,但大部分位于上游。

（3）沉默子是负调节元件:沉默子是可抑制基因转录的特定 DNA 序列,当其结合一些反式作用因子时,对基因的转录起阻遏作用,使基因沉默。

（4）绝缘子阻碍增强子的作用:绝缘子是基因组上对转录调控起重要作用的一种元件,

可以阻碍增强子对启动子的作用,或者保护基因不受附近染色质环境(如异染色质)的影响。绝缘子阻碍增强子对启动子的作用可能通过影响染色质的三维结构如 DNA,发生弯曲或形成环状结构。

三、真核基因组的结构与功能

1. 真核基因组具有独特的结构　真核生物的基因组庞大,具有以下结构特点。

(1)真核基因组中基因的编码序列所占比例远小于非编码序列。人的基因组中,编码序列仅占全基因组的 1%;在一个基因的全部序列中,编码序列仅占 5%。

(2)高等真核生物基因组含有大量的重复序列,可以占到全基因组的 80% 以上,在人的基因组中重复序列达到 50% 以上。

(3)真核基因组中存在多基因家族和假基因。人的染色体基因组 DNA 长约 3.0×10^9 bp,编码约 2 万个基因,存在着 1.5 万个基因家族。一个基因家族中,并非所有成员都具有功能,不具备正常功能的家族成员被称为假基因。

(4)大约 60% 的人基因转录后发生可变剪接,80% 的可变剪接会使蛋白质的序列发生改变。

(5)真核基因组 DNA 与蛋白质结合形成染色体,储存于细胞核内,除配子细胞外,体细胞的基因组为二倍体,即有两份同源的基因组。

真核生物基因组 DNA 与蛋白质结合,以染色体的方式存在于细胞核内。不同的真核生物具有不同的染色体数目。人类基因组的染色体 DNA 包括 22 条常染色体及 2 条性染色体的 DNA,其中,最长的染色体是第 1 号染色体,基因密度最大的是第 19 号染色体。

2. 真核基因组中存在大量重复序列

(1)高度重复序列:是真核基因组中存在的有数千到几百万个拷贝的 DNA 重复序列。这些重复序列的长度为 6~200bp,不编码蛋白质或 RNA。

1)按结构特点分类:①反向重复序列由两个相同顺序的互补拷贝在同一 DNA 链上反向排列而成;②卫星 DNA 是真核细胞染色体具有的高度重复核苷酸序列,主要存在于染色体的着丝粒区,通常不被转录。

2)功能:①参与复制水平的调节;②参与基因表达的调控;③参与染色体配对。

(2)中度重复序列:指重复数十至数千次的核苷酸序列。按重复序列的长度分型如下。

1)短散在核元件:如 *Alu* 家族、*Kpn* I 家族和 *Hinf* 家族等。

2)长散在核元件:重复序列长度在 1 000bp 以上,常具有转座活性。真核生物基因组中的 rRNA 基因也属于中度重复序列。

(3)单拷贝序列(低度重复序列):在单倍体基因组中只出现一次或数次,大多数编码蛋白质的基因属于这一类。

3. 真核基因组中存在大量的多基因家族与假基因

(1)多基因家族是指由某一祖先基因经过重复和变异所产生的一组在结构上相似、功能上相关的基因。

（2）假基因是基因组中存在的一段与正常基因非常相似但不能正常表达的 DNA 序列，根据来源分为加工的假基因和未加工的假基因两种。

4. 线粒体 DNA 的结构　线粒体 DNA（mtDNA）可独立编码线粒体中的一些蛋白质，是核外遗传物质，为环状分子。

5. 人基因组中有约两万个蛋白质编码基因　在进化过程中，一般生物体越复杂，基因组越大，基因数量越多。人的基因组最大，复杂程度最高，但所含的基因数量并不是最多。人类基因组基因密度较低，因为基因组中转座子、内含子和调控序列较多，这些序列在进化过程对遗传多样性的产生至关重要。

◦ 温 故 知 新 ◦

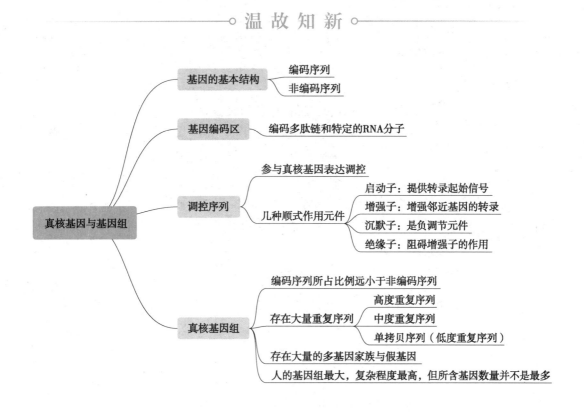

第十二节　DNA 的合成、损伤和修复

一、遗传信息传递概述

生物体内的遗传信息传递遵循中心法则。DNA 以半保留复制的方式将亲代细胞的遗传物质高度忠实地传递给子代。细胞内所有蛋白质一级结构的信息全部来源于 DNA 序列。以 DNA 为模板转录生成的 mRNA 作为信使，其核苷酸序列构成的密码子在合成蛋白质时

被翻译为肽链中氨基酸的排列顺序。遗传信息的传递包括 DNA 的合成（复制、逆转录）、RNA 的合成（转录）、蛋白质的生物合成（翻译）。这些过程受到严密的调控。

二、DNA 的生物合成

1. 概述　生物体内或细胞内进行的 DNA 合成主要包括 DNA 复制、DNA 修复合成和逆转录合成 DNA 等过程。DNA 复制是以 DNA 为模板的 DNA 合成，是基因组的复制过程。在这个过程中，亲代 DNA 作为合成模板，按照碱基配对原则合成子代分子，其化学本质是酶促脱氧核苷酸聚合反应。

2. DNA 复制的特征　主要包括半保留复制、双向复制、半不连续复制。DNA 的复制具有高保真性。

3. DNA 的复制过程

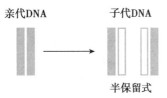

图 3-1　DNA 以半保留方式进行复制

（1）DNA 以半保留方式进行复制（图 3-1）：在复制时，亲代双链 DNA 解开为两股单链，各自作为模板，依据碱基配对规律，合成序列互补的子链 DNA 双链。依据半保留复制的方式，子代 DNA 中保留了亲代的全部遗传信息，亲代与子代 DNA 之间碱基序列高度一致。注意，在强调遗传保守性的同时，不应忽视其变异性。

（2）DNA 复制从起点双向进行（图 3-2）

1）原核生物：基因组是环状 DNA，只有一个复制起点。复制从起点开始，向两个方向进行解链，进行的是单点起始双向复制。复制中的模板 DNA 形成 2 个延伸方向相反的开链

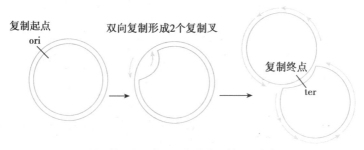

(a)原核生物环状DNA的单点起始双向复制

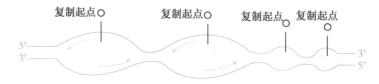

(b)真核生物DNA的多点起始双向复制

图 3-2　DNA 复制的起点和方向

区,称为复制叉。复制叉是指正在进行复制的双链 DNA 分子所形成的 Y 形区域,其中,已解旋的两条模板单链以及正在进行合成的新链构成了 Y 形的头部,尚未解旋的 DNA 模板双链构成了 Y 形的尾部。

2)真核生物:基因组庞大而复杂,由多个染色体组成,全部染色体均需复制,每个染色体又有多个起点,呈多起点双向复制特征。每个起点产生两个移动方向相反的复制叉,复制完成时,复制叉相遇并汇合连接。从一个 DNA 复制起点起始的 DNA 复制区域称为复制子。复制子是含有一个复制起点的独立完成复制的功能单位。高等生物有数以万计的复制子,复制子间长度差别很大。

(3)DNA 复制以半不连续方式进行(图 3-3)

1)DNA 双螺旋结构的两条链呈反向平行,一条链为 5′ → 3′ 方向,其互补链是 3′ → 5′ 方向。DNA 聚合酶只能催化 DNA 链从 5′ → 3′ 方向的合成,故子链沿模板复制时只能从 5′ → 3′ 方向延伸。

2)在 DNA 复制过程中,沿解链方向生成的子链 DNA 的合成是连续进行的,这股链称为前导链;另一股链因为复制方向与解链方向相反,不能连续延长,只能随着模板链的解开,逐段地从 5′ → 3 生成引物并复制子链。模板被打开一段,起始合成一段子链;再打开段,再起始合成另一段子链,这一不连续复制的链称为后随链。

3)前导链连续复制而后随链不连续复制的方式称为半不连续复制。在引物生成和子链延长上,后随链都比前导链迟一些,故两条互补链的合成是不对称的。

4)沿着后随链的模板链合成的新 DNA 片段被命名为冈崎片段。真核冈崎片段长度 100~200 核苷酸残基,而原核是 1 000~2 000 核苷酸残基。复制完成后,这些不连续片段经去除引物,填补引物留下的空隙,连接成完整的 DNA 长链。

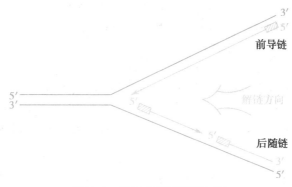

图 3-3 DNA 的半不连续复制

(4)DNA 复制具有高保真性:错配概率约为 10^{-10}。四种机制协同提高复制的保真性:

1)"半保留复制"确保亲代和子代 DNA 分子之间信息传递的绝对保真性。

2)高保真 DNA 聚合酶利用严格碱基配对原则是保证复制保真性的机制之一。

3)体内复制叉的复杂结构提高了复制的准确性。

4）DNA 聚合酶的核酸外切酶活性和校读功能以及复制后修复系统对错配加以纠正。

（5）DNA 复制的酶学

1）DNA 复制是酶促核苷酸聚合反应,反应式为:$(dNMP)_n + dNTP \rightarrow (dNMP)_{n+1} + PPi$, N 代表 4 种碱基(A、T、G、C)的任何一种。模板是指解开成单链的 DNA 母链,遵照碱基互补规律,按模板指引合成子链,引物提供 3′-OH 末端使 dNTP 依次聚合,dNTP 是底物,底物的 5′-P 是加合到延长中的子链(或引物)3′- 端核糖的 3′-OH 基上生成磷酸二酯键的,因此新链的延长只可沿 5′ → 3′ 方向进行。

> **提示**
>
> dNTP 底物有 3 个磷酸基团,最靠近核糖的称为 α-P,向外依次为 β-P 和 γ-P。在聚合反应中,α-P 与子链末端核糖的 3′-OH 连接。

2）DNA 聚合酶催化脱氧核糖核苷酸间的聚合:DNA 聚合酶全称是依赖 DNA 的 DNA 聚合酶(DNA pol)。

3）原核生物至少有 5 种 DNA 聚合酶(表 3-1)

表 3-1　原核生物的 DNA 聚合酶

鉴别要点	DNA pol Ⅰ	DNA pol Ⅱ	DNA pol Ⅲ	DNA pol Ⅳ	DNA pol Ⅴ
编码基因	*polA*	*polB*	*polC*	*din B*	*umu′₂C*
主要作用	在 DNA 损伤修复中发挥作用(校对、填补空隙),在半保留复制中具有辅助作用	复制过程被损伤的 DNA 阻碍时重新启动复制叉,参与 DNA 损伤的应急状态修复	聚合反应比活性远高于 pol Ⅰ,是原核生物复制延长中真正起催化作用的酶	跨损伤合成 DNA 聚合酶	跨损伤合成 DNA 聚合酶

• DNA pol Ⅰ:用特异蛋白酶可将 DNA pol Ⅰ水解为 2 个片段,小片段共 323 个氨基酸残基,有 5′ → 3′ 核酸外切酶活性；大片段即 Klenow 片段,共 604 个氨基酸残基,具有 DNA pol 活性和 3′ → 5′ 核酸外切酶活性。Klenow 片段是实验室合成 DNA 和进行分子生物学研究的常用工具酶。

• DNA pol Ⅱ:基因发生突变,细菌依然能存活。DNA pol Ⅱ对模板的特异性不高,即使在已发生损伤的 DNA 模板上,它也能催化核苷酸聚合。

• DNA pol Ⅲ:由 10 种(17 个)亚基组成的不对称异聚合体,由 2 个核心酶通过 1 对 β 亚基构成的滑动夹与 1 个 γ- 复合物组成。核心酶由 α、ε、θ 亚基组成,主要作用是合成 DNA,有 5′ → 3′ 聚合活性(α 亚基)。ε 亚基是复制的保真性所必需(ε 亚基有 3′ → 5′ 核酸外切酶活性以及碱基选择功能)。θ 亚基可能维系二聚体。

β 亚基发挥夹稳 DNA 模板链，并使酶沿模板滑动的作用。其余 7 个亚基统称 γ– 复合物，包括 γ、δ、δ′、ψ、χ 和两个 τ，有促进滑动夹加载、全酶组装至模板上及增强核心酶活性的作用。

4）真核生物 DNA 聚合酶：至少 15 种，常见的有 5 种。在功能上与原核细胞的比较，见表 3–2。

表 3–2　真核生物和原核生物 DNA 聚合酶的比较

大肠埃希菌 *E.coli*	真核细胞	功能
I		去除 RNA 引物，填补复制中的 DNA 空隙，DNA 修复和重组
II		复制中的校对，DNA 修复
	β	DNA 修复
	γ	线粒体 DNA 合成
III	ε	前导链合成
	α	引物酶
	δ	后随链合成

DNA pol α 合成引物，然后迅速被具有连续合成能力的 DNA pol δ 和 DNA pol ε 所替换，这一过程称为聚合酶转换。DNA pol α 催化新链延长的长度有限，但它能催化 RNA 链的合成，因此认为它具有引物酶活性。

5）DNA 聚合酶的碱基选择和校读功能

● 复制的保真性依赖正确的碱基选择：DNA 复制保真的关键是正确的碱基配对，而碱基配对的关键又在于氢键的形成。G 和 C 以 3 个氢键、A 和 T 以 2 个氢键配对，错配碱基之间难以形成氢键。除化学结构限制外，DNA 聚合酶对配对碱基具有选择作用。

● 聚合酶中的核酸外切酶活性在复制中辨认切除错配碱基并加以校正：原核生物的 DNA pol I、真核生物的 DNA pol δ 和 DNA pol ε 的 3′ → 5′ 核酸外切酶活性都很强，可以在复制过程中辨认并切除错配的碱基，对复制错误进行校正，此过程又称错配修复。

 提示

　　DNA 复制的保真性依赖正确的碱基选择。

（6）DNA 复制的拓扑学

1）多种酶参与 DNA 解链和稳定单链状态：原核生物复制中参与 DNA 解链的相关蛋白质，见表 3–3。

表 3–3 原核生物复制中参与 DNA 解链的相关蛋白质

蛋白质（基因）	通用名	功能
DnaA（*dnaA*）		辨认复制起点
DnaB（*dnaB*）	解旋酶	解开 DNA 双链
DnaC（*dnaC*）		运送和协同 DnaB
DnaG（*dnaG*）	引物酶	催化 RNA 引物生成
SSB	单链结合蛋白 /DNA 结合蛋白	稳定已解开的单链 DNA，使其免受细胞内核酸酶的降解
拓扑异构酶	拓扑异构酶Ⅱ又称促旋酶	解开超螺旋

SSB 作用时表现协同效应，保证 SSB 在下游区段的继续结合。可见，它不像聚合酶那样沿着复制方向向前移动，而是不断地结合、脱离。

2）DNA 拓扑异构酶改变 DNA 超螺旋状态：DNA 拓扑异构酶简称拓扑酶，分Ⅰ型和Ⅱ型两种（表 3–4），最近还发现了拓扑酶Ⅲ。拓扑酶既能水解，又能连接 DNA 分子中的磷酸二酯键，可在将要打结或已打结处切口，下游的 DNA 穿越切口并做一定程度旋转把结打开或解松，然后旋转复位连接。

表 3–4 DNA 拓扑酶Ⅰ和拓扑酶Ⅱ

名称	作用	消耗 ATP
拓扑酶Ⅰ	切断 DNA 双链中的一股，使 DNA 解链旋转中不致打结，适时又把切口封闭，使 DNA 变为松弛状态	不需要
拓扑酶Ⅱ	可在一定位置上，切断处于正超螺旋状态的 DNA 双链，使超螺旋松弛；然后利用 ATP 供能，松弛状态 DNA 的断端在同一个酶的催化下连接恢复	需要

ⓘ 提示

母链 DNA 与新合成链也会互相缠绕，形成打结或连环，也需拓扑酶Ⅱ。DNA 分子一边解链，一边复制，所以复制全过程都需要拓扑酶。

（7）DNA 连接酶：连接复制中产生的单链缺口。

1）DNA 连接酶连接 DNA 链 3′–OH 末端和另一 DNA 链的 5′–P 末端，两者间生成磷酸二酯键，从而将两段相邻的 DNA 链连接成完整的链，需消耗 ATP。

2）连接酶只能连接双链中的单链缺口，它并没有连接单独存在的 DNA 单链或 RNA 单链的作用。复制中的后随链产生的冈崎片段的缺口，要靠连接酶接合。

3）DNA 连接酶不但在复制中起最后接合缺口的作用，在 DNA 修复、重组中也可接合缺口。

4. 原核生物 DNA 复制过程

（1）复制的起始：各种酶和蛋白质因子在复制起点处装配引发体，形成复制叉并合成 RNA 引物。

1）DNA 解链（表 3–5）

表 3–5 原核生物 DNA 的解链

解链要点	要点说明
复制有固定起点	*E.coli* 上有一个固定复制起点称为 *oriC*，跨度为 245bp，此段 DNA 上有 5 组由 9 个碱基对组成的串联重复序列，形成 DnaA 结合位点，和 3 组由 13 个碱基对组成的串联重复序列的富含 AT 区。DNA 双链的 AT 间配对只有 2 个氢键维系，故富含 AT 区易解链
多种蛋白质参与	①DnaA 蛋白是一同源四聚体，负责辨认并结合于 *oriC* 的串联重复序列（AT 区）上，然后几个 DnaA 蛋白形成 DNA–蛋白质复合体结构，促使 AT 区的 DNA 解链 ②DnaB 蛋白（解旋酶）在 DnaC 蛋白的协同下，结合并沿解链方向移动，使双链解开足够用于复制的长度，并逐步置换出 DnaA 蛋白。此时复制叉初步形成 ③SSB（单链结合蛋白）此时结合到 DNA 单链上，在一定时间内有利于核苷酸依模板掺入
需 DNA 拓扑异构酶	解链是一种高速的反向旋转，其下游会有打结。拓扑异构酶Ⅱ能实现 DNA 超螺旋的转型，即把正超螺旋变为负超螺旋（有更好的模板作用）

2）引物合成和起始复合物的形成

• 复制起始过程需要先合成引物，引物是由引物酶催化合成的短链 RNA 分子。引物酶是复制起始时催化 RNA 引物合成的酶。

• DNA pol 不具备催化两个游离 dNTP 之间形成磷酸二酯键的能力，只能催化核酸片段的 3′–OH 末端与 dNTP 间的聚合。但 RNA 聚合酶不需要 3′–OH 便可催化 NTP 的聚合，而引物酶属于 RNA 聚合酶，故复制起始部位合成的短链引物 RNA 为 DNA 的合成提供 3′–OH 末端，在 DNA pol 催化下逐一加入 dNTP 而形成 DNA 子链。

• 在 DNA 双链解链基础上，形成了 DnaB、DnaC 蛋白与 DNA 复制起点相结合的复合体，此时引物酶进入。此时形成含有解旋酶 DnaB、DnaC、引物酶和 DNA 的复制起始区域共同构成的起始复合物结构，该结构在噬菌体 ΦX 系统也称为引发体。起始复合物蛋白质组分在 DNA 链上的移动需由 ATP 供给能量。在适当位置上，引物酶依据模板的碱基序列，从 5′→3′ 方向催化 NTP（不是 dNTP）的聚合，生成短链的 RNA 引物（长度为 5~10 个核苷酸），已合成的引物留有 3′–OH 末端，此时就可进入 DNA 的复制延长。

> ⓘ 提示
>
> 引物酶不同于催化转录的 RNA 聚合酶。利福平可特异性抑制转录用的 RNA pol，而引物酶对其不敏感。

（2）DNA 链延长：DNA pol Ⅲ 催化底物 dNTP 的 α- 磷酸基团与引物或延长中的子链上 3′-OH 反应后，dNMP 的 3′-OH 又成为链的末端，使下一个底物可以掺入。复制沿 5′→3′ 延长，指的是子链合成的方向。前导链沿着 5′→3′ 方向连续延长，而后随链沿着 5′→3′ 方向呈不连续延长。在同一个复制叉上，前导链的复制先于后随链，但两链是在同一个 DNA pol Ⅲ 催化下进行延长。DNA 复制延长速度相当快。

（3）复制终止：原核生物基因是环状 DNA，复制是双向复制，从起点开始各进行 180°，同时在终止点上汇合。

1）后随链：冈崎片段上的引物是 RNA 而不是 DNA。复制的完成还包括去除 RNA 引物和换成 DNA，最后把 DNA 片段连接成完整的子链。实际上此过程在子链延长中陆续进行，不必等到最后的终止才连接。

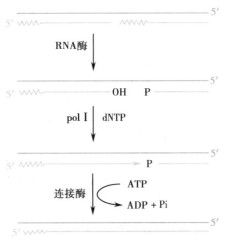

图 3-4　子链中的 RNA 引物被取代
齿状线代表引物。

切除引物、填补空缺和连接切口：冈崎片段上的 RNA 引物被 RNA 酶水解，水解后留下空隙。空隙的填补由 DNA pol Ⅰ 催化，从 5′- 端向 3′- 端用 dNTP 为原料生成相当于引物长度的 DNA 链。dNTP 的掺入要有 3′-OH，在原引物相邻的子链片段提供 3′-OH 继续延伸，就是说，由后复制的片段延长以填补先复制片段的引物空隙。填补至足够长度后，还是留下相邻的 3′-OH 和 5′-P 的缺口。缺口由连接酶连接。按照这种方式，所有的冈崎片段在环状 DNA 上连接成完整的 DNA 子链（图 3-4）。

2）前导链：也有引物水解后的空隙，在环状 DNA 最后复制的 3′-OH，即可填补该空隙及连接，完成基因组 DNA 的整个复制过程。

5. 真核生物 DNA 复制过程　真核染色体 DNA 复制的一个重要特征是复制仅仅出现在细胞周期的 DNA 合成期（S 期），而且只能复制一次。

（1）复制起始：与原核生物基本相似。

1）真核生物 DNA 分布在许多染色体上，各自进行复制。每个染色体有上千个复制子，复制的起点很多。复制有时序性，即复制子以分组方式激活而不是同步启动。转录活性高的 DNA 在 S 期早期就进行复制。高度重复的序列如卫星 DNA、连接染色体双倍体的部位即中心体和线性染色体两端即端粒都是在 S 期的最后阶段才复制的。

2）复制起点序列：较 E.coli 的 oriC 复杂。酵母 DNA 复制起点含 11bp 富含 AT 的核心序列：A（T）TTTATA（G）TTTA（T），称为自主复制序列（ARS）。也发现比 E.coli 的 oriC 序列长的真核生物复制起点。

3）复制起始也是打开双链形成复制叉，形成引发体和合成 RNA 引物。

4）复制的起始需要 DNA pol α，pol ε 和 pol δ 的参与，此外还需解旋酶、拓扑酶和复制因子（RF），如 RFA、RFC 等。

增殖细胞核抗原（PCNA）在复制起始和延长中发挥关键作用。PCNA 为同源三聚体，具有与 *E.coli* DNA polⅢ的 β 亚基相同的功能和相似的构象，即形成闭合环形的可滑动的 DNA 夹子，在 RFC 的作用下 PCNA 结合于引物 – 模板链；并且 PCNA 使 pol δ 获得持续合成的能力。PCNA 尚具有促进核小体生成的作用。PCNA 的蛋白质水平也是检验细胞增殖能力的重要指标。

（2）复制延长：发生 DNA 聚合酶转换。

DNA pol α 主要催化合成引物，然后迅速被具有连续合成能力的 DNA pol ε 和 DNA pol δ 所替换，这一过程称为聚合酶转换。DNA pol ε 负责合成前导链，DNA pol δ 负责合成后随链。真核生物是以复制子（13~900kb）为单位进行复制，故引物和后随链的冈崎片段都比原核生物的短。

● 后随链的起始和延长交错进行的复制过程：真核生物的冈崎片段长度大致与一个核小体所含 DNA 碱基数（135bp）或其若干倍相等。当后随链延长了一个或若干个核小体的长度后，要重新合成引物。可见后随链的合成到核小体单位之末时，DNA pol δ 会脱落，DNA pol α 再引发下游引物合成，引物的引发频率是相当高的。pol α 与 pol δ 之间的转换频率高，PCNA 在全过程也要多次发挥作用。

● 前导链的连续复制：只限于半个复制子的长度。

● FEN1 和 RNase H 等负责去除真核复制 RNA 引物。

> **提示**
>
> 真核生物 DNA 合成，就酶的催化速率而言，远比原核生物慢，但由于是多复制子复制，总体速度是不慢的。原核生物复制速度与其培养（营养）条件有关。真核生物在不同器官组织、不同发育时期和不同生理状况下，复制速度大不一样。

（3）真核生物 DNA 合成后立即组装成核小体：复制后的 DNA 需要重新装配。原有的组蛋白及新合成的组蛋白结合到复制叉后的 DNA 链上，真核生物 DNA 合成后立即组装成核小体。核小体的破坏仅局限在紧邻复制叉的一段短的区域内，复制叉的移动使核小体破坏，但是复制叉向前移动时，核小体在子链上迅速形成。

（4）端粒酶参与解决染色体末端复制问题

1）端粒：是真核生物染色体线性 DNA 分子末端的结构，在维持染色体的稳定性和 DNA 复制的完整性中有着重要的作用。端粒结构的共同特点是富含 T-G 短序列的多次重复，如仓鼠和人类端粒 DNA 都有（T_nG_n）$_x$ 的重复序列。

2）端粒酶：由端粒酶 RNA（hTR）、端粒酶协同蛋白 1、端粒酶逆转录酶组成。该酶兼有提供 RNA 模板和催化逆转录的功能。复制终止时，染色体端粒区域的 DNA 可能缩短或断裂。端粒酶通过一种称为爬行模型的机制合成端粒 DNA，维持染色体的完整。

爬行模型(图 3-5):端粒酶依靠 hTR(A_n C_n)x 辨认及结合母链 DNA(T_n G_n)x 的重复序列并移至其 3'- 端,开始以逆转录的方式复制;复制一段后,hTR(A_n C_n)x 爬行移位至新合成的母链 3'- 端,再以逆转录的方式复制延伸母链;延伸至足够长度后,端粒酶脱离母链,随后 RNA 引物酶以母链为模板合成引物,招募 DNA pol,以母链为模板,在 DNA pol 催化下填充子链,最后引物被去除。

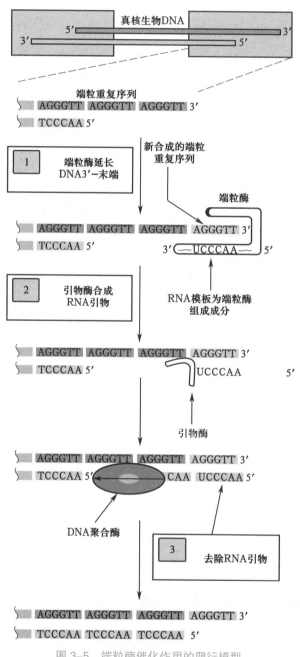

图 3-5 端粒酶催化作用的爬行模型

（5）真核生物染色体 DNA 在每个细胞周期中只能复制 1 次

1）真核染色体 DNA 复制的一个重要特征是复制仅仅出现在细胞周期的 S 期,而且只能复制一次。染色体的任何一部分的不完全复制,均可能导致子代染色体分离时发生断裂和丢失。

2）真核细胞 DNA 复制的起始分两步进行,即复制基因的选择和复制起点的激活,这两步分别出现于细胞周期的特定阶段。复制基因是指 DNA 复制起始所必需的全部 DNA 序列。复制基因的选择出现于 G_1 期,复制起点的激活仅出现于细胞进入 S 期以后。

3）复制起点的激活与细胞周期进程一致。细胞周期蛋白 D 的水平在 G_1 后期升高激活 S 期的 CDK。复制许可因子是 CDK 的底物,为发动 DNA 复制所必需。复制许可因子一般不能通过核膜进入核内,但是在有丝分裂的末期、核膜重组之前可以进入细胞核,与 DNA 的复制起点结合。等待被刺激进入 S 期的 CDK 激活,启动复制。

一旦复制启动,复制许可因子即失去活性或被降解。在细胞周期的其他时间内,新的复制许可因子不能进入细胞核内,保证在一个细胞周期内只能进行一次基因组的复制。

（6）真核生物线粒体 DNA 按 D 环方式复制

1）D- 环复制:是线粒体 DNA 的复制方式。复制时需合成引物。

2）mtDNA 为闭合环状双链结构,第一个引物以内环为模板延伸。至第二个复制起点时,又合成另一个反向引物,以外环为模板进行反向的延伸。最后完成两个双链环状 DNA 的复制。

3）D 环复制的特点是复制起点不在双链 DNA 同一位点,内、外环复制有时序差别。

4）mtDNA 容易发生突变,损伤后的修复较困难。mtDNA 的突变与衰老等自然现象有关,也和一些疾病的发生有关。线粒体内蛋白质翻译时,使用的遗传密码和通用的密码有一些差别。

三、逆转录

1. 概念　RNA 病毒的基因组是 RNA,其复制方式是逆转录,故也称逆转录病毒。但并非所有的 RNA 病毒都是逆转录病毒。逆转录的信息流动方向（RNA → DNA）与转录过程（DNA → RNA）相反,是一种特殊的复制方式。能催化以 RNA 为模板合成双链 DNA 的酶,称为逆转录酶,全称是依赖 RNA 的 DNA 聚合酶。

2. 过程　从单链 RNA 到双链 DNA 的生成可分为三步 [图 3-6（a）]。

（1）逆转录酶以病毒基因组 RNA 为模板,催化 dNTP 聚合生成 DNA 互补链,产物是 RNA/DNA 杂化双链。

（2）杂化双链中 RNA 被逆转录酶中有 RNase 活性的组分水解,被感染细胞内的 RNase H（H=Hybrid）也可水解 RNA 链。

（3）RNA 分解后剩下的单链 DNA 再用作模板,由逆转录酶催化合成第二条 DNA 互补链。

逆转录酶有三种活性: RNA 指导的 DNA 聚合酶活性,DNA 指导的 DNA 聚合酶活性和 RNase H 活性,作用需 Zn^{2+} 为辅因子。合成反应也按照 $5' \rightarrow 3'$ 延长的规律。有研究发现,病毒自身的 tRNA 可用作复制引物。

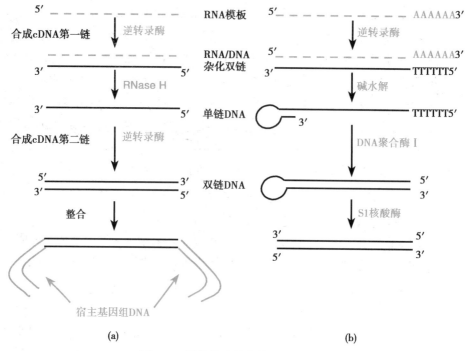

图 3-6 逆转录酶催化的 cDNA 合成

（a）逆转录病毒细胞内复制,病毒的 RNA 可作为 cDNA 第二链合成的引物;（b）试管内合成 cDNA。单链 cDNA 的 3′-端能够形成发夹状的结构作为引物,在大肠埃希菌聚合酶 I Klenow 作用下合成 cDNA 的第二链。

3. 意义

（1）逆转录的发现,发展了中心法则：中心法则认为 DNA 的功能兼有遗传信息的传代和表达,因此 DNA 处于生命活动的中心位置。逆转录现象说明,至少在某些生物,RNA 同样具有遗传信息传代功能。

（2）对逆转录病毒的研究,拓宽了病毒致癌理论,从逆转录病毒中发现了癌基因。艾滋病病原人类免疫缺陷病毒（HIV）属 RNA 病毒,有逆转录活性。

（3）分子生物学研究中应用逆转录酶获取基因工程的目的基因,此法称为 cDNA 法［图 3-6（b）］。

四、DNA 损伤及其修复意义

1. 多种因素通过不同机制导致 DNA 损伤（表 3-6）

> **提示**
>
> 紫外线（UV）属非电离辐射,按波长分为 UVA（400~320nm）、UVB（320~290nm）和 UVC（290~100nm）。260nm 左右的紫外线易导致 DNA 等生物大分子损伤。

表 3-6 DNA 损伤的因素和机制

损伤因素	损伤机制
体内因素	
DNA 复制错误	①DNA 复制时,碱基的异构互变,4 种 dNTP 之间的浓度的不平衡等均可能引起碱基错配,即产生非 Watson-Crick 碱基对 ②片段的缺失或插入,如亨廷顿病、脆性 X 综合征、强直性肌营养不良等
DNA 自身不稳定性	是 DNA 自发性损伤中最频繁发挥作用的因素。当 DNA 受热或所处 pH 改变时,DNA 连接碱基和核糖之间的糖苷键可自发水解,导致碱基丢失或脱落,以脱嘌呤最普遍。含氨基的碱基可能自发发生脱氨基反应,转变为另一种碱基,如 C 转变为 U,A 转变为 I(次黄嘌呤)等
代谢产生的活性氧(ROS)	可直接作用修饰碱基,如修饰鸟嘌呤,产生 8- 羟基脱氧鸟嘌呤等
体外因素	
电离辐射	可直接破坏 DNA 分子结构,如断裂 DNA 的化学键,使 DNA 断裂或发生交联。同时还可激发细胞内的自由基反应,导致 DNA 分子发生碱基氧化修饰,破坏碱基环结构,使其脱落
紫外线	低波长紫外线的吸收,可使 DNA 分子中同一条链相邻的两个胸腺嘧啶碱基(T)以共价键连接形成胸腺嘧啶二聚体结构(TT),也称为环丁烷型嘧啶二聚体。也可导致其他嘧啶形成类似的二聚体,如 CT、CC 二聚体等。还会导致 DNA 链间的其他交联或链的断裂等
化学因素	①自由基:可致碱基、核糖、磷酸基损伤,引发 DNA 结构与功能异常 ②碱基类似物:与 DNA 正常碱基结构类似,在 DNA 复制时可取代正常碱基掺入到 DNA 链中,并与互补链上的碱基配对,引发碱基对置换。如 5- 溴尿嘧啶与胸腺嘧啶类似,可致 AT 配对和 GC 配对间的相互转变 ③碱基修饰剂:如亚硝酸能脱去碱基的氨基,腺嘌呤脱氨基后成为次黄嘌呤,胞嘧啶脱氨基后成为尿嘧啶,均能改变碱基的序列 ④烷化剂:如氮芥等可导致 DNA 碱基上的氮原子烷基化,引起 DNA 分子电荷变化,改变碱基配对,或烷基化的鸟嘌呤脱落形成无碱基位点,或 DNA 链中的鸟嘌呤连接成二聚体,或 DNA 链交联与断裂。以上均可致 DNA 序列或结构异常,阻止正常修复 ⑤嵌入性染料:溴化乙锭、吖啶橙等在 DNA 复制时可直接插入到碱基对中,引发核苷酸缺失、移码或插入
生物因素	主要指病毒和霉菌,如麻疹病毒、黄曲霉等,其蛋白质表达产物或产生的毒素和代谢产物,如黄曲霉素等有诱变作用

2. DNA 损伤类型 DNA 分子中碱基、核糖与磷酸二酯键均是损伤因素作用的靶点。DNA 损伤有碱基脱落、碱基结构破坏、嘧啶二聚体形成、DNA 单链或双链断裂、DNA 交联(链内交联、链间交联、DNA- 蛋白质交联)等类型。

上述 DNA 损伤可导致 DNA 模板发生碱基置换、插入、缺失、链的断裂等,并可能影响染色体的高级结构。就碱基置换来讲,DNA 链中的一种嘌呤被另一种嘌呤取代,或一种嘧啶被另一种嘧啶取代,称为转换;而嘌呤被嘧啶取代或反之,则称为颠换。转换和颠换在 DNA 复制时可引起碱基错配,导致基因突变。碱基的插入和缺失可引起移码突变。DNA 断裂可阻止 RNA 合成过程中链的延伸。而 DNA 损伤所引的染色质结构变化可造成转录异常。

由于密码子的简并性,碱基置换可造成改变氨基酸编码的错义突变、变为终止密码子的无义突变和不改变氨基酸编码的同义突变。

> 基因点突变引起 1 个氨基酸的改变,如镰状细胞贫血。

3. DNA 损伤修复途径　常见的 DNA 损伤修复途径或系统:包括直接修复、切除修复、重组修复和损伤跨越修复等(表 3-7)。

表 3-7　常见的 DNA 损伤修复途径

修复途径	修复对象	参与修复的酶或蛋白质
光复活修复	嘧啶二聚体	DNA 光裂合酶
碱基切除修复	受损的碱基	DNA 糖苷酶、AP 核酸内切酶
核苷酸切除	修复嘧啶二聚体、DNA 螺旋结构的改变	大肠埃希菌中 UvrA、UvrB、UvC 和 UvrD 人 XP 系列蛋白质 XPA、XPB、XPC、……、XPG 等
错配修复	复制或重组中的碱基配对错误	大肠埃希菌中的 MutH、MutL、MutS 人的 MLH1、MSH2、MSH3、MSH6 等
重组修复	双链断裂	RecA 蛋白、Ku 蛋白、DNA-PKcs、XRCC4
损伤跨越修复	大范围的损伤或复制中来不及修复的损伤	RecA 蛋白、LexA 蛋白、其他类型的 DNA 聚合酶

（1）直接修复:是最简单的 DNA 损伤修复方式。修复酶直接作用于受损的 DNA,将之恢复为原来的结构。

1）嘧啶二聚体的直接修复:此修复又称为光复活修复或光复活作用。DNA 光裂合酶直接识别和结合于 DNA 链上的嘧啶二聚体部位,在可见光(400mm)激发下,光复活酶可将嘧啶二聚体解聚为原来的单体核苷酸形式,完成修复。

2）烷基化碱基的直接修复:烷基转移酶可将烷基从核苷酸转移到自身肽链上,修复 DNA 的同时自身发生不可逆失活。

3）单链断裂的直接修复:DNA 连接酶能催化 DNA 双链中一条链上缺口处的 5′- 磷酸基团与相邻片段的 3′ 羟基之间形成磷酸二酯键,完成修复。

（2）切除修复:是最普遍的 DNA 损伤修复方式。

1）碱基切除修复

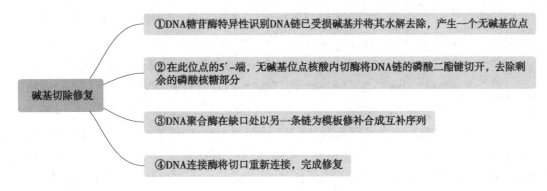

2）核苷酸切除修复

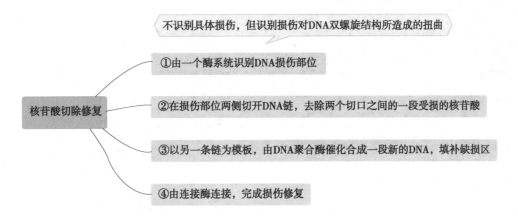

遗传性着色性干皮病、科凯恩综合征和人毛发低硫营养不良等的发病是由于 DNA 损伤核苷酸切除修复系统基因缺陷所致。

3）碱基错配修复：是碱基切除修复的一种特殊形式,主要负责纠正:复制与重组中出现的碱基配对错误;因碱基损伤所致的碱基配对错误;碱基插入;碱基缺失。大肠埃希菌参与 DNA 复制中碱基错配修复的蛋白质包括 MutH、MutL, MutS、DNA 解旋酶、单链 DNA 结合蛋白、核酸外切酶Ⅰ、DNA 聚合酶Ⅲ、DNA 连接酶等成分,修复过程十分复杂。

（3）重组修复:是指依靠重组酶系,将另一段未受损伤的 DNA 转移到损伤部位,提供正确的模板,进行修复的过程。用于完成 DNA 双链断裂的修复。

1）同源重组修复:指参加重组的两段双链 DNA 在相当长的范围内序列相同(≥200bp),这样就能保证重组后生成的新区序列正确。

2）非同源末端连接的重组修复:指两段 DNA 链的末端不需要同源性就能相互替代连接。因此修复的 DNA 序列中可存在一定的差异。对拥有巨大基因组的哺乳动物细胞,发生错误的位置可能并不在必需基因上,这样依然可以维持受损细胞的存活。

（4）跨越损伤修复:当 DNA 双链发生大范围损伤,DNA 损伤部位失去了模板作用,或复制又已解开母链,致使修复系统无法通过上述方式进行有效修复时,细胞可以诱导应急途径,通过跨过损伤部位先进行复制,再设法修复。

1）重组跨越损伤修复：当 DNA 链损伤较大，致使损伤链不能作为模板复制时，细胞利用同源重组的方式，将 DNA 模板进行重组交换，使复制能够继续下去。

2）合成跨越损伤修复：当 DNA 双链发生大片段、高频率的损伤时，大肠埃希菌可以紧急启动应急修复系统（SOS 修复），诱导产生新的 DNA pol Ⅳ或Ⅴ，替换停留在损伤位点的原来的 DNA polⅢ，在子链上以随机方式插入正确的或错误的核苷酸使复制继续，越过损伤部位之后，这些新的 DNApol 完成使命后从 DNA 链上脱离，再由原来的 DNA polⅢ继续复制。这种合成跨越损伤复制过程的出错率会大大增加，是大肠埃希菌 SOS 反应或 SOS 修复的一部分。在大肠埃希菌等原核细胞中，SOS 修复反应是由 RecA 蛋白与 LexA 阻遏物的相互作用引发的。SOS 反应诱导的产物可参与重组修复、切除修复和错配修复等修复过程。

4. DNA 损伤修复的意义

（1）DNA 损伤具有双重效应

1）一般认为 DNA 损伤是有害的，但就损伤结果而言，DNA 损伤具有双重效应，DNA 损伤是基因突变的基础。从久远的生物史来看，进化是遗传物质不断突变的结果。突变是进化的分子基础。

2）DNA 突变可能只改变基因型，而不影响其表型，并表现出个体差异。

3）DNA 突变是某些遗传性疾病的发病基础。

ℹ 提示

DNA 损伤可导致 DNA 突变，若发生在与生命活动密切相关的基因上，可能导致细胞，甚至是个体的死亡。

（2）DNA 损伤与肿瘤、衰老以及免疫性疾病等多种疾病的发生有非常密切的关联，相关疾病见表 3-8。

表 3-8　DNA 损伤修复系统缺陷相关的人类疾病

疾病	表现	机制
着色性干皮病	皮肤癌、黑色素瘤	核苷酸切除修复
遗传性非息肉性结肠癌	结肠癌、卵巢癌	错配修复
		转录偶联修复
遗传性乳腺癌	乳腺癌、卵巢癌	同源重组修复
布卢姆综合征	白血病、淋巴瘤	非同源末端连接重组修复
范科尼贫血	再生障碍性贫血、白血病、生长迟缓	重组跨越损伤修复
科凯恩综合征	视网膜萎缩、侏儒、耳聋、早衰、对紫外线敏感	核苷酸切除修复、转录偶联修复
毛发低硫营养不良	毛发易断、生长迟缓	核苷酸切除修复

1）遗传性非息肉性结肠癌（HNPCC）细胞存在错配修复、转录偶联修复缺陷,造成细胞基因组的不稳定性,进而引起调控细胞生长的基因发生突变,引发细胞恶变。*MLH1* 基因的突变形式主要有错义突变、无义突变、缺失和移码突变等;*MSH2* 基因的突变形式主要有移码突变、无义突变、错义突变、缺失或插入等。

2）70% 的家族遗传性乳腺癌、卵巢癌患者存在 *BRCA1* 基因突变而失活。

3）着色性干皮病（XP）：皮肤对阳光敏感,表现为不同程度的核酸内切酶缺乏引发的切除修复功能缺陷,故肺、胃肠道等器官在受到有害环境因素刺激时,会有较高的肿瘤发生率。某些着色性干皮病变种的分子病理学机制是由它对 DNA 碱基损伤耐受的缺陷所致。

4）共济失调 – 毛细血管扩张症:是一种常染色体隐性遗传病。患者的细胞对射线及拟辐射的化学因子（如博来霉素）较敏感,具有极高的染色体自发畸变率,以及对辐射所致的 DNA 损伤存在修复缺陷,因此肿瘤发生率相当高。

5）DNA 修复功能先天性缺陷的患者,其免疫系统也常有缺陷。

6）DNA 损伤修复与衰老:研究发现寿命长的动物其 DNA 损伤的修复能力较强;寿命短的动物其 DNA 损伤的修复能力较弱。人的 DNA 修复能力也很强,但到一定年龄后会逐渐减退,突变细胞数与染色体畸变率相应增加。

◦ 经 典 试 题 ◦

（研）1. DNA 复制过程中,参与冈崎片段之间连接的酶有

    A. RNA 酶   B. DNA pol Ⅲ

    C. DnaA 蛋白   D. 连接酶

（研）2. 逆转录酶的生物学意义有

    A. 补充了中心法则   B. 进行基因操作和制备 cDNA

    C. 细菌 DNA 复制所必需的酶   D. 加深了对 RNA 病毒致癌、致病的认识

（执）3. RNA 引物在 DNA 复制过程中的作用是

    A. 提供起始模板   B. 激活引物酶

    C. 提供复制所需的 5′– 磷酸   D. 提供复制所需的 3′– 羟基

    E. 激活 DNA pol Ⅲ

（执）4. 反转录的遗传信息流向是

    A. DNA → DNA   B. DNA → RNA

    C. RNA → DNA   D. RNA → 蛋白质

    E. RNA → RNA

（研）（5~6 题共用备选答案）

    A. DNA 聚合酶 Ⅰ   B. DNA 聚合酶 Ⅲ

C. DNA 聚合酶Ⅳ　　　　　　　　　　　D. DNA 聚合酶Ⅴ

5. 具有 3′→5′ 外切酶及 5′→3′ 外切酶活性的是

6. 在 DNA 复制中,链的延长上起重要作用的是

（执）（7~8 题共用备选答案）

A. 插入　　　　　　　　　　　　　　B. 缺失

C. 点突变　　　　　　　　　　　　　D. 双链断裂

E. 倒位或转位

7. 镰状红细胞贫血症患者血红蛋白的基因突变类型是

8. 需要通过重组修复的 DNA 损伤类型是

【答案】

1. AD　2. ABD　3. D　4. C　5. A　6. B　7. C　8. D

○ 温 故 知 新 ○

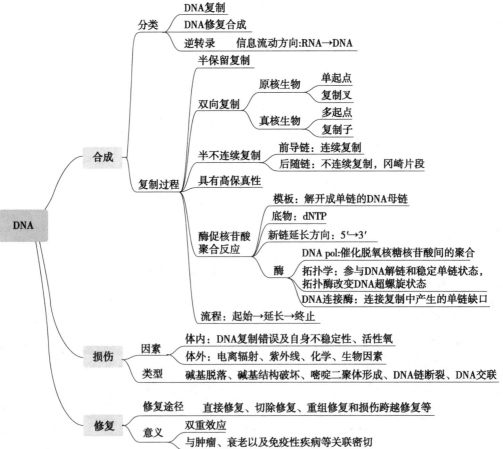

第十三节　RNA 的合成

一、RNA 生物合成的概念

生物体以 DNA 为模板合成 RNA 的过程称为转录,指将 DNA 的碱基序列转抄为 RNA。生物界 RNA 合成方式有如下 2 种。

1. DNA 指导的 RNA 合成　也称转录,为生物体内的主要合成方式。转录产物除 mRNA、rRNA 和 tRNA 外,在真核细胞内还有 snRNA、miRNA 等非编码 RNA。对 RNA 转录过程的调节可以导致蛋白质合成速率的改变,并由此引发一系列细胞功能变化。mRNA 在转录、转录后加工发生错误可引起细胞异常和疾病。RNA 的转录合成是本节的主要内容。

2. RNA 依赖的 RNA 合成　也称 RNA 复制,由 RNA 依赖的 RNA 聚合酶催化,常见于病毒,是逆转录病毒以外的 RNA 病毒在宿主细胞以病毒的单链 RNA 为模板合成 RNA 的方式。

二、原核生物 RNA 的合成

1. 概述　RNA 的生物合成属于酶促反应,反应体系中需要 DNA 模板,NTP(包括 ATP、UTP、CTP 和 GTP),DNA 依赖的 RNA 聚合酶(RNA pol),其他蛋白质因子及 Mg^{2+} 等。合成方向为 $5' \rightarrow 3'$,核苷酸间的连接方式为 $3',5'-$ 磷酸二酯键。

2. 转录的酶和模板

(1)模板:在 DNA 分子双链上,一股链作为模板(模板链),按碱基配对规律指导转录生成 RNA,另一股链则不转录(编码链)。转录产物若是 mRNA,则可用作翻译的模板,决定蛋白质的氨基酸序列(图 3-7)。模板链既与编码链互补,又与 mRNA 互补,可见 mRNA 的碱基序列除用 U 代替 T 外,与编码链是一致的。

(2)RNA 聚合酶

1)能从头启动 RNA 链的合成。RNA pol 催化 RNA 的转录合成,该反应以 DNA 为模板,以 ATP、GTP、UTP、CTP 为原料,Mg^{2+} 为辅基。RNA pol 通过在 RNA 的 3′-OH 端加入核苷酸,延长 RNA 链而合成 RNA。3′-OH 在反应中是亲核基团,攻击所进入的核苷三磷酸的 $\alpha-$ 磷酸,并释放出焦磷酸,总反应为:$(NMP)_n + NTP \rightarrow (NMP)_{n+1} + PPi$。

RNA pol 能够在转录起始点处使两个核苷酸间形成磷酸二酯键,即直接启动转录。

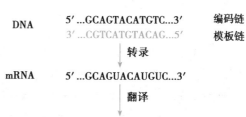

图 3-7　DNA 模板及其表达产物

2）RNA 聚合酶由多个亚基组成：E.coli 的 RNA pol（表 3-9）是一个分子量达 450kD，由 5 种亚基 α_2（2 个 α）、β、β'、ω 和 σ 组成的六聚体蛋白质。

表 3-9　E.coli 的 RNA 聚合酶组分

亚基	分子量/kD	亚基数目	功能
α	36.5	2	决定哪些基因被转录
β	150.6	1	与转录全过程有关（催化）
β'	155.6	1	结合 DNA 模板（开链）
ω	11.0	1	β' 折叠和稳定性；σ 募集
σ	70.2	1	辨认起始点

核心酶由 $\alpha_2\beta\beta'\omega$ 亚基组成。试管内的转录实验证明，核心酶能够催化 NTP 按模板的指引合成 RNA。但合成的 RNA 没有固定的起始位点。加有 σ 亚基的酶能在特定的起始点上开始转录，可见 σ 亚基的功能是辨认转录起始点。σ 亚基加上核心酶称为全酶。活细胞的转录起始需要全酶；转录延长阶段则仅需核心酶。

> **提示**
>
> 利福平可特异性地结合 RNA 聚合酶的 β 亚基，抑制原核生物的 RNA pol，成为抗结核菌治疗的药物。

（3）启动子

1）对于整个基因组来讲，转录是分区段进行的。每一转录区段可视为一个转录单位，称为操纵子。操纵子中包括了若干个基因的编码区及其调控序列。调控序列中的启动子是 RNA pol 结合模板 DNA 的部位，也是决定转录起始点的关键部位。原核生物是以 RNA pol 全酶结合到启动子上而启动转录的，其中由 σ 亚基辨认启动子，其他亚基相互配合。

2）以开始转录的 5'-端第一位核苷酸位置转录起点为 +1，用负数表示其上游的碱基序号，发现 -35 和 -10 区 A-T 配对比较集中（表明该区段的 DNA 容易解链）。-35 区的最大一致性序列是 TTGACA。-10 区的一致性序列 TATAAT，称为 Pribnow 盒。-35 区与 -10 区相隔 16~18 个核苷酸，-10 区与转录起点相距 6 或 7 个核苷酸。RNA pol 结合在 -10 区比结合在 -35 区更牢固。

–35 区是 RNA pol 对转录起始的识别序列。结合识别序列后，RNA pol 向下游移动，达到 Pribnow 盒，与 DNA 形成相对稳定的 RNA pol–DNA 复合物，就可以开始转录。

3. 原核生物转录过程

（1）转录起始：需要 RNA 聚合酶全酶。RNA pol 在 DNA 模板的转录起始区装配形成转录起始复合体（包含 RNA pol 全酶、DNA 模板及与转录起点配对的 NTPs），打开 DNA 双链，并完成第一和第二个核苷酸间聚合反应的过程。

1）RNA pol 识别并结合启动子，形成闭合转录复合体，其中 DNA 仍保持完整双链。原核生物需要靠 RNA pol 中的 σ 亚基辨认转录起始区和转录起点。首先被辨认的 DNA 区段是 –35 区的 TTGACA 序列，此区段酶与模板的结合松弛；接着酶移向 –10 区的 TATAAT 序列并跨过了转录起点，形成与模板的稳定结合。

2）DNA 双链打开，形成开放转录复合体。DNA 分子接近 –10 区域的部分双螺旋解开后转录开始。无论是转录起始或延长中，DNA 双链解开的范围均在 17bp 左右，这比复制中复制又小得多。

3）第一个磷酸二酯键形成。转录起始不需引物，两个与模板配对的相邻核苷酸，在 RNA pol 催化下生成磷酸二酯键。转录起点配对生成的 RNA 的第一位核苷酸，也是新合成的 RNA 分子的 5′– 端，以 GTP 或 ATP 较为常见。如 5′– 端第一位核苷酸 GTP 与第二位的 NTP 聚合生成磷酸二酯键后，仍保留其 5′– 端 3 个磷酸基团，生成聚合物是 5′-pppGpN–OH–3′，其 3′– 端的游离羟基，可以接收新的 NTP 并与之聚合，使 RNA 链延长下去。RNA 链的 5′– 端结构在转录延长中一直保留，至转录完成。

RNA 合成开始时会发生流产式起始的现象，该现象被认为是启动子校对的过程，其发生可能与 RNA 聚合酶和启动子的结合强度有关。当一个聚合酶成功合成一条超过 10 个核苷酸的 RNA 时，便形成一个稳定的包含有 DNA 模板、RNA pol 和 RNA 片段的三重复合体，从而进入延长阶段。当 RNA 合成起始成功后，RNA pol 离开启动子，称为启动子解脱（启动子清除）。启动子清除发生后，转录进入延长阶段。

（2）转录延长：RNA pol 核心酶独立延长 RNA 链。第一个磷酸二酯键形成后，转录复合体的构象发生改变，σ 亚基从转录起始复合物上脱落，并离开启动子，RNA 合成进入延长阶段，此时，仅有 RNA pol 的核心酶留在 DNA 模板上，并沿 DNA 链不断前移，催化 RNA 链的延长。实验证明，σ 亚基若不脱落，RNA pol 则停留在起始位置，转录不能继续进行。脱落后的 σ 因子又可再形成另一全酶，反复使用。

核酸的碱基之间有 3 种配对方式，其稳定性是：G≡C>A＝T>A＝U。

> **提示**
>
> 转录全过程均需 RNA pol 催化，起始过程需全酶，由 σ 亚基辨认起始点，延长过程的核苷酸聚合需核心酶催化。

（3）原核生物转录延长与蛋白质的翻译同时进行：在电镜下观察原核生物的转录产物，可看到像羽毛状的图形。在同一DNA模板分子上，有多个转录复合体同时进行着RNA合成；在新合成的mRNA链上可观察到结合在上面的多个核糖体，即多聚核糖体。这是因为在原核生物，RNA链的转录合成尚未完成，蛋白质的合成已将其作为模板开始进行翻译了。转录和翻译的同步进行在原核生物较普遍，保证转录和翻译都以高效率运行，满足其快速增殖的需要。

（4）转录终止：分为依赖ρ（Rho）因子与非依赖ρ因子两大类（表3-10）。RNA pol在DNA模板上停顿下来不再前进，转录产物RNA链从转录复合物脱落下来，就是转录终止。

表3-10 转录终止过程

分类	转录终止过程
依赖ρ因子的转录终止	ρ因子能结合RNA，对poly C的结合力最强，但对polydC/dG组成的DNA结合能力就低得多。产物RNA的3'-端可产生较丰富且有规律的C碱基，ρ因子可识别上述终止信号序列，并与之结合，导致ρ因子和RNA pol发生构象改变，从而使RNA pol的移动停顿，ρ因子中的解旋酶活性使DNA/RNA杂化双链拆离，RNA产物从转录复合物中释放，转录终止
非依赖ρ因子的转录终止	转录产物的3'-端常有多个连续的U，其上游的一段特殊碱基序列又可形成茎环或发夹的二级结构，这些结构是转录终止信号

三、真核生物 RNA 的合成

1. 概述 真核生物的转录过程比原核生物复杂。真核生物和原核生物的RNA pol种类不同，原核生物RNA pol可直接结合DNA模板，而真核生物RNA pol需与辅因子结合后才结合模板。两者转录终止也不相同。真核基因组中转录生成的RNA中有20%以上存在反义RNA，提示某些DNA双链区域在不同的时间点两条链都可以作为模板进行转录。另外，基因组中的基因间区也可以作为模板被转录而产生长链非编码RNA等，提示真核基因组RNA生物合成是很广泛的现象。

2. 酶和启动子

（1）RNA聚合酶（表3-11）：真核生物至少具有3种主要的RNA pol，分别是RNA聚合酶Ⅰ（RNA polⅠ）、RNA聚合酶Ⅱ（RNA polⅡ）和RNA聚合酶Ⅲ（RNA polⅢ）。三种真核RNA聚合酶（RNA pol）均含有的5种核心亚基与原核的β、β'、两个α亚基和ω亚基有同源性。

RNA polⅡ最大亚基的羧基末端有一段共有序列，为Tyr-Ser-Pro-Thr-Ser-Pro-Ser样的七肽重复序列片段，称为羧基末端结构域（CTD）。RNA polⅠ和RNA polⅢ没有CTD。

表 3-11　RNA 聚合酶

种类	RNA pol I	RNA pol II	RNA pol III
转录产物	45SrRNA	前体 mRNA、lncRNA、piRNA、miRNA	tRNA、5SrRNA、SnRNA
对鹅膏蕈碱的反应	耐受	极敏感	中度敏感
定位	核仁	核内	核内

> ⓘ 提示
>
> 所有真核生物的 RNA pol II 都具有 CTD，只是 7 个氨基酸共有序列的重复程度不同。CTD 的磷酸化在转录起始中起关键作用。

（2）启动子：RNA 聚合酶 I、II、III 分别使用不同类型的启动子，分别为 I 类、II 类和 III 类启动子，其中 III 类启动子又可被分为 3 个亚型。

3. 转录过程　RNA pol II 催化基因转录的过程，分 3 期：起始期（RNA pol II 和通用转录因子形成闭合复合体）、延长期和终止期，起始期和延长期都有相关蛋白质参与。

（1）转录起始：顺式作用元件和转录因子有重要作用。

1）顺式作用元件（表 3-12）：不同物种、不同细胞或不同的基因转录起始点上游可以有不同的 DNA 序列，但这些序列都可统称为顺式作用元件。顺式作用元件包括核心启动子序列、启动子上游元件，又叫近端启动子元件等近端调控元件和增强子等远隔序列。真核生物转录起始也需要 RNA pol 对起始区上游 DNA 序列做辨认和结合，生成起始复合物。

表 3-12　顺式作用元件

鉴别要点	核心启动子	启动子上游元件	增强子
含义	真核生物的核心启动子序列为 TATA	是位于 TATA 盒上游的 DNA 序列	能结合特异基因调节蛋白并促进邻近或远隔特定基因表达的 DNA 序列
定位	转录起始点至上游 -37bp 的启动子区域	转录起始点上游约 40~200bp	转录起始点上游 1 000~50 000bp
DNA 序列	Hognest 盒或 TATA 盒（TATA 序列）	GC 盒、CAAT 盒（两者位于 -70~-200bp）	
作用	是真核生物转录起始前复合物的结合位点	与相应蛋白因子结合，可提高或改变转录效率	一般作用于最近的启动子，在所控基因的上游（主要）和下游发挥调控作用

2）转录因子：RNA pol II 启动转录时，需要一些称为转录因子（TF）的蛋白质，才能形成具有活性的转录复合体。能直接、间接辨认和结合转录上游区段 DNA 或增强子的蛋白质，统称为反式作用因子，包括通用转录因子和特异转录因子。相应于 RNA pol I、II、III 的

TF,分别称为 TFⅠ、TFⅡ、TFⅢ。

- 通用转录因子:也称基本转录因子,是直接或间接结合 RNA pol 的一类转录调控因子。所有的 RNA polⅡ都需要通用转录因子,见表 3-13。

表 3-13 参与 RNA polⅡ转录的 TFⅡ

转录因子	功能
TFⅡD	含 TBP 亚基结合启动子的 TATA 盒 DNA 序列
TFⅡA	辅助和加强 TBP 与 DNA 的结合
TFⅡB	结合 TFⅡD,稳定 TFⅡD-DNA 复合物;介导 RNA polⅡ的募集
TFⅡE	募集 TFⅡH 并调节其激酶和解螺旋酶活性;结合单链 DNA,稳定解链状态
TFⅡF	结合 RNA PolⅡ并随其进入转录延长阶段,防止其与 DNA 的接触
TFⅡH	解旋酶和 ATPase 酶活性;作为蛋白激酶参与 CTD 磷酸化

TFⅡD 不是一种单一蛋白质,它实际上是由 TATA 盒结合蛋白质(TBP)和 8~10 个 TBP 相关因子(TAF)组成的复合物。TBP 结合一个 10bp 长度的 DNA 片段,刚好覆盖基因的 TATA 盒,而 TFⅡD 则覆盖一个 35bp 或更长的区域。TBP 支持基础转录,但是不是诱导等所致的增强转录所必需的。而 TFⅡD 中的 TAFs 对诱导引起的增强转录是必要的。有时把 TAFs 叫作辅激活因子。中介子也是在反式作用因子和 RNA pol 之间的蛋白质复合体,它与某些反式作用因子相互作用,还能促进 TFⅡH 对 RNA pol 羧基端结构域的磷酸化。

此外,还有与启动子上游元件,如 GC 盒、CAAT 盒等顺式作用元件结合的转录因子,称为上游因子,如 SP1 结合到 GC 盒上,C/EBP 结合到 CAAT 盒上。这些转录因子调节通用转录因子与 TATA 盒的结合、RNA pol 在启动子的定位及起始复合物的形成,从而协助调节基因的转录效率。

- 特异转录因子:是在特定类型的细胞中高表达,并对一些基因的转录进行时间和空间特异性调控的转录因子。与远隔调控序列如增强子等结合的转录因子是主要的特异转录因子。

3)转录起始前复合物:真核生物 RNA pol 不与 DNA 分子直接结合,而需依靠众多的转录因子。

- 首先是 TFⅡD 的 TBP 亚基结合 TATA,另一 TFⅡD 亚基 TAF 有多种,在不同基因或不同状态转录时,不同的 TAF 与 TBP 进行搭配。在 TFⅡA 和ⅡB 的促进和配合下,形成ⅡD-ⅡA-ⅡB-DNA 复合体(图 3-8)。

- 具有转录活性的闭合复合体形成过程中,先由 TBP 结合启动子的 TATA 盒,这时 DNA 发生弯曲,然后 TFⅡB 与 TBP 结合,TFⅡB 也能与 TATA 盒上游邻近的 DNA 结合。TFⅡA 不是必需的,其存在时能稳定已与 DNA 结合的 TFⅡD-TBP 复合体,并且在 TBP 与不具有特征序列的启动子结合时(结合比较弱)发挥重要作用。TFⅡB 可结合 RNA polⅡ。

TFⅡB–TBP 复合体再与由 RNA polⅡ 和 TFⅡF 组成的复合体结合。TFⅡF 的作用是通过和 RNA polⅡ 一起与 TFⅡB 相互作用,降低 RNA polⅡ 与 DNA 的非特异部位的结合,来协助 RNA polⅡ 靶向结合启动子。最后是 TFⅡE 和 TFⅡH 加入,形成闭合复合体,装配完成,这就是转录起始前复合物。

● TFⅡH 具有解旋酶活性,能使转录起始点附近的 DNA 双螺旋解开,使闭合复合体成为开放复合体,启动转录。TFⅡH 还具有激酶活性,它的一个亚基能使 RNA polⅡ 的 CTD 磷酸化。周期蛋白依赖性激酶 9(CDK9)也能使 CTD 磷酸化,是正性转录延长因子(P-TEFb)复合体的组成部分,对 RNA polⅡ 的活性起正性调节作用。

CTD 磷酸化能使开放复合体的构象发生改变,启动转录。这时 TFⅡD、TFⅡA 和 TFⅡB 等就会脱离转录起始前复合物。当合成一段含有 30 个左右核苷酸的 RNA 时,TFⅡE 和 TFⅡH 释放,RNA polⅡ 进入转录延长期(图 3-8)。在延长阶段,TFⅡF 仍然结合 RNA polⅡ,防止其与 DNA 的结合。CTD 磷酸化在转录延长期也很重要,而且影响转录后加工过程中转录复合体和参与加工的酶之间的相互作用。

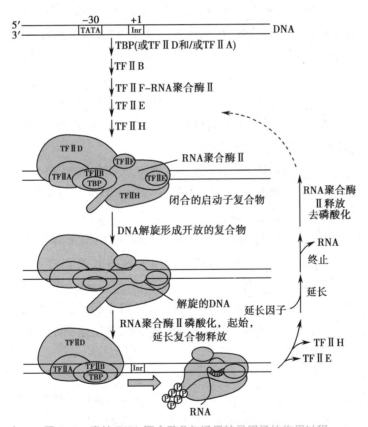

图 3-8　真核 RNA 聚合酶Ⅱ与通用转录因子的作用过程

(2)转录延长:真核生物转录延长与原核生物大致相似,但因有核膜相隔,故没有转录与翻译同步的现象。真核生物基因组 DNA 在双螺旋结构的基础上,与多种组蛋白构成核小体高级结构。RNA pol 前移处处都遇上核小体。RNA pol 和核小体组蛋白八聚体大小差别不大。转录延长可以观察到核小体移位和解聚现象。

（3）转录终止：真核生物的转录终止和转录后加尾修饰密切相关。

1）真核生物 mRNA 所特有的多聚腺苷酸[poly(A)]尾巴结构，是转录后才加进去的，因为模板链上没有相应的多聚胸苷酸。转录不是在 poly(A)的位置上终止，而是超出数百个乃至上千个核苷酸后才停止。已发现在可读框的下游，常有一组共同序列 AATAAA，再下游还有相当多的 GT 序列，这些序列称为转录终止的修饰点。

2）转录越过修饰点后，前体 mRNA 在修饰点处被切断，随即加入 poly(A)尾及 5′- 帽子结构。下游的 RNA 虽继续转录，但很快被 RNA 酶降解。故帽子结构是保护 RNA 免受降解的，因为修饰点以后的转录产物无帽子结构，很快被降解。

> **提示**
>
> RNA pol 缺乏具有校读功能的 3′→5′ 核酸外切酶活性，转录发生的错误率高，大约是十万分之一到万分之一。对大多数基因而言，一个基因可转录产生许多 RNA 拷贝，且 RNA 最终要被降解和替代，故转录产生错误 RNA 对细胞的影响远比复制产生错误 DNA 对细胞的影响小。

4. 真核生物前体 RNA 的加工　真核生物转录生成的 RNA 分子是前体 RNA（pre-RNA），也称为初级 RNA 转录物，几乎所有的初级 RNA 转录物都要经过加工，才能成为有功能的成熟 RNA。加工主要在细胞核中进行。

（1）前体 mRNA 的加工：前体 mRNA 也称为初级 mRNA 转录物或核不均一 RNA（hnRNA）。

1）5′- 端加"帽"修饰：指在前体 mRNA 的 5′- 端加上 7- 甲基鸟嘌呤的帽结构。加帽过程由加帽酶和甲基转移酶催化完成。5′- 帽结构可使 mRNA 免遭核酸酶的攻击，也能与帽结合蛋白质复合体结合，并参与 mRNA 和核糖体的结合，启动蛋白质的生物合成。

2）3′- 端加"尾"修饰：指在前体 mRNA 的 3′- 端加上 poly(A)尾，在核内完成，且先于 mRNA 中段的剪接。尾部修饰和转录终止同时进行。poly(A)尾的有无与长短与维持 mRNA 本身稳定性和 mRNA 作为翻译模板的活性高度相关。一般真核生物胞质内的 mRNA，其 poly(A)长度为 100~200 个核苷酸，也有例外，如组蛋白基因初级的、成熟的转录产物都没有 poly(A)尾结构。

3）前体 mRNA 的剪接（表 3-14）：主要是去除初级转录物上的内含子，连接外显子。真核基因最突出的特点是其不连续性，故真核基因也称断裂基因。实际上，在细胞核内出现的初级 mRNA 的分子量往往比胞质内出现的成熟 mRNA 大。成熟 mRNA 来自前体 mRNA，前体 mRNA 和 DNA 模板链可完全配对。前体 mRNA 中被剪接去除的核酸序列为内含子序列，而最终出现在成熟 RNA 分子中，作为模板指导蛋白质翻译的序列为外显子序列。

表 3-14　前体 mRNA 的剪接

剪接过程	说明
内含子形成套索 RNA 被剪除	套索 RNA 形成,即内含子区段弯曲,使相邻的两个外显子相互靠近而利于剪接
内含子在剪接接口处剪除	5'GU……AG-OH-3' 称为剪接接口或边界序列
剪接过程需两次转酯反应	反应中磷酸酯键的数目并没有改变,因此没有能量消耗
剪接体是内含子的剪接场所	①剪接体是一种超大分子复合体,由 5 种核小 RNA(snRNA)和 100 种以上的蛋白质装配而成。snRNA 的尿嘧啶含量最丰富,故分类命名为 U1、U2、U4、U5 和 U6,其长度在 100~300 个核苷酸。每种 snRNA 分别与多种蛋白质结合,形成 5 种核小核糖核蛋白颗粒(snRNP)。真核生物 snRNP 中的 RNA 和蛋白质都高度保守 ②各种 snRNP 在内含子剪接过程中先后结合到前体 mRNA 上,使内含子形成套索,并拉近上、下游外显子。剪接体的装配需 ATP 供能
前体 mRNA 分子有剪切和剪接两种模式	①剪切是指剪去某些内含子后,在上游的外显子 3'- 端再进行多聚腺苷酸化,不进行相邻外显子之间的连接反应 ②剪接是指剪切后又将相邻的外显子片段连接起来
前体 mRNA 分子可发生可变剪接	①许多前体 mRNA 分子经加工只产生一种成熟 mRNA,翻译成相应的一种多肽 ②有些则可剪切或 / 和剪接加工成结构有所不同的 mRNA 的现象称可变剪接,又称选择性剪接(图 3-9),以此提高有限基因数目的利用率,是增加生物蛋白质多样性的机制之一

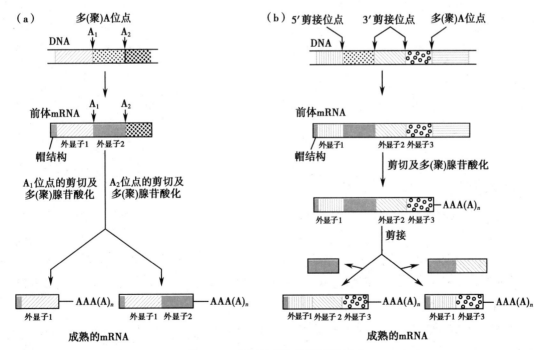

图 3-9　剪切(a)和可变剪接(b)

4）mRNA 编辑：指对基因的编码序列进行转录后加工。有些基因的蛋白质产物的氨基酸序列与基因的初级转录产物序列并不完全对应，mRNA 上的一些序列在转录后发生了改变，称为 RNA 编辑。如人类基因组上只有 1 个载脂蛋白 B 的基因，转录后发生 RNA 编辑，编码产生的 apoB 蛋白有 2 种，一种是 apoB100，由 4 536 个氨基酸残基构成，在肝细胞合成；另一种是 apoB48，含 2 152 个氨基酸残基，由小肠黏膜细胞合成，这两种 apoB 都是由 *ApoB* 基因产生的 mRNA 编码的。

（2）真核前体 rRNA 转录后的加工修饰：真核细胞的 rRNA 基因（rDNA）属于冗余基因族的 DNA 序列，即染色体上一些相似或完全一样的纵列串联基因单位的重复。真核生物基因组的 rRNA 基因中，18S、5.8S 和 28S rRNA 基因是串联在一起的，转录后产生 45S 的转录产物。45S rRNA 是 3 种 rRNA 的前身。

1）45S rRNA 在核仁小 RNA（snoRNA）以及多种蛋白质分子组成的核仁小核糖核蛋白（snoRNP）的介导下，经历 2'-O- 核糖甲基化等化学修饰，这些修饰可能与其后续的加工、折叠和组装后的核糖体功能有关。45S rRNA 经过某些核糖核酸内切酶和核糖核酸外切酶的剪切，去除内含子等序列，而产生成熟的 18S、5.8S 及 28S 的 rRNA（图 3-10）。

2）rRNA 成熟后，就在核仁上装配，与核糖体蛋白质一起形成核糖体，输送到胞质。

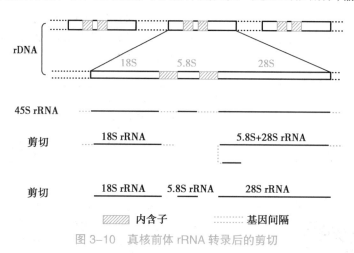

图 3-10　真核前体 rRNA 转录后的剪切

> **ⓘ 提示**
>
> 生长中的细胞其 rRNA 较稳定；静止状态的细胞其 rRNA 寿命较短。

（3）真核前体 tRNA 的加工：以酵母前体 tRNA^Tyr 分子为例，加工主要包括：

1）酵母前体 tRNA^Tyr 分子 5'- 端的 16 个核苷酸前导序列由核糖核酸酶 P（RNase P）切除，核糖核酸酶 P 属于核酶。核酶是具有催化功能的 RNA。

2）氨基酸臂的 3'- 端 2 个 U 被核糖核酸内切酶 RNase Z 切除，有时核糖核酸外切酶 RNase D 等也参与切除过程，然后氨基酸臂的 3'- 端再由核苷酸转移酶加上特有的 CCA

末端。

3）茎环结构中的一些核苷酸碱基经化学修饰为稀有碱基,包括某些嘌呤甲基化生成甲基嘌呤,某些尿嘧啶还原为二氢尿嘧啶(DHU),尿嘧啶核苷转变为假尿嘧啶核苷(φ),某些腺苷酸脱氨成为次黄嘌呤核苷酸(I)等。

4）通过剪接(图 3-11)切除茎环结构中部 14 个核苷酸的内含子。内含子剪切由 tRNA 剪接内切酶完成。切除后的连接反应由 tRNA 连接酶催化。

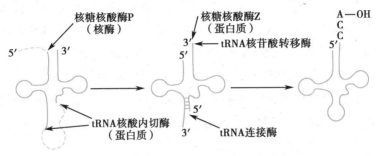

图 3-11 前体 tRNA 的剪接

> **提示**
>
> 前体 tRNA 分子必须折叠成特殊的二级结构,剪接反应才能发生,内含子一般都位于前体 tRNA 分子的反密码子环。

（4）RNA 催化一些内含子的自剪接:RNA 分子催化自身内含子剪接的反应称为自剪接。自身剪接内含子的 RNA 有催化功能,属于核酶。

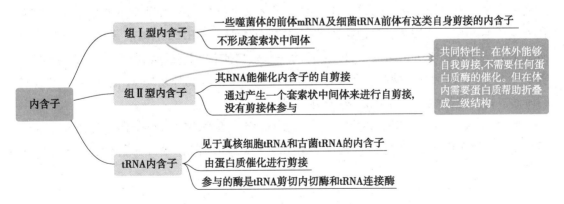

现在发现至少存在有 4 种类型的内含子,它们分别是组 I 型内含子、组 II 型内含子、剪接体内含子和 tRNA 内含子。

需要指出的是,剪接和剪切等 RNA 转录后加工在原核生物细胞内的前体 rRNA、前体 tRNA 等非编码 RNA 中普遍存在,但原核生物细胞内没有剪接体,其编码蛋白质的 mRNA 没有内含子,不进行剪接等转录后加工,也不进行 5'-端"帽"结构和 3'-端多聚腺苷酸尾的添加。

（5）真核 RNA 在细胞内的降解有多种途径：真核细胞的 mRNA 降解途径可分为两类。正常转录物的降解和异常转录物的降解。正常转录物是指细胞产生的有正常功能的 mRNA。异常转录物是细胞产生的一些非正常转录物。

1）依赖于脱腺苷酸化的 mRNA 降解是重要的正常 mRNA 代谢途径

● 依赖于脱腺苷酸化的 mRNA 降解是体内 mRNA 降解的主要方式。多数正常 mRNA 降解过程的第一步是进行脱腺苷酸化反应。脱腺苷酸化反应结束后，脱腺苷酸化酶脱离帽状结构，使脱帽酶能够结合 mRNA 的 5′- 端，从而对 7- 甲基鸟嘌呤帽状结构进行水解。脱腺苷酸化和脱帽反应结束后，mRNA 被 5′→3′ 核酸外切酶识别并水解。也有部分 mRNA 在脱腺苷酸化后不进行脱帽反应，而由 3′→5′ 核酸外切酶识别并水解。

● 除依赖于脱腺苷酸化的 mRNA 降解外，大部分真核细胞内还存在着其他不依赖于脱腺苷酸化的 mRNA 降解途径，比如有少部分 mRNA 可以不经过脱腺苷酸化反应而直接进行脱帽反应。

● 有些 mRNA 也可被核糖核酸内切酶参与的降解途径降解，核糖核酸内切酶识别 mRNA 内部特异序列并对 mRNA 进行切割。

● 其他如微 RNA（microRNA）和 RNA 干扰（RNAi）诱导的 mRNA 降解途径，是细胞内基因表达调控方式之一。

2）无义介导的 mRNA 降解是一种重要的真核生物细胞 mRNA 质量监控机制：细胞在对前体 mRNA 进行剪接加工时，异常的剪接反应会在可读框架内产生无义的终止密码子，常称作提前终止密码子（PTC）。PTC 也可由错误转录或翻译过程中的移码而产生。

● 无义介导的 mRNA 降解通过识别和降解含有 PTC 转录产物防止有潜在毒性的截短蛋白的产生。外显子拼接复合体（EJC）是诱导无义介导的 mRNA 降解的重要因子。如果在外显子 - 外显子的拼接点之前出现 PTC，核糖体会被从 mRNA 上提前释放，这时 PTC 下游的 EJC 仍然保留在 mRNA 上，EJC 结合的一些蛋白质如 UPF3（无义转录物调节因子 3）等诱导 UPF1 的磷酸化。磷酸化的 UPF1 募集脱帽酶 Dcp1a 和外切酶 Xrn1 等，对 mRNA 进行降解。许多遗传性疾病是由出现 PTC 而引起的。

● 除无义介导的 mRNA 降解外，异常转录物尚有无终止密码子引起的 mRNA 降解（NSD 降解）和非正常停滞引起的 mRNA 降解（NGD 降解）及核糖体延伸介导的降解等。

━━━━━━━━━ ◦ 经 典 试 题 ◦ ━━━━━━━━━

（研）1. 原核生物转录起始点上游 -10 区的一致性序列是

　　A. Pribnow 盒　　　　　　　　　　　B. GC 盒

　　C. UAA　　　　　　　　　　　　　　D. TTATTT

（研）2. hnRNA 转变成 mRNA 的过程是

　　A. 转录起始

　　B. 转录终止

　　C. 转录后加工

　　D. 翻译起始

（研）3. 在原核生物转录中，ρ 因子的作用是

　　A. 辨认起始点

　　B. 终止转录

　　C. 参与转录全过程

　　D. 决定基因转录的特异性

（执）4. DNA 分子上能被 RNA 聚合酶特异结合的部位称为

　　A. 外显子

　　B. 增强子

　　C. 密码子

　　D. 终止子

　　E. 启动子

（执）5. 属于顺式作用元件的是

　　A. 转录抑制因子

　　B. 转录激活因子

　　C. 增强子

　　D. ρ 因子

　　E. σ 因子

（研）（6~7 题共用备选答案）

　　A. RNA 聚合酶的 α 亚基

　　B. RNA 聚合酶的 σ 因子

　　C. RNA 聚合酶的 β 亚基

　　D. RNA 聚合酶的 β′ 亚基

　　6. 原核生物中识别 DNA 模板转录起始点的亚基是

　　7. 原核生物中决定转录基因类型的亚基是

【答案与解析】

1. A　2. C　3. B　4. E　5. C　6. B

7. A。解析：$E.coli$ 的 RNA pol 由 5 种亚基 α_2（2 个 α）、β、β′、ω 和 σ 组成的六聚体蛋白质。α 决定哪些基因被转录，β 与转录全过程有关（催化），β′ 结合 DNA 模板（开链），ω 参与 β′ 折叠和稳定性、σ 募集，σ 辨认起始点。故选 A。

◦ 温 故 知 新 ◦

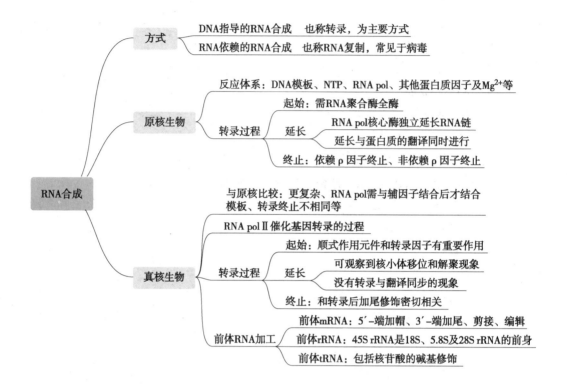

第十四节　蛋白质的合成

一、蛋白质生物合成的概述

1. 蛋白质由基因编码,是遗传信息表达的主要终产物。蛋白质在机体内的合成过程,实际上就是遗传信息从 DNA 经 mRNA 传递到蛋白质的过程,此时 mRNA 分子中的遗传信息被具体地翻译成蛋白质的氨基酸排列顺序,因此这一过程也被称为翻译。从低等生物细菌到高等哺乳动物,蛋白质合成机制高度保守。

2. 参与细胞内蛋白质生物合成的物质除原料氨基酸外,还需要 mRNA 作为模板,tRNA 作为特异的氨基酸"搬运工具",核糖体作为蛋白质合成的装配场所,有关的酶与蛋白质因子参与反应,并且需要 ATP 或 GTP 提供能量。

二、蛋白质生物合成体系

1. mRNA 是蛋白质合成的模板

（1）由 DNA 转录而来的 mRNA 在细胞质内作为蛋白质合成的模板,mRNA 编码区（可读框）中的核苷酸序列作为遗传密码,在蛋白质合成过程中被翻译为蛋白质的氨基酸序列。

（2）遗传密码:在 mRNA 可读框区域,每 3 个相邻的核苷酸为一组,编码一种氨基酸或肽链合成的起始/终止信息,称为密码子,又称三联体密码。如 UUU 是苯丙氨酸的密码子。构成 mRNA 的 4 种核苷酸可产生 64 个密码子,其中的 61 个编码 20 种用于蛋白质合成的氨基酸,另有 3 个（UAA、UAG、UCA）不编码氨基酸,而是作为终止密码子。注意,AUG 不仅代表甲硫氨酸,如位于 mRNA 的翻译起始部位,它还代表肽链合成的起始密码子。遗传密码的特点见表 3–15。

表 3–15 遗传密码的特点

特点	说明
方向性	翻译时的阅读方向只能从 5′ 至 3′,即从 mRNA 的起始密码子 AUG 开始,按 5′ → 3′ 的方向逐一阅读,直至终止密码子。mRNA 可读框中从 5′– 端到 3′– 端排列的核苷酸顺序决定了肽链中从 N– 端到 C– 端的氨基酸排列顺序
连续性	①mRNA 中从起始密码子开始,密码子被连续阅读,直至终止密码子出现 ②若可读框中插入或缺失了非 3 的倍数的核苷酸,则 mRNA 可读框发生移动,称为移码。移码导致后续氨基酸编码序列改变,使得其编码的蛋白质彻底丧失或改变原有功能,称为移码突变。若连续插入或缺失 3 个核苷酸,则只会在多肽链产物中增加或缺失 1 个氨基酸残基,但不会导致可读框移位
简并性	①64 个密码子中有 61 个编码氨基酸,而氨基酸只有 20 种,因此有的氨基酸可由多个密码子编码,这种现象称简并性。如 UUU 和 UUC 是苯丙氨酸的密码子 ②为同一种氨基酸编码的各密码子称为简并性密码子,也称同义密码子。一般同义密码子的前两位碱基相同,仅第三位碱基有差异,即密码子的特异性主要由前两位核苷酸决定
摆动性	密码子通过与 tRNA 的反密码子配对而发挥翻译作用,但这种配对有时并不严格遵循 Watson–Crick 碱基配对原则,出现摆动。如反密码子第 1 位碱基为次黄嘌呤（I）,可与密码子第 3 位的 A、C 或 U 配对
通用性	遗传密码具有通用性,即从低等生物如细菌到人类都使用同一套遗传密码。但通用性不是绝对的

2. tRNA 是氨基酸和密码子之间的特异连接物 tRNA 通过其特异的反密码子与 mRNA 上的密码子相互配对,将其携带的氨基酸在核糖体上准确对号入座。一种氨基酸通常与多种 tRNA 特异结合（与密码子的简并性相适应）,但一种 RNA 只能转运一种特定的氨基酸。

tRNA 的两个重要功能部位:①与氨基酸结合的部位,是 tRNA 氨基酸臂的 –CCA 末端的腺苷酸 3′–OH;②与 mRNA 结合的部位,是 tRNA 反密码环中的反密码子。参与肽链合成的氨基酸需要与相应 RNA 结合,形成各种氨酰 –tRNA,再运载至核糖体,通过其反密码子与 mRNA 中对应的密码子互补结合,从而按照 RNA 的密码子顺序依次加入氨基酸。

3. 核糖体是蛋白质合成的场所 合成肽链时 mRNA 与 tRNA 的相互识别、肽键形成、肽链延长等过程全部在核糖体上完成。核糖体沿模板 mRNA 链从 5′– 端向 3′– 端移动时,携带各种氨基酸的 tRNA 分子依据密码子与反密码子配对关系快速进出其中,为延长肽链提供氨基酸原料。肽链合成完毕,核糖体立刻离开 mRNA 分子。

原核生物和真核生物的核糖体上重要功能部位均有 A 位、P 位、E 位。A 位结合氨酰 -tRNA,称为氨酰位;P 位结合肽酰 -tRNA,称为肽酰位;E 位释放已经卸载了氨基酸的 tRNA,称排出位(图 3-12)。

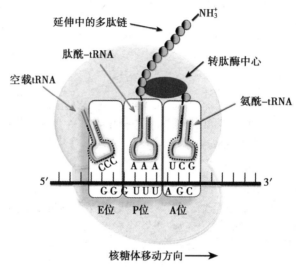

图 3-12 核糖体在翻译中的功能部位

4. **多种酶类和蛋白质因子参与蛋白质合成** 蛋白质合成需要 ATP 或 GTP 供能,Mg^{2+}、肽酰转移酶、氨酰 -tRNA 合成酶等多种分子参与。此外,起始、延长及终止各阶段还需起始因子(IF)、延长因子(EF)和终止因子[又称释放因子(RF)]等因子参与,见表 3-16、表 3-17。

表 3-16 原核生物肽链合成所需要的蛋白质因子

	种类	生物学功能
起始因子	IF1	占据核糖体 A 位,防止 tRNA 过早结合于 A 位
	IF2	促进 fMet-tRNA^{fMet} 与小亚基结合
	IF3	防止大、小亚基过早结合;增强 P 位结合 fMet-tRNA^{fMet} 的特异性
延长因子	EF-Tu	促进氨酰 -tRNA 进入 A 位,结合并分解 GTP
	EF-Ts	ER-Tu 的调节亚基
	EF-G	有转位酶活性,促进 mRNA- 肽酰 -tRNA 由 A 位移至 P 位,促进 tRNA 卸载与释放
释放因子	RF1	特异识别终止密码 UAA 或 UAG;诱导肽酰转移酶转变为酯酶
	RF2	特异识别终止密码 UAA 或 UGA;诱导肽酰转移酶转变为酯酶
	RF3	具有 GTPase 活性,当新合成肽链从核糖体释放后,促进 RF1 或 RF2 与核糖体分离

表 3-17 真核生物肽链合成所需要的蛋白质因子

种类	生物学功能
起始因子	
eIF1	结合于小亚基的 E 位,促进 eIF2-tRNA-GTP 复合物与小亚基相互作用
eIF1A	原核 IF1 的同源物,防止 tRNA 过早结合于 A 位
eIF2	具有 GTPase 活性,促进起始 Met-tRNA^{Met} 与小亚基结合
eIF2B, eIF3	最先与小亚基结合的起始因子;促进后续步骤的进行
eIF4A	eIF4F 复合物成分,有 RNA 解螺旋酶活性,解开 mRNA 二级结构,使其与小亚基结合
eIF4B	结合 mRNA,促进 mRNA 扫描定位起始密码 AUG
eIF4E	eIF4F 复合物成分,结合于 mRNA 的 5′- 帽结构
eIF4G	eIF4F 复合物成分,结合 eIF4E 和 poly(A)结合蛋白质(PABP)
eIF4F	包含 eIF4A、eIF4E、eIF4G 的复合物
eIF5	促进各种起始因子从小亚基解离,从而使大、小亚基结合
eIF5B	具有 GTPase 活性,促进各种起始因子从小亚基解离,从而使大、小亚基结合
延长因子	
eEF1α	与原核 EF-Tu 功能相似
eEF1βγ	与原核 EF-Ts 功能相似
eEF2	与原核 EF-G 功能相似
释放因子	
eRF	识别所有终止密码子

三、氨基酸与 tRNA 的连接

氨基酸与特异的 tRNA 结合形成氨酰 -tRNA 的过程称为氨基酸的活化,是由氨酰 -tRNA 合成酶催化的耗能反应。

1. 氨酰 -tRNA 合成酶识别特定氨基酸和 tRNA　mRNA 密码子与 tRNA 反密码子间的识别主要由 tRNA 决定,而与氨基酸无关。因此氨基酸与 tRNA 连接的准确性是正确合成蛋白质的关键,取决于氨酰 -tRNA 合成酶,该酶对底物氨基酸和 RNA 都有高度特异性。

在组成蛋白质的常见 20 种氨基酸中,除赖氨酸有两种氨酰 -tRNA 合成酶与其对应,其他氨基酸各自对应一种氨酰 -RNA 合成酶,另外还有识别磷酸化丝氨酸和吡咯酪氨酸的氨酰 -tRNA 合成酶。

每个氨基酸活化为氨酰 -tRNA 时,需消耗 2 个来自 ATP 的高能磷酸键,其总反应式如下:

$$\text{氨基酸} + \text{tRNA} + \text{ATP} \xrightarrow[\text{Mg}^{2+}]{\text{氨酰 -tRNA 合成酶}} \text{氨酰 -tRNA} + \text{AMP} + \text{PPi}$$

氨酰 –tRNA 合成酶还有校对活性,能将错误结合的氨基酸水解释放,再换上正确的氨基酸,以改正合成过程出现的错配,从而保证氨基酸和 tRNA 结合反应的误差小于 10^{-4}。

2. 肽链合成的起始需要特殊的起始氨酰 –tRNA　从遗传密码表中可见,编码甲硫氨酸的密码子在原核生物与真核生物中同时又作为起始密码子。尽管都携带着甲硫氨酸,但结合在起始密码子处的氨酰 –tRNA,与结合可读框内部甲硫氨酸密码子的氨酰 –tRNA 在结构上是有差别的。结合于起始密码子的属于专门的起始氨酰 –tRNA,在原核生物为 fMet–tRNA^{fMet},其中的甲硫氨酸被甲酰化,成为 N– 甲酰甲硫氨酸(fMet);在真核生物,具有起始功能的是 tRNA$_i^{Met}$,它与甲硫氨酸结合后,可以在 mRNA 的起始密码子 AUG 处就位,参与形成翻译起始复合物。Met–tRNA$_i^{Met}$ 和 Met–tRNA^{Met} 可分别被起始或延长过程起催化作用的酶和蛋白质因子识别。

四、肽链的合成过程

翻译过程包括起始、延长和终止三个阶段。真核生物的肽链合成过程与原核生物的基本相似,只是反应更复杂,涉及的蛋白质因子更多。

1. 翻译起始复合物的装配　翻译的起始是指 mRNA、起始氨酰 –tRNA 分别与核糖体结合而形成翻译起始复合物的过程。

(1)原核生物翻译起始复合物的形成(图 3–13):需要 30S 小亚基、mRNA、fMet–tRNA^{fMet} 和 50S 大亚基,还需要 3 种 IF、GTP 和 Mg^{2+}。其主要步骤如下。

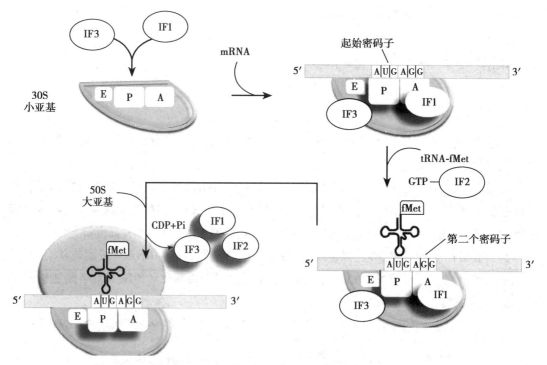

图 3–13　原核生物翻译起始复合物的装配

1）核糖体大小亚基分离：完整核糖体在 IF 的帮助下，大、小亚基解离，为结合 mRNA 和 fMet–tRNA^{fMet} 做好准备。IF 的作用是稳定大、小亚基的分离状态。

2）mRNA 与核糖体小亚基结合：小亚基与 mRNA 结合时，可准确识别可读框的起始密码子 AUG，而不会结合内部的 AUG，从而正确翻译蛋白质。其机制是 mRNA 起始密码子 AUG 上游存在一段被称为核糖体结合位点（RBS）的序列，该序列距 AUG 上游约 10 个核苷酸处通常为 –AGGAGG–（也称 Shine-Dalgarno 序列，S–D 序列），可被 16S rRNA 通过碱基互补而精确识别，从而将小亚基定位于 mRNA。

3）fMet–tRNA^{fMet} 结合在核糖体 P 位：fMet–tRNA^{fMet} 与结合了 GTP 的 IF2 一起，识别并结合对应于小亚基 P 位的 mRNA 的 AUG 处。此时，A 位被 IF1 占据，不与任何氨酰 –tRNA 结合。

4）翻译起始复合物形成：结合于 IF2 的 GTP 被水解，释放的能量促使 3 种 IF 释放，大亚基与结合了 mRNA、fMet–tRNA^{fMet} 的小亚基结合，形成由完整核糖体、mRNA、fMet–tRNA^{fMet} 组成的翻译起始复合物。

提示

在肽链合成过程中，新的氨酰 –tRNA 首先进入 A 位，形成肽键后移至 P 位。但在翻译起始复合物装配时，结合起始密码子的 fMet–tRNA^{fMet} 是直接结合于核糖体的 P 位，A 位空留，且对应于 AUG 后的密码子，为下一个氨酰 –tRNA 的进入及肽链延长做好准备。

（2）真核生物翻译起始复合物的形成

1）43S 前起始复合物的形成：多种起始因子与核糖体小亚基结合，其中 eIF1A 和 eIF3 与原核起始因子 IF1 和 IF3 功能相似，可阻止 tRNA 结合 A 位，并防止大亚基和小亚基过早结合。eIF1 结合于 E 位，GTP–eIF2 与起始氨酰 –tRNA 结合，随后 eIF5 和 eIF5B 加入，形成 43S 的前起始复合物。

2）mRNA 与核糖体小亚基结合：mRNA 与 43S 前起始复合物的结合由 eIF4F 复合物介导。eIF4F 由 eIF4E（结合 mRNA5′– 帽）、eIF4A（具 ATPase 及 RNA 解旋酶活性）和 eIF4G 组成（结合 eIF3、eIF4E 和 PABP）。

3）核糖体大亚基的结合：mRNA 与 43S 前起始复合物及 eIF4F 复合物结合后产生 48S 起始复合物，此复合物从 mRNA5′– 端向 3′– 端扫描起始并定位起始密码子，随后大亚基加入，起始因子释放，翻译起始复合物形成。

此过程需 eIF5 和 eIF5B 参与，eIF5 促使 eIF2 发挥 GTPase 活性，水解与之结合的 GTP 生成 eIF2–GDP，使得 eIF2–GDP 与起始 RNA 的亲和力减弱。eIF5B 是原核 IF2 的同源物，通过水解与之结合的 GTP，促进 eIF2–GDP 与其他起始因子解离。

提示

　　真核生物翻译起始复合物的装配所需起始因子的种类更多,装配过程更复杂,且 mRNA 的 5′- 帽和 3′- 多聚（A）尾均为正确起始所必需。起始氨酰 -tRNA 先于 mRNA 结合于小亚基,与原核生物的装配顺序不同。

　　2. 肽链延长　由在核糖体上重复进行的三步反应完成。翻译起始复合物形成后,核糖体从 mRNA 的 5′- 端向 3′- 端移动,依密码子顺序,从 N- 端开始向 C- 端合成多肽链。这是一个在核糖体上重复进行的进位、成肽和转位的过程,每循环 1 次,肽链上即增加 1 个氨基酸残基,需要 mRNA、tRNA、核糖体、数种延长因子以及 GTP 等参与。原核生物与真核生物的肽链延长过程基本相似,只是反应体系和延长因子不同,原核生物的肽链延长过程如下。

　　（1）进位: 指氨酰 -tRNA 按照 mRNA 模板的指令进入核糖体 A 位的过程,又称注册。翻译起始复合物中的 A 位是空闲的,并对应着可读框的第二个密码子,进入 A 位的氨酰 -tRNA 种类即由该密码子决定。氨酰 -tRNA 先与 GTP-EF-Tu 结合成一复合物,然后进入 A 位,GTP 随之水解,EF-Tu-GDP 从核糖体释放。GTP-EF-Tu 又可循环生成。核糖体对氨酰 -tRNA 的进位有校正作用。错误的氨酰 -tRNA 因反密码子 - 密码子不能配对结合而从 A 位解离。这是维持肽链生物合成的高度保真性的机制之一。

　　（2）成肽: 指核糖体 A 位和 P 位上的 tRNA 所携带的氨基酸缩合成肽的过程。在起始复合物中,P 位上起始 tRNA 所携带的甲酰甲硫氨酸与 A 位上新进位的氨酰 tRNA 的 α- 氨基缩合形成二肽。第一个肽键形成后,二肽酰 -tRNA 占据核糖体 A 位,而卸载了氨基酸的 tRNA 仍在 P 位。成肽过程由肽酰转移酶催化,该酶的化学本质不是蛋白质,而是 RNA,在原核生物为 23S rRNA,在真核生物为 28S rRNA。因此肽酰转移酶属于一种核酶。

　　（3）转位: 成肽反应后,核糖体需向 mRNA 的 3′- 端移动一个密码子的距离,方可阅读下一个密码子,此过程为转位。转位需延长因子 EF-G（即转位酶）,并需 GTP 水解供能。转位的结果是:

　　1）P 位上的 tRNA 所携带的氨基酸或肽在成肽后交给 A 位上的氨基酸,P 位上卸载的 tRNA 转位后进入 E 位,然后从核糖体脱落。

　　2）成肽后位于 A 位的肽酰 -tRNA 移动到 P 位。

　　3）A 位得以空出,且准确定位在 mRNA 的下一个密码子,以接受下一个氨酰 -tRNA 进位。

 提示

　　在核糖体上重复进行的进位、成肽、转位来延长肽链,路径为 A 位→ P 位→ E 位。

在蛋白质合成过程中，每生成 1 个肽键，至少需消耗 4 个高能磷酸键：即氨基酸活化时消耗 2 个高能键，进位、转位各消耗 1 个高能键。若出现不正确氨基酸进入肽链，也需要消耗能量来水解清除。

3. 肽链合成停止　终止密码子和释放因子（RF）参与完成。

（1）原核生物

1）终止密码子：肽链上每增加一个氨基酸残基，就需要进行一次核糖体循环（进位、成肽和转位），如此往复，直到核糖体的 A 位与 mRNA 的终止密码子对应。终止密码子不被任何氨酰 –tRNA 识别，只有 RF 能识别终止密码子而进入 A 位，这一过程需要水解 GTP。RF 的结合可触发核糖体构象改变，将肽酰转移酶转变为酯酶，水解 P 位上肽酰 –tRNA 中肽链与 tRNA 之间的酯键，新生肽链随之释放，mRNA、tRNA、RF 从核糖体脱离，核糖体大小亚基分离。

2）释放因子：原核生物有 3 种 RF。RF1 特异识别 UAA、UAG，RF2 特异识别 UAA、UGA，RF3 具有 GTPase 活性，当新生肽链从核糖体释放后，可促进 RF1、RF2 与核糖体分离。

（2）真核生物：仅有一种释放因子 eRF，3 种终止密码子均可被其识别。

无论在原核细胞还是真核细胞，1 条 mRNA 模板链上都可附着 10~100 个核糖体，形成多聚核糖体，可使肽链合成高速度、高效率进行。

> ⓘ 提示
>
> 　　原核生物的转录和翻译过程紧密偶联，转录未完成时已有核糖体结合于 mRNA 分子的 5′- 端开始翻译。真核生物的转录发生在细胞核，翻译在细胞质，分隔进行。

五、蛋白质合成后的加工

新生肽链并不具有生物活性，它们必须正确折叠形成具有生物活性的三维空间结构，有的还需形成二硫键，有的需通过亚基聚合形成具有四级结构的蛋白质。此外，许多蛋白质在翻译后还需经过水解作用切除一些肽段或氨基酸，或对某些氨基酸残基的侧链基团进行化学修饰等，才能成为有活性的成熟蛋白质，这一过程称为翻译后加工。蛋白质合成后需被输送到合适的亚细胞部位才能行使各自的生物学功能，即通过蛋白质靶向输送。

1. 分子伴侣，新生肽链折叠需要　细胞中大多数天然蛋白质折叠并不是自发完成的，其折叠过程需要其他酶或蛋白质的辅助，这些辅助性蛋白质可以指导新生肽链按特定方式正确折叠，它们被称为分子伴侣，原核生物和真核生物都存在多种类型的分子伴侣（表 3–18）。

表 3-18 分子伴侣

名称	特点
热激蛋白（Hsp70）	①因其分子量接近 70kD 而得名，高温刺激可诱导其合成。在蛋白质翻译后加工过程中，Hsp70 可促进需折叠的肽链折叠为有天然构象的蛋白质 ②人热激蛋白家族可存在于细胞质、内质网腔、线粒体、细胞核等部位，发挥多种细胞保护功能，如使线粒体和内质网蛋白质以未折叠状态转运和跨膜；避免蛋白质变性后因疏水基团暴露而发生不可逆聚集；清除变性或错误折叠的肽链中间物等
伴侣蛋白	主要作用是为非自发性折叠肽链提供正确折叠的微环境，如大肠埃希菌 GroEL 和 GroES

异构酶可帮助细胞内新生肽链折叠为功能蛋白质：①蛋白质二硫键异构酶，帮助肽链内或肽链间二硫键的正确形成；②肽脯氨酰基顺 – 反异构酶，可使肽链在各脯氨酸残基弯折处形成正确折叠。

2. 肽链水解，产生有活性的蛋白质或多肽 新生多肽链的有限水解，属于蛋白质的一级结构修饰，是一种最常见的翻译后加工形式，几乎所有成熟的多肽链都要经过这种形式的加工。

（1）N- 端水解：新生肽链 N- 端的甲硫氨酸残基，在肽链离开核糖体后，大部分即由特异的蛋白水解酶切除。原核生物中约半数成熟蛋白质的 N- 端经脱甲酰基酶切除 N- 甲酰基而保留甲硫氨酸，另一部分被氨基肽酶水解而去除 N- 甲酰甲硫氨酸。真核生物 N- 端的信号肽在蛋白质成熟过程中需被切除。

（2）C- 端水解：C- 端的氨基酸残基也需被酶切除，从而使蛋白质呈现特定功能。

（3）水解切除部分肽段：初合成的分子量较大，没有活性的前体分子如胰岛素原、胰蛋白酶等，需经水解作用切除部分肽段，才能成为有活性的蛋白质分子或功能肽。

（4）有些多肽链经水解可以产生数种小分子活性肽。

3. 氨基酸残基的化学修饰，改变蛋白质活性 体内常见的化学修饰（表 3-19）均为酶促反应，蛋白激酶、糖基转移酶、羟化酶、甲基转移酶等都在这一过程中发挥重要作用。

表 3-19 体内常见的化学修饰

化学修饰类型	被修饰的氨基酸残基
磷酸化	丝氨酸、苏氨酸、酪氨酸
N- 糖基化	天冬酰胺
O- 糖基化	丝氨酸、苏氨酸
羟基化	脯氨酸、赖氨酸
甲基化	赖氨酸、精氨酸、组氨酸、天冬酰胺、天冬氨酸、谷氨酸
乙酰化	赖氨酸、丝氨酸
硒化	半胱氨酸

4. <u>亚基聚合,形成具有四级结构的活性蛋白质</u>　在生物体内,许多具有特定功能的蛋白质由 2 条以上肽链构成,各肽链之间通过<u>非共价键或二硫键维持一定空间构象</u>,有些还需与<u>辅基聚合</u>才能形成具有活性的蛋白质。

 提示

> 由蛋白质错折叠引起的疾病称为蛋白质错折叠病,如阿尔茨海默病等。

5. 蛋白质合成后被靶向输送至细胞特定部位

（1）蛋白质在细胞质合成后,还必须被靶向输送至其发挥功能的亚细胞区域或分泌到细胞外。所有需靶向输送的蛋白质,其一级结构都存在分拣信号,可引导蛋白质转移到细胞的特定部位。这类分拣信号（表 3-20）又称信号序列,是决定蛋白质靶向输送特性的最重要结构。有的信号序列存在于肽链的 N- 端,有的在 C- 端,有的在肽链内部;有的输送完成后切除,有的保留。

表 3-20　蛋白质的亚细胞定位分拣信号

蛋白质种类	信号序列
分泌蛋白质和膜蛋白	信号肽
质核蛋白质	核定位序列
内质网蛋白质	内质网滞留信号
核基因组编码的线粒体蛋白质	线粒体前导肽
溶酶体蛋白质	溶酶体靶向信号

（2）有的蛋白质在合成过程中已开始靶向输送,而另一些蛋白质的靶向输送是从核糖体上释放才开始的。

（3）蛋白质的靶向输送

1）分泌蛋白质在内质网加工及靶向输送

分泌蛋白质的合成及转运机制为:①在游离核糖体上,信号肽因位于肽链 N- 端而首先被合成,随后被信号识别颗粒（SRP）识别并结合,SRP 随即结合到核糖体上;②内质网膜上有 SRP 的受体（亦称 SRP 对接蛋白）,借此受体,SRP- 核糖体复合物被引导至内质网膜上;③在内质网膜上,肽转位复合物形成跨内质网膜的蛋白质通道,合成中的肽链穿过内质网孔进入内质网;④SRP 脱离信号肽和核糖体,肽链继续延长直至完成;⑤信号肽在内质网内被信号肽酶切除;⑥肽链在内质网中折叠形成最终构象,随内质网膜 "出芽" 形成的囊泡转移至高尔基复合体,最后在高尔基复合体中被包装进分泌小泡,转运至细胞膜,再分泌到细胞外。

2）内质网蛋白质的 C- 端含有滞留信号序列

● 内质网中含有多种帮助新生肽链折叠成天然构型的蛋白质,如分子伴侣等。这些需要停留在内质网中执行功能的蛋白质,先经粗面内质网上附着的核糖体合成并进入内质网腔,然后随囊泡输送至高尔基复合体。

● 内质网蛋白肽链的 C- 端含有内质网滞留信号序列,它们被输送到高尔基复合体后,可通过这一滞留信号与内质网上相应受体结合,随囊泡输送回内质网。

3)大部分线粒体蛋白质在细胞质合成后靶向输入线粒体

● 定位于线粒体基质的蛋白质,其前体分子的 N- 端包含前导肽序列,由 20~35 个氨基酸残基组成,富含丝氨酸、苏氨酸及碱性氨基酸。

这类蛋白质的靶向输送过程是:①新合成的线粒体蛋白质与热激蛋白或线粒体输入刺激因子结合,以稳定的未折叠形式转运至线粒体外膜;②通过前导肽序列识别与线粒体外膜的受体复合物结合;③在热激蛋白水解 ATP 和跨内膜电化学梯度的动力共同作用下,蛋白质穿过由外膜转运体和内膜转运体共同构成的跨膜蛋白质通道,进入线粒体基质;④蛋白质前体被蛋白酶切除前导肽序列,在分子伴侣作用下折叠成有功能构象的蛋白质。

● 输送到线粒体内膜和膜间隙的蛋白质除了上述前导肽外,还另有一段信号序列,其作用是引导蛋白质从基质输送到线粒体内膜或穿过内膜进入膜间隙。

4)质膜蛋白质由囊泡靶向输送至细胞膜:定位于细胞质膜的蛋白质,其靶向跨膜机制与分泌蛋白质相似。不过,跨膜蛋白质的肽链并不完全进入内质网腔,而是锚定在内质网膜上,通过内质网膜"出芽"方式形成囊泡。随后,跨膜蛋白质随囊泡转移至高尔基复合体进行加工,再随囊泡转运至细胞膜,最终与细胞膜融合而构成新的质膜。

5)核蛋白质由核输入因子运载经核孔入核:核蛋白质的靶向输送还需要多种蛋白质的参与,如核输入因子 α 和 β、Ras 相关核蛋白质(Ran)等。核输入因子 α 和 β 形成异二聚体,识别并结合核蛋白质的核定位序列(NLS)序列。

核蛋白质的靶向输送基本过程是:①在细胞质合成的核蛋白质与核输入因子结合形成复合物后被导向核孔;②具有 GTPase 活性的 Ran 蛋白水解 GTP 释能,核蛋白质 – 核输入因子复合物通过耗能机制经核孔进入细胞核基质;③核输入因子 β 和 α 先后从上述复合物中解离,移出核孔后可被再利用,核蛋白质定位于细胞核内。

六、蛋白质生物合成的干扰和抑制

1. 许多抗生素通过抑制蛋白质合成发挥作用 常用抗生素抑制肽链合成的原理及应用见表 3–21。

表 3-21　常用抗生素抑制肽链合成的原理及应用

表 3-21　常用抗生素抑制肽链合成的原理及应用

抗生素	作用位点	作用原理	应用
伊短菌素	原核、真核核糖体的小亚基	阻碍翻译起始复合物的形成	抗病毒药
四环素	原核核糖体的小亚基	抑制氨酰-tRNA 与小亚基结合	抗菌药
链霉素、新霉素、巴龙霉素	原核核糖体的小亚基	引起读码错误；抑制起始	抗菌药
氯霉素、林可霉素、红霉素	原核核糖体的大亚基	抑制肽酰转移酶，阻断肽链延长	抗菌药
放线菌酮	真核核糖体的大亚基	抑制肽酰转移酶，阻断肽链延长	医学研究
嘌呤霉素	原核、真核核糖体	使肽酰基转移到它的氨基上，肽链脱落	抗肿瘤药
夫西地酸、微球菌素	原核延长因子 EF-G	阻止转位	抗菌药
大观霉素	原核核糖体的小亚基	阻止转位	抗菌药

ⓘ 提示

　　只对原核细胞蛋白质合成有作用的药物，可以作为抗菌药。针对真核细胞蛋白质合成的抗生素则可能作为抗肿瘤药物。

　　2. 某些毒素抑制真核生物的蛋白质合成

（1）白喉毒素：是真核细胞蛋白质合成的抑制剂，它作为一种修饰酶，可使 eEF2 发生 ADP-核糖基化修饰，生成 eEF2-腺苷二磷酸核糖衍生物，使 eEF2 失活，从而抑制蛋白质的合成。

（2）蓖麻毒蛋白：由 A、B 两条肽链组成，两链间由二硫键连接。A 链是一种蛋白酶，可作用于真核生物核糖体大亚基的 28S rRNA，使其降解而致大亚基失活。B 链对 A 链发挥毒性起促进作用，B 链上的半乳糖结合位点也是蓖麻毒蛋白发挥毒性作用的活性部位。

◦ 经 典 试 题 ◦

（研）1. 能促使蛋白质多肽链折叠成天然构象的蛋白质有

　　A. 解螺旋酶　　　　　　　　　　B. 拓扑酶

　　C. 热激蛋白 70　　　　　　　　　D. 伴侣蛋白

（研）2. 对真核和原核生物翻译过程均有干扰作用，故难用作抗菌药物的是

　　A. 四环素　　　　　　　　　　　B. 链霉素

　　C. 卡那霉素　　　　　　　　　　D. 嘌呤霉素

（研）3. 下列因子中不参与原核生物翻译过程的是

A. IF
B. EF1
C. EFT
D. RF

（执）4. 遗传密码的简并性是指

　　A. 蛋氨酸密码可作起始密码

　　B. 一个密码子可代表多个氨基酸

　　C. 多个密码子可代表同一氨基酸

　　D. 密码子与反密码之间不严格配对

　　E. 所有生物可使用同一套密码

【答案】

1. CD　2. D　3. B　4. C

○● 温 故 知 新 ●○

合成体系
　模板：mRNA
　　　AUG代表甲硫氨酸，位于翻译起始时还表示起始密码子
　　　编码区的核苷酸序列作为遗传密码
　　　遗传密码特点：方向性、连续性、简并性、摆动性和通用性
　tRNA：是氨基酸和密码子之间的特异连接物
　场所：核糖体　　重要功能部位有A位氨酰位、P位肽酰位、E位排出位
　其他：需多种酶类和蛋白质因子参与

氨酰-tRNA的形成
　即氨基酸的活化，由氨酰-tRNA合成酶催化
　起始氨酰-tRNA
　　原核生物：fMet-tRNA^fMet
　　真核生物：tRNA_i^Met

蛋白质的合成

肽链合成
　翻译起始复合物的装配
　　原核生物
　　　①核糖体大小亚基分离
　　　②mRNA与核糖体小亚基结合
　　　③fMet-tRNA^fMet结合在核糖体P位
　　　④翻译起始复合物形成
　　真核生物
　　　①43S前起始复合物的形成
　　　②mRNA与核糖体小亚基结合
　　　③核糖体大亚基的结合
　肽链延长　重复进位、成肽、转位的三步反应
　合成停止　需终止密码子和释放因子（RF）参与

合成后的加工　分子伴侣、肽链水解、氨基酸残基的化学修饰、亚基聚合

干扰和抑制
　许多抗生素通过抑制蛋白质合成发挥作用　如四环素、链霉素等
　某些毒素抑制真核生物的蛋白质合成　如白喉毒素、蓖麻毒蛋白

第十五节　基因表达调控

一、基因表达调控的概述

1. 基因表达及调控的概念（原理）和意义

（1）基因表达：就是基因转录及翻译的过程，也是基因所携带的遗传信息表现为表型的过程，包括基因转录成互补的 RNA 序列，对于蛋白质编码基因，mRNA 继而翻译成多肽链，并装配加工成最终的蛋白质产物。在一定调节机制控制下，基因表达通常经历转录和翻译过程，产生具有特异生物学功能的蛋白质分子，赋予细胞或个体一定的功能或形态表型。

并非所有基因表达过程都产生蛋白质。rRNA、tRNA 编码基因转录产生 RNA 的过程也属于基因表达。基因表达水平的高低不是固定不变的。

在某一特定时期或生长阶段，基因组中只有小部分基因处于表达状态。生物体中具有某种功能的基因产物在细胞中的数量会随时间、环境而变化。

（2）基因表达调控：指细胞或生物体在接受内、外环境信号刺激时或适应环境变化的过程中在基因表达水平上做出应答的分子机制，即位于基因组内的基因如何被表达成为有功能的蛋白质（或 RNA），在什么组织表达，什么时候表达，表达多少等。

2. 基因表达的时空性（表 3-22）

表 3-22　基因表达的时空性

鉴别要点	时间特异性	空间特异性
含义	指基因表达按一定的时间顺序发生	指多细胞生物个体在特定生长发育阶段，同一基因在不同的组织、器官表达不同
举例	编码甲胎蛋白（α-AFP）的基因在胎儿肝细胞中活跃表达，合成大量甲胎蛋白；在成年后表达水平很低，故几乎检测不到 AFP。肝癌时该基因又重新被激活，故血浆 AFP 水平可作为肝癌早期诊断的一个重要指标	编码胰岛素的基因只在胰岛的 β 细胞中表达，从而指导生成胰岛素；编码胰蛋白酶的基因在胰岛细胞中几乎不表达，而在胰腺腺泡细胞中有高水平的表达
说明	多细胞生物从受精卵发育为一个成熟个体，经历很多不同的发育阶段，各阶段表现为与分化、发育阶段一致的时间性。多细胞生物基因表达的时间特异性又称阶段特异性	基因表达的空间特异性又称细胞特异性或组织特异性

3. 基因表达方式的多样性

（1）基因的组成性表达：有些基因在一个生物个体的几乎所有细胞中持续表达，不易受环境条件的影响,或称基本表达,这些基因通常被称为管家基因,如催化三羧酸循环途径各阶段反应的酶的编码基因。管家基因的表达水平受环境因素影响较小,而是在生物体各个生长阶段的大多数或几乎全部组织中持续表达,或变化很小。我们将这类基因表达称为基本(或组成性)基因表达。

基本基因表达只受启动子和 RNA 聚合酶等因素的影响,而基本不受其他机制调节。基本基因表达水平并非绝对"一成不变",所谓"不变"是相对的。

(2)基因表达的诱导与阻遏:在特定环境信号刺激下,相应基因被激活,基因表达产物增加,即这种基因表达是可诱导的,可诱导基因在一定的环境中表达增强的过程称为诱导。如果基因对环境信号应答时被抑制,这种基因称为可阻遏基因。可阻遏基因表达产物水平降低的过程称为阻遏。

> **ⓘ 提示**
>
> 诱导和阻遏是同一事物的两种表现形式,在生物界普遍存在,也是生物体适应环境的基本途径。

(3)生物体内不同基因的表达受到协调调节:参与同一代谢途径的酶及转运蛋白等的编码基因被统一调节,使所有蛋白质(包括酶)分子比例适当,以确保代谢途径有条不紊地进行。在一定机制控制下,功能上相关的一组基因,无论其为何种表达方式,均需协调一致、共同表达,即为协同表达。这种调节称为协同调节。基因的协调表达体现在生物体的生长发育全过程。

4. 基因表达受调控序列和调节分子(表 3-23)共同调节

表 3-23 调控序列和调节分子

项目	调控序列	调节分子
含义	一个生物体的基因组中既有携带遗传信息的基因编码序列,也有能影响基因表达的调控序列。调控序列与被调控的编码序列位于同一条 DNA 链上,也被称为顺式作用元件或顺式调节元件	①一些调控基因远离被调控的编码序列,实际上是其他分子的编码基因,只能通过其表达产物来发挥作用。这类调控基因产物称为调控蛋白。调节蛋白既能对处于同一条 DNA 链上结构基因的表达进行调控,还能对不在一条 DNA 链上的结构基因的表达起同样作用。故这些蛋白质分子又被称为反式作用因子 ②一类调控基因的产物为调节 RNA
调节方式	—	①反式作用因子以特定方式识别和结合在顺式作用元件上,实施精确的基因表达调控 ②调节 RNA 可以不同的作用方式对基因表达进行精细调节

5. 基因表达调控呈现多层次和复杂性

（1）基因：遗传信息以基因的形式贮存于 DNA 分子中，因此基因组 DNA 的部分扩增可影响基因表达。为适应某种特定需要而进行的 DNA 重排，及 DNA 甲基化等均可在遗传信息水平上影响基因表达。

（2）转录：遗传信息经转录由 DNA 传递给 RNA 的过程是基因表达调控最重要、最复杂的一个层次。在真核细胞，初始转录产物需经转录后加工修饰才能成为有功能的成熟 RNA，并由细胞核转运至细胞质，对这些转录后加工修饰以及转运过程的控制也是调节某些基因表达的重要方式。以 miRNA 为代表的非编码 RNA 对基因表达调控的作用也日益受到重视。转录起始是基因表达的基本控制点。

（3）翻译：蛋白质生物合成是基因表达的最后一步，影响其合成的因素同样也能调节基因表达。并且，翻译与翻译后加工可直接快速地改变蛋白质的结构与功能，故对此过程的调控是细胞对外环境变化或某些特异刺激应答时的快速反应机制。

二、原核基因表达调控

1. 操纵子 是原核基因转录调控的基本单位，其组成见表 3-24。

表 3-24 操纵子的组成

名称	功能
结构基因	通常包括数个功能上有关联的基因，它们串联排列，共同构成编码区。这些结构基因共用一个启动子和一个转录终止信号序列，因此转录合成时仅产生一条 mRNA 长链，为几种不同的蛋白质编码。这样的 mRNA 分子携带了几条多肽链的编码信息，被称为多顺反子 mRNA
调控序列	
启动子	①是 RNA 聚合酶结合的部位，是决定基因表达效率的关键元件。原核基因启动序列特定区域内，通常在转录起始点上游 –10 及 –35 区域存在一些相似序列，称为共有序列；如 *E.coli* 及一些细菌的 –10 区域是 TATAAT，又称 Pribnow 盒，–35 区域为 TTGACA ②共有序列的任一碱基突变或变异都会影响 RNA 聚合酶与启动子的结合及转录起始。故共有序列决定启动子的转录活性大小
操纵元件	①是一段能被特异的阻遏蛋白识别和结合的 DNA 序列。操纵元件的 DNA 序列常与启动子交错、重叠，它是阻遏蛋白的结合位点 ②操纵序列结合阻遏蛋白时，会阻碍 RNA 聚合酶与启动子的结合，或使 RNA 聚合酶不能沿 DNA 向前移动阻遏转录，介导负性调节
特异 DNA 序列	可结合激活蛋白，结合后 RNA 聚合酶活性增强，使转录激活，介导正性调节
调节基因	编码能够与操纵元件结合的阻遏蛋白。阻遏蛋白可以识别、结合特异的操纵元件，抑制基因转录，故介导负性调节

（1）调控蛋白质：①特异因子，决定 RNA 聚合酶对一个或一套启动序列的特异性识别和结合能力。②激活蛋白，可结合启动子邻近的 DNA 序列，提高 RNA 聚合酶与启动序列的结合能力，从而增强 RNA 聚合酶的转录活性，是一种正性调控，如分解（代谢）物基因激活蛋白（CAP）。

（2）阻遏蛋白、特异因子和激活蛋白等原核调控蛋白都是一些 DNA 结合蛋白。凡能诱导基因表达的分子称诱导剂，凡能阻遏基因表达的分子称阻遏剂。

2. 乳糖操纵子是典型的诱导型调控　*E.coli* 乳糖代谢酶基因的表达特点：环境中无乳糖时，这些基因处于关闭状态；只有当环境中有乳糖时，这些基因才被诱导开放，合成代谢乳糖所需要的酶。

（1）乳糖操纵子：是最早发现的原核生物转录调控模式。

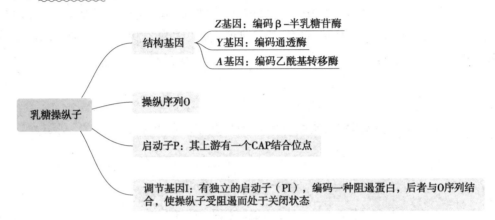

由 P 序列、O 序列和 CAP 结合位点共同构成乳糖操纵子的调控区，三个酶的编码基因即由同一调控区调节，实现基因表达产物的协同表达。

（2）乳糖操纵子受阻遏蛋白和 CAP 的双重调节

1）阻遏蛋白的负性调节（表 3-25）

表 3-25　阻遏蛋白的负性调节

条件	*lac* 操纵子状态	调节
无乳糖	阻遏	I 序列在 PI 启动序列作用下表达的阻遏蛋白与 O 序列结合，阻碍 RNA pol 与 P 序列结合，抑制转录启动
乳糖存在	可被诱导	乳糖经通透酶催化，转运入细胞，再经 β- 半乳糖苷酶催化转变为别乳糖。别乳糖作为诱导剂分子与阻遏蛋白结合，使蛋白质构象变化，导致阻遏蛋白与 O 序列解离而发生转录。别乳糖的类似物异丙基硫代半乳糖苷是作用极强的诱导剂，不被细菌代谢而十分稳定

 提示

乳糖并非真正的诱导剂，别乳糖才是诱导剂。

2）CAP 的正性调节：CAP 分子内有 DNA 结合区及 cAMP 结合位点。

3）协调调节：Lac 阻遏蛋白负性调节与 CAP 正性调节两种机制协调合作，相辅相成、互相协调、相互制约。

 提示

　　lac 操纵子强的诱导作用既需要乳糖存在又需要缺乏葡萄糖。

　　3. 色氨酸操纵子通过阻遏作用和衰减作用抑制基因表达　大肠埃希菌的色氨酸操纵子就是一个阻遏操纵子。

　　（1）细胞内无色氨酸：阻遏蛋白不能与操纵序列结合，因此色氨酸操纵子处于开放状态，结构基因得以表达。

　　（2）细胞内色氨酸浓度较高：色氨酸作为辅阻遏物与阻遏蛋白形成复合物并结合到操纵序列上，关闭色氨酸操纵子，停止表达用于合成色氨酸的各种酶。

　　色氨酸操纵子还可通过转录衰减的方式抑制基因表达，前导序列发挥了随色氨酸浓度升高而降低转录的作用，故将这段序列称为衰减子。

　　4. 原核基因表达在翻译水平受精细调控

　　（1）蛋白质分子结合于启动子或启动子周围进行自我调节：无论单顺反子还是多顺反子，调节蛋白结合 mRNA 靶位点，阻止核糖体识别翻译起始区，从而阻断翻译。调节蛋白一般作用于自身 mRNA，抑制自身的结合，故这种调节方式称为自我控制。

　　（2）翻译阻遏利用蛋白质与自身 mRNA 的结合实现对翻译起始的调控：翻译起始受调节蛋白的作用，RNA 也有重要作用。编码区的起始点可与调节分子（蛋白质或 RNA）结合来决定翻译起始。调节蛋白可结合到起始密码子上，阻断与核糖体的结合。

　　（3）反义 RNA 调节翻译起始：有些细菌和病毒能转录产生反义 RNA，反义 RNA 含有与特定 mRNA 翻译起始部位互补的序列，通过与 mRNA 杂交阻断 30S 小亚基对起始密码子的识别及与 SD 序列的结合，抑制翻译起始。

　　（4）mRNA 密码子的编码频率影响翻译速度：当基因中密码子是常用密码子时，mRNA 的翻译速度快。反之，mRNA 的翻译速度慢。

　　三、真核基因表达调控

1. 真核基因表达特点　真核基因与原核基因表达的比较见表 3–26。

表 3-26　真核基因与原核基因表达的比较

比较项目	原核生物基因组	真核生物基因组
大小	小	大
重复序列	少	多
编码基因占比	约 50%	约 10%
编码蛋白质的结构基因	连续编码,且多为单拷贝基因,但编码 rRNA 的基因仍是多拷贝基因	不连续,转录后需要剪接去除内含子,这就增加了基因表达调控的层次
mRNA	基因编码序列在操纵子中,多顺反子 mRNA 使得几个功能相关的基因自然协调控制	结构基因转录生成一条 mRNA,即 mRNA 是单顺反子,许多功能相关的蛋白质,即使是一种蛋白质的不同亚基也涉及多个基因的协调表达
其他	具有超螺旋结构的闭合环状 DNA 分子	真核生物 DNA 在细胞核内与多种蛋白质结合构成染色质,直接影响基因表达。真核生物的遗传信息不仅存在于 DNA 上,还存在于线粒体 DNA 上

2. 染色质结构与真核基因表达密切相关

（1）转录活化的染色质对核酸酶极为敏感:当染色质活化后,常出现一些对核酸酶高度敏感的位点（超敏位点）,通常位于被活化基因的 5′- 侧翼区 1kb 内。这些转录活化区是没有核小体蛋白结合的裸露 DNA 链。

（2）转录活化染色质的组蛋白发生改变:①富含赖氨酸的 H1 组蛋白含量降低;②H2A-H2B 组蛋白二聚体的不稳定性增加,易被置换;③核心组蛋白 H3、H4 可发生乙酰化、磷酸化、泛素化等修饰。这些使核小体的结构变得松弛而不稳定,易于基因转录。组蛋白的磷酸化修饰在细胞有丝分裂和减数分裂期间染色体浓缩以及基因转录激活过程中发挥重要的调节作用。

（3）CpG 岛甲基化水平降低:DNA 甲基化是真核生物在染色质水平控制基因转录的重要机制。

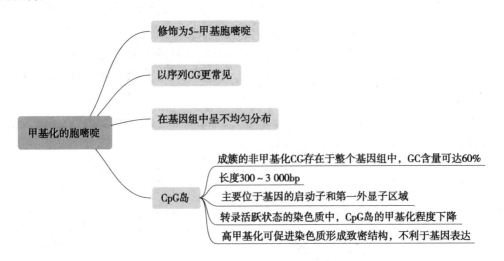

3. 转录起始的调节　是真核基因表达调控较关键的环节。

（1）顺式作用元件是转录起始的关键调节部位：绝大多数真核基因调控都涉及编码基因附近的非编码 DNA 序列——顺式作用元件。顺式作用元件是指可影响自身基因表达活性的 DNA 序列，并非都位于转录起始点上游。根据顺式作用元件在基因中的位置、转录激活作用的性质及发挥作用的方式，顺式作用元件分为启动子、增强子、沉默子及绝缘子等。

1）启动子：结构和调节远较原核生物复杂。

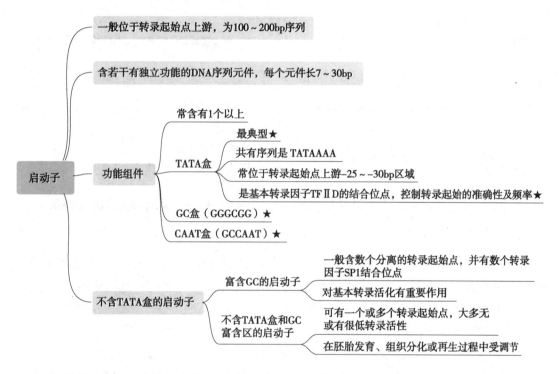

2）增强子：是一种能提高转录效率的顺式作用元件。

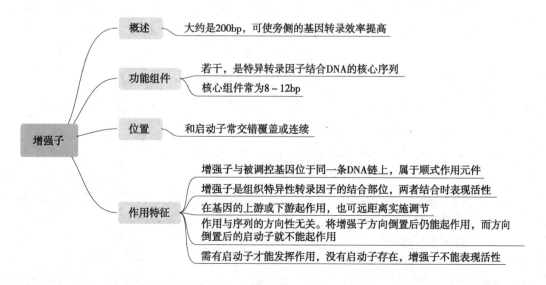

> **ⓘ 提示**
>
> 增强子对启动子没有严格的专一性,同一增强子可影响不同类型启动子的转录。

3)沉默子:能抑制基因的转录。

4)绝缘子:阻碍其他调控元件的作用。

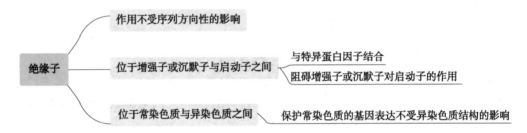

（2）**转录因子是转录起始调控的关键分子**

1）转录因子(TF):又称转录调节因子、反式作用蛋白或反式作用因子,是指真核基因的转录调节蛋白。绝大多数转录因子由其编码基因表达后进入细胞核,通过识别、结合特异的顺式作用元件而增强或降低相应基因的表达。

反式作用因子的编码基因与其作用的靶基因之间不存在结构的关联,而顺式作用元件则是在结构上与靶基因串联连接在一起。这种来自于一个基因编码的蛋白质对另一基因的调节作用称为反式激活或反式抑制作用。真核生物转录调控的基本方式是反式作用因子对顺式作用元件的识别与结合,即通过 DNA- 蛋白质的相互作用实施调控。有些基因产物可特异识别、结合自身基因的调节序列,调节自身基因的开启或关闭,即顺式调节作用。

2）转录因子按功能、特性分类:如表 3-27 所示。

表 3-27 转录因子按功能、特性分类

鉴别要点	通用转录因子	特异转录因子
概述	又称基本转录因子	转录抑制因子 + 转录激活因子
功能	RNA pol 介导基因转录时所必需,帮助 RNA pol 与启动子结合并起始转录	为个别基因转录所必需
特点	所有基因均必需,可视为 RNA pol 的组成成分	转录激活因子常是增强子结合蛋白,转录抑制因子常是沉默子结合蛋白
存在	没有组织特异性,故对基因表达的时空选择性不重要	决定基因表达的时间和空间特异性

提示

组织特异性转录因子在细胞分化和组织发育过程中具有重要作用。

3）转录因子的结构特点（表 3-28）：转录因子是 DNA 结合蛋白，至少包括 DNA 结合结构域和转录激活结构域。此外，很多转录因子还有一个介导蛋白质 – 蛋白质相互作用的结构域。

表 3-28 转录因子的结构特点

名称	包含结构	特点
DNA 结合结构域	锌指模体结构	①含 Zn^{2+} ②每个重复的"指"状结构含 20 多个氨基酸残基，形成 1 个 α- 螺旋和 2 个反向平行 β- 折叠的二级结构 ③每个 β- 折叠有 1 个半胱氨酸（Cys）残基，α- 螺旋有 2 个组氨酸（His）或 Cys 残基。4 个氨基酸残基与 Zn^{2+} 形成配位键 ④蛋白质分子可有多个锌指重复单位，每一个单位可将其 α- 螺旋伸入 DNA 双螺旋的大沟内，接触 4 个或更多的碱基
	碱性螺旋 – 环 – 螺旋模体结构	①至少有 2 个 α- 螺旋，由一个短肽段形成的环所连接，其中一个 α- 螺旋的 N- 端富含碱性氨基酸，是与 DNA 结合的结合域 ②模体以二聚体形式存在，两个 α- 螺旋的碱性区之间的距离大约与 DNA 双螺旋的一个螺距相近，使两个 α- 螺旋的碱性区刚好分别嵌入 DNA 双螺旋的大沟内
	碱性亮氨酸拉链模体结构	①蛋白质 C- 末端的氨基酸序列中，每隔 6 个氨基酸残基出现一个疏水性的亮氨酸残基 ②C- 末端形成 α- 螺旋结构时，肽链每旋转 2 周就出现一个亮氨酸残基，且都出现在 α- 螺旋的同一侧。这样的两个肽链能以疏水力结合成二聚体，形同拉链一样的结构。该二聚体 N- 端是富含碱性氨基酸的区域，可借助其正电荷与 DNA 骨架上的磷酸基团结合
转录激活结构域	酸性激活结构域	①是富含酸性氨基酸的保守序列 ②常形成带负电荷的 β- 折叠，通过与 TFⅡD 的相互作用协助转录起始复合物的组装，促进转录
	富含谷氨酰胺结构域	①N- 末端的谷氨酰胺残基含量可高达 25% ②与 GC 盒结合发挥转录激活作用
	富含脯氨酸结构域	①C- 末端的脯氨酸残基含量可高达 20%~30% ②与 CAAT 盒结合来激活转录
蛋白质 – 蛋白质相互作用的结构域	二聚化结构域	常见，与碱性亮氨酸拉链、碱性螺旋 – 环 – 螺旋结构有关

（3）转录调控的主要方式：是转录起始复合物的组装。

1）DNA 元件与调节蛋白对转录激活的调节最终是由 RNA pol 活性体现的，其中的关键环节是转录起始复合物的形成。真核生物有三种 RNA pol，分别负责催化生成不同的 RNA 分子，其中 RNA pol II 参与转录生成所有 mRNA 前体及大部分 snRNA。

2）真核 RNA pol II 不能单独识别结合启动子，而是先由基本转录因子 TF II D 识别、结合启动子序列，再同其他 TF II 与 RNA pol II 经由一系列有序结合形成一个功能性的转录前起始复合物。一些诸如转录激活因子、中介子以及染色质重塑因子等也可参与转录前起始复合物的形成。

（4）转录后调控：主要影响真核 mRNA 的结构和功能。

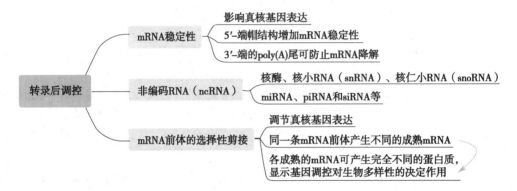

（5）翻译及翻译后调控：蛋白质生物合成过程涉及众多成分。通过调节许多参与成分的作用可使基因表达在翻译水平以及翻译后阶段得到控制。siRNA 和 miRNA 的差异比较，见表 3–29。

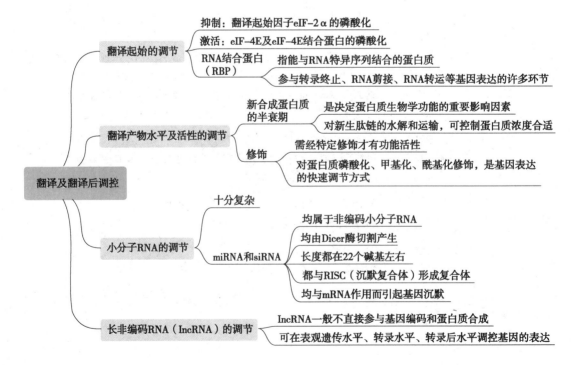

表 3-29 siRNA 和 miRNA 的差异比较

项目	siRNA	miRNA
前体	内源或外源长双链 RNA 诱导产生	内源发夹结构的转录产物
结构	双链分子	单链分子
功能	降解 mRNA	阻遏其翻译
靶 mRNA 结合	需完全互补	不需完全互补
生物学效应	抑制转座子活性和病毒感染	发育过程的调节

◦ 经 典 试 题 ◦

（研）1. 原核生物乳糖操纵子受 CAP 调节,结合并活化 CAP 的分子是

　　A. 阻遏蛋白　　　　　　　　　　B. RNA 聚合酶

　　C. cAMP　　　　　　　　　　　　D. cGMP

（研）2. 原核生物基因组的特点是

　　A. 核小体是其基本组成单位　　　B. 转录产物是多顺反子

　　C. 基因的不连续性　　　　　　　D. 线粒体 DNA 为环状结构

（研）3. RNA 生物合成时,转录因子 TFⅡD 结合的部位是

　　A. TATA 盒　　　　　　　　　　B. ATG

　　C. GC 盒　　　　　　　　　　　　D. Poly A

（研）4. 参与基因转录调控的主要结构有

　　A. 启动子　　　　　　　　　　　B. 衰减子

　　C. 增强子　　　　　　　　　　　D. 密码子

（执）5. 基因表达是指

　　A. 基因突变　　　　　　　　　　B. 遗传密码的功能

　　C. mRNA 合成后的修饰过程　　　D. 蛋白质合成后的修饰过程

　　E. 基因转录和翻译的过程

（执）6. 下列属于反式作用因子的是

　　A. 延长因子　　　　　　　　　　B. 增强子

　　C. 操纵序列　　　　　　　　　　D. 启动子

　　E. 转录因子

（执）7. 属于顺式作用元件的是

　　A. 转录抑制因子　　　　　　　　B. 转录激活因子

　　C. 增强子　　　　　　　　　　　D. ρ 因子

　　E. σ 因子

（研）（8~9题共用备选答案）

  A. CAP结合位点   B. 结构基因编码序列

  C. 操纵序列   D. 启动序列

8. 分解（代谢）物激活蛋白在DNA的结合部位是

9. 阻遏蛋白在DNA的结合部位是

【答案】

1. C　2. B　3. A　4. ABC　5. E　6. E　7. C　8. A　9. C

温 故 知 新

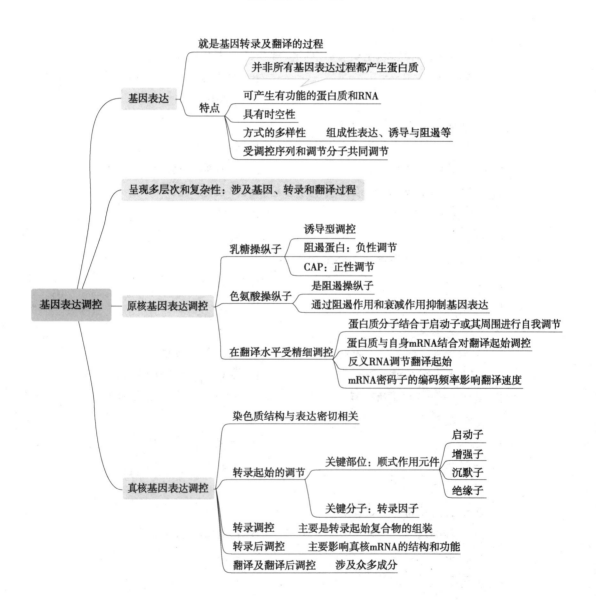

第十六节 细胞信号转导的分子机制

一、概述

1. **信号转导** 指细胞对来自外界的刺激或信号发生反应,通过细胞内多种分子相互作用引发一系列有序反应,将细胞外信息传递到细胞内,并据以调节细胞代谢、增殖、分化、功能活动和凋亡的过程。

2. **信号分子** 细胞可以感受物理信号,体内细胞感受的外源信号主要是化学信号。多细胞生物中的单个细胞主要接收来自其他细胞的信号,或所处微环境的信息。细胞与细胞间通过孔道可进行直接物质交换,或通过细胞表面分子相互作用实现信息交流,但相距较远细胞之间的功能协调必须有可以远距离发挥作用的信号。细胞外化学信号有可溶性和膜结合性两种形式。

（1）**可溶性信号分子**:多细胞生物体内,细胞可通过分泌化学物质(如蛋白质或小分子有机化合物)而发出信号。这些分子作用于靶细胞表面或细胞内的受体,通过细胞内信号分子的变化调节靶细胞的功能,从而实现细胞之间的信息交流。可溶性信号分子按体内作用距离分类的特点见表 3-30。

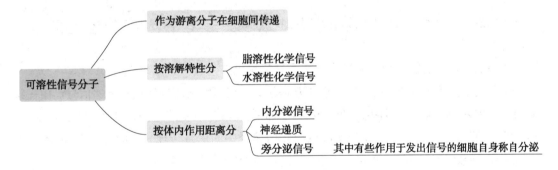

表 3-30 可溶性信号分子按体内作用距离分类的特点

鉴别点	神经分泌	内分泌	旁分泌及自分泌
化学信号	神经递质	激素	细胞因子
作用距离	nm	m	mm
受体位置	膜受体	膜或胞内受体	膜受体
举例	乙酰胆碱、谷氨酸	胰岛素、甲状腺激素、生长激素	表皮生长因子、白细胞介素、神经生长因子

（2）**膜结合性信号分子**:需要细胞间接触才能传递信号。

每个细胞的质膜外表面都有众多的蛋白质、糖蛋白、蛋白聚糖分子。相邻细胞可通过膜表面分子的特异性识别和相互作用而传递信号。当细胞通过膜表面分子发出信号时,相应的分子即为膜结合性信号分子,而在靶细胞表面存在与之特异性结合的分子,通过这种分子间的相互作用而接收信号并将信号传入靶细胞内。这种细胞通讯方式称为膜表面分子接触通讯。属于这一类通讯的有相邻细胞间黏附因子的相互作用、T 淋巴细胞与 B 淋巴细胞表面分子的相互作用等。

3. 受体

细胞接收信号:信号 $\xrightarrow{\text{特异性受体}}$ 细胞。受体通常是细胞膜上或细胞内能特异识别生物活性分子并与之结合,进而引起生物学效应的特殊蛋白质,个别糖脂也具有受体作用。能与受体特异性结合的分子称为配体,如信号分子。

(1)受体的分型(表 3-31)

表 3-31 受体的分型

鉴别要点	细胞内受体	细胞表面受体(膜受体)
位置	细胞质或细胞核	靶细胞的细胞质膜表面
配体	脂溶性信号分子:类固醇激素、甲状腺激素、前列腺素、维生素 A、维生素 D、脂类和气体等	水溶性信号分子(生长因子、细胞因子、水溶性激素分子等)和膜结合性信号分子(黏附分子等)
作用	能直接传递信号或通过特定的途径传递信号	识别细胞外信号分子并转换信号

(2)受体与配体的相互作用具有共同的特点:高度专一性、高度亲和力、可饱和性、可逆性和特定的作用模式。

(3)细胞内多条信号转导途径形成信号转导网络

1)细胞内多种信号转导分子,依次相互识别、相互作用,有序地转换和传递信号。由一组特定信号转导分子形成的有序化学变化并导致细胞行为发生改变的过程称为信号转导途径。

2)一条途径中的信号转导分子可以与其他途径中的信号转导分子间相互作用,不同的信号转导途径之间具有广泛的交联互动,形成复杂的信号转导网络。

3)信号转导途径和网络的形成是动态过程,随着信号的种类和强度的变化而不断变化。

4)在高等动物体内,细胞外信号分子的作用都具有网络调节特点。如一种细胞因子或激素的作用会受到其他细胞因子或激素的影响,发出信号的细胞又受到其他细胞信号的调节。细胞外信号分子的产生及其调控在另一个层次上形成复杂的网络系统。网络调节使得机体内的细胞因子或激素的作用都具有一定程度的冗余和代偿性,单一缺陷不会导致对机体的严重损害。

一些特殊的细胞内事件也可以在细胞内启动信号转导途径。如 DNA 损伤、活性氧(ROS)、低氧状态等,可通过激活特定的分子而启动信号转导。这些途径可以与细胞外信号分子共用部分转导途径,共用一些信号分子,也可以是一些特殊的途径(如凋亡信号转导途径)。

4. 信号转导途径　指由一组特定信号转导分子形成的有序化学变化并导致细胞行为发生改变的过程。细胞内多条信号转导途径形成信号转导网络。

5. 细胞内信号转导分子　细胞外信号经过受体转换进入细胞内,通过细胞内一些蛋白质分子和小分子活性物质进行传递,这些能传递信号的分子称为信号转导分子。按作用特点分为小分子第二信使、酶、调节蛋白。受体及信号转导分子传递信号的基本方式:①改变下游信号转导分子的构象和/或细胞内定位;②信号转导分子复合物的形成或解聚;③改变小分子信使的细胞内浓度或分布等。

（1）第二信使:又称细胞内小分子信使,结合并激活下游信号转导分子。如 Ca^{2+}、环腺苷酸（cAMP）、环鸟苷酸（cGMP）、环腺苷二磷酸核糖、甘油二酯（DAG）、肌醇 $-1,4,5-$ 三磷酸（IP_3）、花生四烯酸、神经酰胺、一氧化氮和一氧化碳等。

1）第二信使传递信号具有相似的特点:①上游信号转导分子使第二信使的浓度升高（如 cAMP、cGMP）或分布变化（如 Ca^{2+}）;②第二信使浓度可迅速降低（浓度变化是传递信号的重要机制）;③第二信使激活下游信号转导分子。

2）环核苷酸是重要的细胞内第二信使

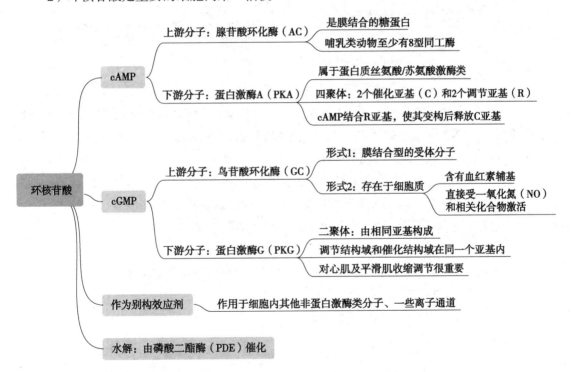

3）脂质也可衍生出细胞内第二信使

磷脂酰肌醇激酶和磷脂酶催化生成第二信使:磷脂酰肌醇激酶（PI-K）催化磷脂酰醇（PI）的磷酸化,生成磷脂酰肌醇 -3 磷酸,磷脂酰肌醇 $-3,4$ 二磷酸,磷脂酰肌醇 $3,4,5-$ 三磷酸。

磷脂酰肌醇特异性磷脂酶C（PLC）可将磷脂酰肌醇 $-4,5$ 二磷酸（PIP_2）分解成为 DAG 和 IP_3。

4）Ca^{2+} 可激活信号转导相关的酶类

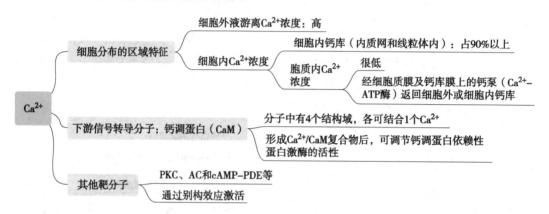

5）NO 等小分子也具有信使功能：细胞内一氧化氮（NO）合酶可催化精氨酸分解产生瓜氨酸和 NO。NO 可通过激活 GC、ADP-核糖转移酶和环氧化酶等而传递信号。除了 NO 以外，CO 和 H_2S 的第二信使作用近年来也被证实。

（2）酶：通过酶促反应传递信号。作为信号转导分子的酶主要有两类：①催化小分子信使生成和转化的酶，如腺苷酸环化酶、鸟苷酸环化酶、磷脂酶 C、磷脂酶 D（PLD）等；②蛋白激酶，主要是蛋白质丝氨酸/苏氨酸激酶和蛋白质酪氨酸激酶。

1）蛋白激酶和蛋白磷酸酶可调控信号传递。

2）蛋白激酶：是催化 ATP 的 γ-磷酸基转移至靶蛋白的特定氨基酸残基上的一类酶。主要分类，见表 3-32。

表 3-32　蛋白激酶的主要分类

激酶	磷酸基团的受体激酶
蛋白质丝氨酸/苏氨酸激酶	丝氨酸/苏氨酸羟基
蛋白质酪氨酸激酶	酪氨酸的酚羟基
蛋白质组氨酸/赖氨酸/精氨酸激酶	咪唑环、胍基、ε-氨基
蛋白质半胱氨酸激酶	巯基
蛋白质天冬氨酸/谷氨酸激酶	酰基

　　蛋白质的磷酸化修饰可能提高其活性,也可能降低其活性,取决于构象变化是否有利于反应的进行。

　　3）蛋白磷酸酶:拮抗蛋白激酶诱导的效应。目前已知的蛋白磷酸酶包括蛋白质丝氨酸/苏氨酸磷酸酶和蛋白质酪氨酸磷酸酶两大类。有少数蛋白质磷酸酶具有双重作用,可同时去除酪氨酸和丝氨酸/苏氨酸残基上的磷酸基团。

　　4）许多信号途径涉及蛋白质丝氨酸/苏氨酸激酶的作用

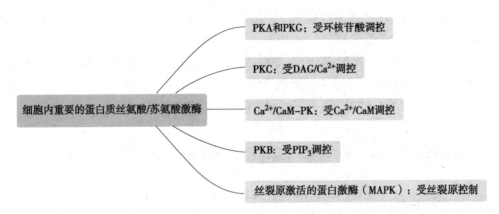

　　5）蛋白质酪氨酸激酶(PTK)转导细胞增殖与分化信号

　　● 部分膜受体具有 PTK 活性:这些受体被称为受体酪氨酸激酶(RTK),RTK 在结构上均为单次跨膜蛋白质,其胞外部分为配体结合区,中间有跨膜区,细胞内部分含有 RTK 的催化结构域。RTK 与配体结合后形成二聚体,同时激活其酶活性,使受体胞内部分的酪氨酸残基磷酸化(自身磷酸化)。磷酸化的受体募集含有 SH 结构域的信号分子,从而将信号传递至下游分子。

　　● 细胞内有多种非受体型的 PTK:有些 PTK 直接与受体结合,由受体激活而向下游传递信号。有些存在于细胞质或细胞核中,由其上游信号转导分子激活,再向下游传递信号。非受体型 PTK 的主要作用见表 3-33。

表 3-33　非受体型 PTK 的主要作用

基因家族名称	举例	细胞内定位	主要功能
SRC 家族	Src、Fyn、Lck、Lyn 等	常与受体结合存在于质膜内侧	接受受体传递的信号发生磷酸化而激活,通过催化底物的酪氨酸磷酸化向下游传递信号
*ZAP*70 家族	ZAP70、Syk	与受体结合存在于质膜内侧	接受 T 淋巴细胞的抗原受体或 B 淋巴细胞的抗原受体的信号

续表

基因家族名称	举例	细胞内定位	主要功能
TEC 家族	Btk、Itk、Tec 等	存在于细胞质	位于 ZAP70 和 Src 家族下游接受 T 淋巴细胞的抗原受体或 B 淋巴细胞的抗原受体的信号
JAK 家族	JAK1、JAK2、JAK3 等	与一些白细胞介素受体结合存在于质膜内侧	介导白细胞介素受体活化信号
核内 PTK	Abl、Wee	细胞核	参与转录过程或细胞周期调节

（3）信号转导蛋白：通过蛋白质相互作用传递信号。信号转导途径中的信号转导分子主要包括 G 蛋白、衔接体蛋白质和支架蛋白。

1）鸟苷酸结合蛋白：简称 G 蛋白，亦称 GTP 结合蛋白。结合 GTP 时处于活化形式，能与下游分子结合并通过别构效应而激活下游分子。G 蛋白自身均具有 GTP 酶活性，可将结合的 GTP 水解为 GDP，回到非活化状态，停止激活下游分子。

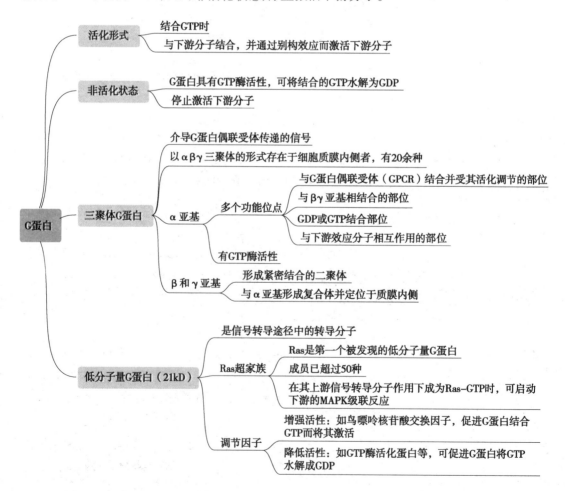

2）衔接蛋白和支架蛋白连接信号转导网络

● 信号转导途径中的一些环节是由多种分子聚集形成的信号转导复合物来完成信号传递的。信号转导复合物形成的基础是蛋白质相互作用。

● 蛋白质相互作用的结构基础是各种蛋白质分子中的蛋白质相互作用结构域。这些结构域大部分由 50~100 个氨基酸残基构成,其特点是:①一个信号分子中可含有两种以上的蛋白质相互作用结构域,因此可同时结合两种以上的其他信号分子;②同一类蛋白质相互作用结构域可存在于不同的分子中。这些结构域的一级结构不同,因此选择性结合下游信号分子;③结构域没有催化活性。目前已经确认的蛋白质相互作用结构域已经超过 40 种,举例见表 3–34。

表 3–34　蛋白质相互作用结构域的举例

蛋白质相互作用结构域	缩写	存在分子种类	识别模体
Src homology 2	SH2	蛋白激酶、磷酸酶、衔接蛋白等	含磷酸化酪氨酸模体
Src homology 3	SH3	衔接蛋白、磷脂酶、蛋白激酶等	富含脯氨酸模体
Pleckstrin homology	PH	蛋白激酶、细胞骨架调节分子等	磷脂衍生物
Protein tyrosine binding	PTB	衔接蛋白、磷酸酶	含磷酸化酪氨酸模体

蛋白质相互作用结构域是通过相应的结合位点而介导蛋白质分子间的相互作用。

● 衔接蛋白:连接信号转导分子。衔接蛋白是信号转导途径中不同信号转导分子之间的接头分子,通过连接上游信号转导分子和下游信号转导分子而形成信号转导复合物。大部分衔接蛋白含有 2 个或 2 个以上的蛋白质相互作用结构域。

● 支架蛋白保证特异和高效的信号转导:支架蛋白结合相关的信号转导分子,使之容纳于一个隔离而稳定的信号转导途径内,避免与其他信号转导途径发生交叉反应,以维持信号转导途径的特异性;同时,它也增加了调控的复杂性和多样性。

二、膜受体介导的信号转导机制

目前将各种细胞内受体归为一类,而依据结构、接收信号的种类、转换信号方式等差异,将膜受体分三类（表 3–35）。每种类型的受体有多种,各种受体激活的信号转导途径由不同的信号转导分子组成,但同一类型受体介导的信号转导具有共同的特点。

1. 离子通道型受体将化学信号转变为电信号

（1）离子通道型受体是一类自身为离子通道的受体。离子通道是由蛋白质寡聚体形成的孔道,其中部分单体具有配体结合部位。通道的开放或关闭直接受化学配体的控制,称为配体门控受体型离子通道,其配体主要为神经递质。

（2）离子通道受体的典型代表是 N 型乙酰胆碱受体,由 β、γ、δ 亚基以及 2 个 α 亚基组成。α 亚基具有配体结合部位。两分子乙酰胆碱的结合可使通道开放,但即使有乙酰胆碱的结合,该受体处于通道开放构象状态的时限仍十分短暂,在几十毫微秒内又回到关闭状态。然后乙酰胆碱与之解离,受体恢复到初始状态,做好重新接受配体的准备。

表 3-35　三类膜受体

特性	离子通道受体	G 蛋白偶联受体 （ GPCR，七次跨膜受体 ）	酶偶联受体 （ 单次跨膜受体 ）
配体	神经递质	神经递质激素,趋化因子,外源刺激	生长因子,细胞因子
结构	寡聚体形成的孔道	单体	具有或不具有催化活性的单体
跨膜区段数	4 个	7 个	1 个
功能	离子通道	激活 G 蛋白	激活蛋白激酶
细胞应答	去极化与超极化	去极化与超极化,调节蛋白质功能和表达水平	调节蛋白质的功能和表达水平,调节细胞分化和增殖

（3）离子通道受体信号转导的最终效应是细胞膜电位改变。这类受体引起的细胞应答主要是去极化与超极化。可以认为,离子通道受体是通过将化学信号转变成为电信号而影响细胞功能的。离子通道型受体可以是阳离子通道,如乙酰胆碱、谷氨酸和 5- 羟色胺的受体;也可以是阴离子通道,如甘氨酸和 $\gamma-$ 氨基丁酸的受体。阳离子通道和阴离子通道的差异是由于构成亲水性通道的氨基酸组成不同,因而通道表面携带有不同电荷所致。

2. G 蛋白耦联受体介导的信号转导通路

（1）G 蛋白偶联受体:在结构上为单体蛋白,氨基端位于细胞膜外表面、羧基端在胞膜内侧,其肽链反复跨膜七次。由于肽链反复跨膜,在膜外侧和膜内侧形成了几个环状结构分别负责接受外源信号（化学、物理信号）的刺激和细胞内的信号传递,受体的胞内部分可与三聚体 G 蛋白相互作用。此类受体通过 G 蛋白向下游传递信号,因此称为 G 蛋白偶联受体。

（2）GPCR 介导的信号传递可经不同途径产生不同效应,但信号转导途径的基本模式大致相同,主要包括:

1）细胞外信号分子结合受体,通过别构效应将其激活。

2）受体激活 G 蛋白,G 蛋白在有活性和无活性状态之间连续转换,称为 G 蛋白循环。

3）活化的 G 蛋白激活下游效应分子。不同的 α 亚基激活不同的效应分子,如 AC 由 α_s、PLC 由 α_q 激活。有的 α 亚基可激活 AC,称 α_s;有的可抑制 AC,称为 α_i。

4）G 蛋白的效应分子向下游传递信号的主要方式是催化产生小分子信使,如 AC 催化产生 cAMP,PLC 催化产生 DAG 和 IP$_3$。有些效应分子可以通过对离子通道的调节改变 Ca^{2+} 在细胞内的分布。

5）小分子信使作用于相应的靶分子（主要是蛋白激酶）,使之构象改变而激活。

6）蛋白激酶通过磷酸化作用激活一些与代谢相关的酶、与基因表达相关的转录因子以及一些与细胞运动相关的蛋白质,从而产生各种细胞应答反应。

（3）不同的 G 蛋白（不同的 $\alpha\beta\gamma$ 组合）可与不同的下游分子组成信号转导途径（见图 3-14）:不同的细胞外信号分子与相应受体结合后,通过 G 蛋白传递信号,但传入细胞内的信号并不一样。这是因为不同的 G 蛋白与不同的下游分子组成了不同的信号转导途径。

1）cAMP–PKA 途径：以靶细胞内 cAMP 浓度改变和 PKA 激活为主要特征。胰高血糖素、肾上腺素、促肾上腺皮质激素等可激活此途径。

PKA 活化后，可使多种蛋白质底物的丝氨酸/苏氨酸残基发生磷酸化，改变其活性状态，底物分子包括一些糖代谢和脂代谢相关的酶类、离子通道和某些转录因子。

- 调节代谢：PKA 可通过调节关键酶的活性，对不同的代谢途径发挥调节作用，如激活糖原磷酸化酶 b 激酶、激素敏感脂肪酶、胆固醇酯酶，促进糖原、脂肪、胆固醇的分解代谢；抑制乙酰 CoA 羧化酶、糖原合酶，抑制脂肪合成和糖原合成。

- 调节基因表达：PKA 可修饰激活转录调控因子，调控基因表达。如激活后进入细胞核的 PKA 可使 cAMP 反应元件结合蛋白（CREB）磷酸化。磷酸化的 CREB 结合于 cAMP 反应元件（CRE），并与 CREB 结合蛋白（CBP）结合。与 CREB 结合后的 CBP 作用于通用转录因子（包括 TFⅡB），促进通用转录因子与启动子结合，激活基因的表达。

- 调节细胞极性：PKA 亦可通过磷酸化作用激活离子通道，调节细胞膜电位。

2）IP$_3$/DAG–PKC 途径：促甲状腺素释放激素、去甲肾上腺素、抗利尿激素与受体结合后所激活的 G 蛋白可激活 PLC。PLC 水解膜组分 PIP$_2$，生成 DAG 和 IP$_3$。IP$_3$ 促使细胞质钙库释放 Ca^{2+}，使胞质 Ca^{2+} 增加。质膜上的 DAG、磷脂酰丝氨酸与 Ca^{2+} 共同作用，使 PKC 变构而暴露出活性中心。

PKC 可磷酸化修饰一些质膜受体、膜蛋白及多种酶等蛋白质，故可参与多种生理功能的调节。此外，PKC 能使立早基因（多数为细胞原癌基因）的转录调控因子磷酸化，加速立早基因的表达，最终促进细胞增殖。

3）Ca^{2+}/钙调蛋白依赖的蛋白激酶途径

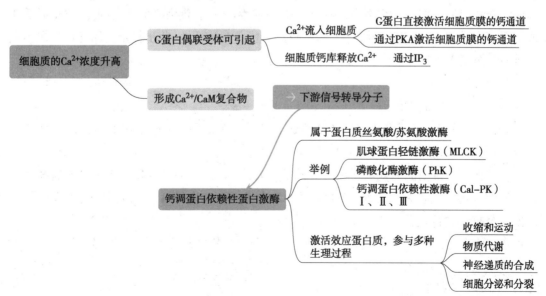

> ⓘ 提示
>
> G 蛋白偶联受体通过 G 蛋白和小分子信使介导信号转导。

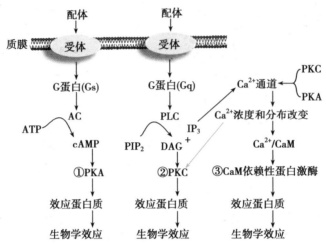

图 3-14　G 蛋白偶联受体介导的信号转导途径
①cAMP-PKA 途径；②IP₃/DAG-PKC 途径；③Ca²⁺/ 钙调蛋白依赖的蛋白激酶途径。

3. 酶偶联受体介导的信号转导通路

（1）酶偶联受体主要是生长因子和细胞因子的受体。此类受体介导的信号转导主要是调节蛋白质的功能和表达水平、调节细胞增殖和分化。

（2）蛋白激酶偶联受体介导的信号转导途径具有相同的基本模式

1）胞外信号分子与受体结合，导致第一个蛋白激酶被激活。这一步反应是"蛋白激酶偶联受体"名称的由来。"偶联"的两种形式：①受体自身有蛋白激酶活性，此步骤是激活受体胞内结构域的蛋白激酶活性；②受体自身没有蛋白激酶活性，此步骤是受体通过蛋白质蛋白质相互作用激活某种蛋白激酶。

2）通过蛋白质 – 蛋白质相互作用或蛋白激酶的磷酸化修饰作用激活下游信号转导分子，从而传递信号，最终仍是激活一些特定的蛋白激酶。

3）蛋白激酶通过磷酸化修饰激活代谢途径中的关键酶、转录调控因子等，影响代谢途径、基因表达、细胞运动、细胞增殖等。

（3）常见的蛋白激酶偶联受体介导的信号转导途径：目前已发现的蛋白激酶偶联受体介导的信号转导途径有十几条，如 JAK-STAT 途径、Smad 途径、PI-3K 途径等，下面介绍最常见的 MAPK 途径。

MAPK 途径：主要特点是具有 MAPK 级联反应。MAPK 至少有 12 种，分属于 ERK 家族、p38 家族、JNK 家族。Ras/MAPK 途径了解最清楚，可转导生长因子如表皮生长因子（EGF）信号，其基本过程是：

1）表皮生长因子受体（EGFR）与 EGF 结合后形成二聚体，激活 EGFR 的蛋白质酪氨酸激酶活性。

2）EGFR 自身的酪氨酸残基磷酸化，形成 SH2 的结合位点，募集含有 SH2 结构域的接头蛋白 Grb2。

3）Grb2 的 2 个 SH3 结构域与 SOS 分子（Ras 活化分子）中的富含脯氨酸序列结合，将 SOS 活化。

4）活化的 SOS 结合 Ras，促进 Ras 释放 GDP、结合 GTP。

5）活化的 Ras 蛋白（Ras–GTP）启动 MAPK 的级联磷酸化和活化（MAPKKK → MAPKK → MAPK）。

6）活化的 MAPK 转位至细胞核内，通过磷酸化作用激活多种效应蛋白质，从而使细胞对外来信号产生生物学应答。

上述 Ras/MAPK 途径是 EGFR 的主要信号途径之一。此外，许多单次跨膜受体也可以激活这一信号途径，甚至 G 蛋白偶联受体也可以通过一些调节分子作用在这一途径。由于 EGFR 的胞内段存在着多个酪氨酸磷酸化位点，因此除 Grb2 外，还可募集其他含有 SH2 结构域的信号转导分子，激活 PLC–IP$_3$/DAG–PKC 途径、PI–3K 等其他信号途径。

 提示

酶偶联受体主要通过蛋白质修饰或相互作用传递信号。

三、胞内受体介导的信号转导机制

1. 概念和分类

（1）位于细胞内的受体多为转录因子。当与相应配体结合后，能与 DNA 的顺式作用元件结合，在转录水平调节基因表达。在没有信号分子存在时，受体往往与具有抑制作用的蛋白质分子（如热激蛋白）形成复合物，阻止受体与 DNA 的结合。没有结合信号分子的胞内受体主要位于细胞质中，有一些则在细胞核内。

（2）与胞内受体结合的信号分子（脂溶性）：类固醇激素、甲状腺激素、视黄酸和维生素 D 等。

2. 信号转导机制

（1）激素–受体复合物的形成

1）受体在细胞核内：当激素进入细胞后，被运输到核内，与受体形成激素–受体复合物。

2）受体在细胞质中：当激素进入细胞后，激素则在细胞质中结合受体，导致受体的构象变化，与热激蛋白分离，并暴露出受体的核内转移部位及 DNA 结合部位，激素–受体复合物向细胞核内转移，穿过核孔，迁移进入细胞核内，并结合于其靶基因邻近的激素反应元件上。

（2）激素－受体复合物结合于激素反应元件：结合于激素反应元件的激素－受体复合物,再与位于启动子区域的基本转录因子及其他的特异转录调节分子作用,从而开放或关闭其靶基因,进而改变细胞的基因表达谱。

四、细胞信号转导的基本规律

1. 信号的传递和终止（表 3-36）涉及许多双向反应 信号的传递和终止其实是信号转导分子的数量、分布、活性转换的双向反应。

表 3-36 信号的传递和终止

信号转导分子	信号传递	信号终止
cAMP	AC 催化生成 cAMP	磷酸二酯酶水解 cAMP 为 $5'$-AMP
胞质内 Ca^{2+}	由贮存部位迅速释放	Ca^{2+} 泵作用
DAG 和 IP_3	PLC 催化 PIP_2 分解成 DAG 和 IP_3	DAG 激酶和磷酸酶分别催化 DAG 和 IP_3 转化而合成 PIP_2
蛋白质	①与上游、下游分子的结合 ②经磷酸化成活性状态	①与上游、下游分子的解离 ②经去磷酸化成无活性状态

2. 细胞信号在转导过程中被逐级放大 如 G 蛋白偶联受体介导的信号转导过程和蛋白激酶偶联受体介导的 MAPK 途径都是典型的级联反应过程。

3. 细胞信号转导途径既有通用性又有专一性 ①细胞的信号转导系统对不同的受体具有通用性。②配体－受体－信号转导途径－效应蛋白可有多种不同组合,而一种特定组合决定了一种细胞对特定的细胞外信号分子产生专一性应答。

4. 细胞信号转导途径具有多样性

（1）一种细胞外信号分子可通过不同信号转导途径影响不同的细胞。

（2）受体与信号转导途径有多样性组合。

1）一种受体并非只能激活一条信号转导途径。有些受体自身磷酸化后产生多个与其他蛋白相互作用的位点,可以激活几条信号转导途径。如血小板衍生生长因子（PDGF）的受体激活后,可激活 Src 激酶活性、结合 Grb2 并激活 Ras、激活 PI-3K、激活 PLCγ,因而同时激活多条信号转导途径而引起复杂的细胞应答反应。

2）一条信号转导途径也不是只能由一种受体激活,例如,有多种受体可以激活 PI-3K 途径。

（3）一种信号转导分子不一定只参与一条途径的信号转导。

（4）一条信号转导途径中的功能分子可影响和调节其他途径

1）Ras/MAPK 途径可调节 Smad 途径：Ras/ERK 途径转导的信号可促进细胞增殖,而 Smad 途径转导的信号则抑制细胞增殖。

对于正常上皮细胞,作为维持细胞稳态的 TGF-β 占主导地位,并对抗由生长因子经

Ras途径激活的增殖反应。当大量的生长因子(如EGF、HGF)刺激细胞或*RAS*基因激活后,使Ras/ERK途径激活,活化的ERK1/2蛋白激酶将Smad2/3等分子的特定位点磷酸化,使Smad2/3向核内聚集的能力减弱,从而削弱了Smad传递信号的作用。此时增殖成为细胞的主要反应。

2)蛋白激酶C可调节蛋白质酪氨酸激酶系统:PKC是肌醇磷脂系统的重要酶,但它可对蛋白酪氨酸激酶系统产生调节作用。PKC通过磷酸化修饰EGF受体、Ras、Raf-1等,对Ras/MAPK途径产生调节作用。

(5)不同信号转导途径可参与调控相同的生物学效应

1)趋化因子是体内一类能够诱导特定细胞趋化运动的分子。趋化因子受体是一类表达于不同类型细胞上的GPCR。

2)趋化因子可以通过不同的信号转导途径传递信号,如激活PKA途径、调节细胞内Ca^{2+}浓度、G蛋白$\beta\gamma$亚单位和磷酸酪氨酰肽协同作用可激活PI-3K途径、MAPK途径,还可以激活JAK-STAT途径。这些信号途径不同,但都参与调控细胞趋化运动。

五、细胞信号转导异常与疾病

1. 信号转导异常可发生在两个层次

(1)受体异常激活和失能

1)基因突变可导致异常受体的产生,不依赖外源信号的存在而激活细胞内的信号途径。如EGF受体只有在结合EGF后才能激活MAPK途径,但*ERB-B*癌基因表达的变异型ECF受体则不同,该受体缺乏与配体结合的胞外区,而其胞内区则处于活性状态,因而可持续激活MAPK途径。

2)在某些条件下,受体编码基因可因某些因素的调控作用而过度表达,使细胞表面呈现远远多于正常细胞的受体数量。在这种情况下,外源信号所诱导的细胞内信号转导途径的激活水平会远远高于正常细胞,使靶细胞对外源信号的刺激反应过度。

3)外源信号异常也可导致受体的异常激活。如自身免疫性甲状腺病中,患者产生针对促甲状腺激素(TSH)受体的抗体。TSH受体抗体分为两种,其中一种是刺激性抗体,与TSH受体结合后能模拟TSH的作用,在没有TSH存在时也可以激活TSH受体。

4)受体异常失活:受体分子数量、结构或调节功能发生异常变化时,可导致受体异常失能,不能正常传递信号。

自身免疫性疾病中产生的自身抗体,也可能导致特定受体失活。如前述自身免疫性甲状腺病中产生的TSH受体的两种抗体中,有一种是阻断性抗体。这种抗体与TSH受体结合后,可抑制受体与TSH结合,从而减弱或抑制受体的激活,不能传递TSH的信号。

(2)信号转导分子的异常激活和失活

1)细胞内信号转导分子异常激活:细胞内信号转导分子的结构发生改变,可导致其激活并维持在活性状态。

● 三聚体 G 蛋白的 α 亚基可因基因突变而发生功能改变。当 α 亚基的 201 位精氨酸被半胱氨酸或组氨酸所取代或 227 位谷氨酰胺被精氨酸取代时,可致 α 亚基失去 GTP 酶活性,使 α 亚基处于持续激活状态,因而持续向下游传递信号。

● 霍乱毒素的 A 亚基进入小肠上皮细胞后,可直接结合 G 蛋白的 α 亚基,使其发生 ADP- 核糖化修饰,抑制其 GTP 酶活性,导致 α 亚基持续激活。

● 小分子 G 蛋白 Ras 也可因基因突变而导致其异常激活。Ras 的 12 位或 13 位甘氨酸、61 位谷氨酰胺被其他氨基酸取代时,均可导致 Ras 的 GTP 酶活性降低,使其处于持续活化状态。

2)细胞内信号转导分子异常失活:细胞内信号转导分子表达降低或结构改变,可导致其失活。

● 胰岛素受体介导的信号转导途径中包括 PI-3K 途径。基因突变可导致 PI-3K 的 p85 亚基表达下调或结构改变,使 PI-3K 不能正常激活或不能达到正常激活水平,因而不能正常传递胰岛素信号。

● 在遗传性假性甲状旁腺素低下疾病中,甲状旁腺素信号途径中 G 蛋白的 α 亚基基因的起始密码子突变为 GTG,使得核糖体只能利用第二个 ATG(第 60 位密码子)起始翻译,产生 N- 端缺失了 59 个氨基酸残基的异常 α 亚基,从而使 G 蛋白不能向下游传递信号。

2. 信号转导异常可导致疾病的发生

(1)信号转导异常导致细胞获得异常功能或表型

1)细胞获得异常的增殖能力:机体通过生长因子调控细胞的增殖能力。当 *ERB-B* 癌基因异常表达时,细胞不依赖 EGF 的存在而持续产生活化信号,从而使细胞获得持续增殖的能力。MAPK 途径是调控细胞增殖的重要信号转导途径,*RAS* 基因突变时,使 Ras 蛋白处于持续激活状态,因而使 MAPK 途径持续激活,这是肿瘤细胞持续增殖的重要机制之一。

2)细胞的分泌功能异常

● 生长激素(GH)的分泌受下丘脑 GH 释放激素和生长抑素的调节,GH 释放激素通过激活 G 蛋白、促进 cAMP 水平升高而促进分泌 GH 的细胞增殖和分泌功能;生长抑素则通过降低 cAMP 水平抑制 GH 分泌。

● 当 α 亚基由于突变而失去 GTP 酶活性时,G 蛋白处于异常激活状态,垂体细胞分泌功能活跃。GH 的过度分泌,可刺激骨骼过度生长,在成人引起肢端肥大症,在儿童引起巨人症。

3)细胞膜通透性改变:霍乱毒素的 A 亚基使 G 蛋白处于持续激活状态,持续激活 PKA。PKA 通过将小肠上皮细胞膜上的蛋白质磷酸化而改变细胞膜的通透性,Na^+ 通道和氯离子通道持续开放,造成水与电解质的大量丢失,引起腹泻和水电解质紊乱等症状。

(2)信号转导异常导致细胞正常功能缺失

1)失去正常的分泌功能:如 TSH 受体的阻断性抗体可抑制 TSH 对受体的激活作用,从而抑制甲状腺素的分泌,最终可导致甲状腺功能减退。

2）失去正常的反应性：慢性长期儿茶酚胺刺激可致 β- 肾上腺素能受体表达下降，并使心肌细胞失去对肾上腺素的反应性，细胞内 cAMP 水平降低，从而导致心肌收缩功能不足。

3）失去正常的生理调节能力：胰岛素受体异常时，由于细胞受体功能异常而不能对胰岛素产生反应，不能正常摄入和贮存葡萄糖，从而导致血糖水平升高。

3. 细胞信号转导分子是重要的药物作用靶位　在研究各种病理过程中发现的信号转导分子结构与功能的改变，为新药的筛选和开发提供了靶位，由此产生了信号转导药物这一概念。信号转导分子的激动剂和抑制剂是信号转导药物研究的出发点，尤其是各种蛋白激酶的抑制剂更是被广泛用作母体药物进行抗肿瘤新药的研发。

一种信号转导干扰药物是否可以用于疾病的治疗而又具有较小的副作用，主要取决于两点：一是它所干扰的信号转导途径在体内是否广泛存在，如果该途径广泛存在于各种细胞内，其副作用则很难控制。二是药物自身的选择性，对信号转导分子的选择性越高，副作用就越小。

○ 经 典 试 题 ○

（研）1. 可作为信号转导第二信使的物质是
  A. 一磷酸腺苷　　　　　　　　B. 腺苷酸环化酶
  C. 甘油二酯　　　　　　　　　D. 生长因子

（研）2. 下列蛋白质中，属于小 G 蛋白的是
  A. 异三聚体 G 蛋白　　　　　　B. Grb2
  C. MAPK　　　　　　　　　　　D. Ras

（研）3. 下列关于 Ras 蛋白特点的叙述，正确的是
  A. 具有 GTP 酶活性
  B. 能使蛋白质酪氨酸磷酸化
  C. 具有 7 个跨膜螺旋结构
  D. 属于蛋白质丝 / 苏氨酸激酶

（研）4. 在经典的信号转导途径中，受 G 蛋白激活直接影响的酶是
  A. PKC　　　　　　　　　　　B. MAPK
  C. JAK　　　　　　　　　　　D. AC

（研）5. 具有酪氨酸激酶活性的信号分子有
  A. MAPK　　　　　　　　　　B. G 蛋白
  C. Src 蛋白激酶　　　　　　　D. 表皮生长因子受体

（执）6. G 蛋白的特点是
  A. 不能与 GTP 结合

B. 只有一条多肽链

C. 三聚体 G 蛋白由 α、β 和 γ 亚基组成

D. 三聚体 G 蛋白分布在细胞核

E. 没有活性型与非活性型的互变

【答案】

1. C 2. D 3. A 4. D 5. CD 6. C

○ 温 故 知 新 ○

第四章

医学生化专题

第十七节　血液的生物化学

一、血液的化学成分

正常人体的血液总量约占体重的 8%,由血浆、血细胞和血小板组成。血浆占全血容积的 55%~60%。血液凝固后析出淡黄色透明液体,称作血清。

1. 水和无机盐

(1)正常人血液的含水量为 77%~81%,比重为 1.050~1.060,它主要取决于血液内的血细胞数和蛋白质的浓度。血液的 pH 为 7.40±0.05。

(2)血液的固体成分:可分为无机物和有机物两大类。无机物主要以电解质为主,重要的阳离子有 Na^+、K^+、Ca^{2+}、Mg^{2+},重要的阴离子有 Cl^-、HCO_3^-、HPO_4^{2-} 等,它们在维持血浆晶体渗透压、酸碱平衡以及神经肌肉的正常兴奋性等方面起重要作用。

2. 血浆蛋白质　人血浆内蛋白质总浓度为 70~75g/L,它们是血浆主要的固体成分。已知血浆蛋白质有 200 多种,其中既有单纯蛋白质又有结合蛋白质,如糖蛋白和脂蛋白,血浆中还有抗体。

3. 非蛋白质含氮物质　主要有尿素、肌酸、肌酸酐、尿酸、胆红素和氨等,它们中的氮总量称为非蛋白质氮。其中血尿素氮(BUN)约占非蛋白质氮的 1/2。

4. 不含氮的有机化合物　包括糖类、脂质、小分子有机酸等。

二、血浆蛋白质

1. 分类　电泳是最常用的分离蛋白质的方法。血浆蛋白质的醋酸纤维素薄膜电泳染色后图谱,见图 4-1。

清蛋白是人体血浆中最主要的蛋白质,约占血浆总蛋白的 50%。肝脏每天约合成 12g 清蛋白。清蛋白以前清蛋白的形式合成,成熟的清蛋白是含 585 个氨基酸残基的单一多肽链,分子形状呈椭圆形。球蛋白的浓度为 15~30g/L。正常的清蛋白与球蛋白的比例(A/G)为 1.5~2.5。

2. 性质

(1)除 γ 球蛋白(由浆细胞合成)外,绝大多数血浆蛋白在肝合成。

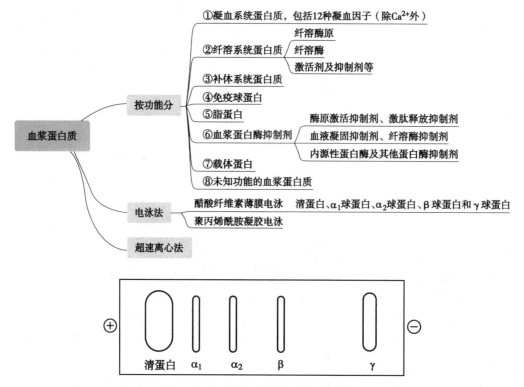

图 4-1　血浆蛋白质的醋酸纤维素薄膜电泳染色后图谱

（2）血浆蛋白的合成场所一般位于膜结合的多核糖体上：血浆蛋白质在进入血浆前，在肝细胞内经历了从粗面内质网到高尔基复合体再抵达质膜而分泌入血液的途径。即合成的蛋白质转移入内质网池，然后被酶切去信号肽，蛋白质前体成为成熟蛋白质。

（3）除清蛋白外，几乎所有的血浆蛋白均为糖蛋白：糖蛋白含有 $N-$ 或 $O-$ 连接的寡糖链，这些寡糖链包含了许多生物信息，可发挥重要作用。血浆蛋白质合成后需要定向输送，此过程需要寡糖链。寡糖链中包含的生物信息具有识别作用。

（4）许多血浆蛋白呈现多态性：ABO 血型是广为人知的多态性，另外 α_1 抗胰蛋白酶、结合珠蛋白、运铁蛋白、铜蓝蛋白和免疫球蛋白等均具有多态性。

（5）每种血浆蛋白均有自己特异的半衰期：如清蛋白、结合珠蛋白的半衰期分别为20d、5d 左右。

（6）血浆蛋白质水平的改变往往与疾病紧密相关。在急性炎症或损伤时，某些血浆蛋白水平会升高，称为急性期蛋白质（APP），如 C 反应蛋白、α_1 抗胰蛋白酶、结合珠蛋白、α_1 酸性蛋白和纤维蛋白原等。患慢性炎症或肿瘤时，也会出现这种升高，提示急性期蛋白在人体炎症反应中起一定作用。例如，α_1 抗胰蛋白酶能使急性炎症期释放的某些蛋白酶失效；白细胞介素 1（IL-1）是单核巨噬细胞释放的一种多肽，它能刺激肝细胞合成许多急性期反应物（APR）。急性期亦有些蛋白质浓度出现降低，如清蛋白和运铁蛋白等。

3. 功能

（1）维持血浆胶体渗透压：血浆胶体渗透压仅占血浆总渗透压的极小部分（1/230），但它对水在血管内外的分布具有决定性作用。

1）正常人血浆胶体渗透压的大小,取决于血浆蛋白质的摩尔浓度。

2）清蛋白分子量小(69kD),在血浆内的总含量大、摩尔浓度高,生理 pH 条件下的电负性高,故最能有效维持胶体渗透压。清蛋白产生的胶体渗透压占血浆胶体总渗透压的 75%~80%。

（2）维持血浆正常的 pH：蛋白质是两性电解质,血浆蛋白质的等电点大部分在pH4.0~7.3。血浆蛋白盐与相应血浆蛋白形成缓冲对,参与维持正常的 pH。

（3）运输作用：血浆蛋白质可与脂溶性物质结合而使其运输。

1）脂溶性维生素 A 以视黄醇形式存在于血浆中,可形成视黄醇 – 视黄醇结合蛋白 –前清蛋白复合物,既防治视黄醇氧化、还防止视黄醇 – 视黄醇结合蛋白复合物从肾丢失。

2）清蛋白能与脂肪酸、Ca^{2+}、胆红素、磺胺等多种物质结合。

3）皮质激素传递蛋白、运铁蛋白、铜蓝蛋白等可运输血浆中某些物质,还可调节被运输物质的代谢。

（4）免疫作用：血浆的免疫球蛋白,IgG、IgA、IgM、IgD、IgE,又称为抗体,在体液免疫中起重要作用。蛋白酶——补体可协助抗体完成免疫功能。免疫球蛋白能识别特异性抗原并与之结合,形成的抗原抗体复合物能激活补体系统,产生溶菌和溶细胞现象。

（5）催化作用：血清酶根据来源和功能可分为以下三类。

1）血浆功能酶：绝大多数由肝合成后分泌入血,并在血浆中发挥催化作用。如凝血及纤溶系统的多种蛋白水解酶,它们都以酶原的形式存在于血浆内,在一定条件下被激活后发挥作用。

2）外分泌酶：外分泌腺分泌的酶类包括胃蛋白酶、胰蛋白酶、胰淀粉酶、胰脂肪酶和唾液淀粉酶等。在生理条件下这些酶少量逸入血浆,其催化活性与血浆的正常生理功能无直接关系。当这些脏器受损时,逸入血浆的酶量增加,血浆内相关酶的活性增高,在临床上有诊断价值。

3）细胞酶：细胞酶存在于细胞和组织内,参与物质代谢。随细胞的不断更新,这些酶可释放至血。正常时它们在血浆中含量甚微。这类酶大部分无器官特异性,小部分来源于特定的组织,表现为器官特异性。当特定器官病变时,血浆内相应的酶活性增高,可用于临床酶学检验。

（6）营养作用：每个成人 3L 左右的血浆中约含有 200g 蛋白质。单核 – 吞噬细胞系统可将吞入的血浆蛋白质分解为氨基酸,掺入氨基酸池,用于组织蛋白质的合成或转变成其他含氮化合物。蛋白质还能分解供能。

（7）凝血、抗凝血和纤溶作用：血浆中存在众多的凝血因子、抗溶血及纤溶物质,发挥相应作用。

（8）血浆蛋白质异常与临床疾病：风湿病常有免疫球蛋白增高;急性肝炎时,出现非典型的急性时相反应,前清蛋白(PAB)是肝功能损害的敏感指标;肝硬化时清蛋白减少,球蛋白增加,清蛋白 / 球蛋白(A/G)倒置等;多发性骨髓瘤常在原 γ 区带外出现特征性的 M 蛋白峰。

三、红细胞的代谢

1. 血红素合成的原料、部位和关键酶

（1）概述

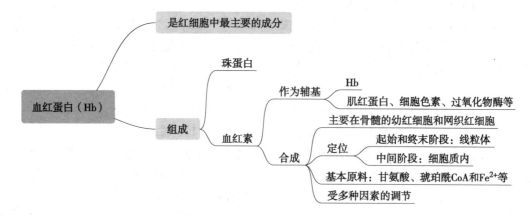

（2）合成步骤（图4-2）

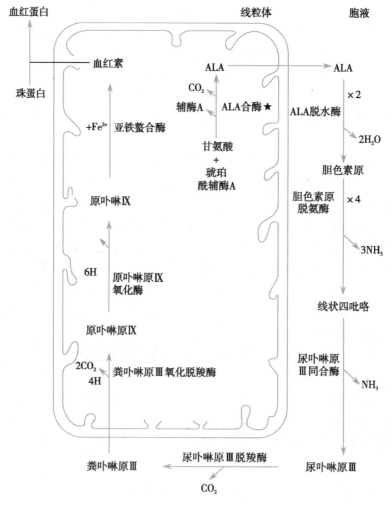

图4-2 血红素的合成步骤

★为限速酶。

1）δ- 氨基 -γ- 酮戊酸（ALA）的合成：在线粒体内，由琥珀酰 CoA 与甘氨酸缩合生成 ALA，由 ALA 合酶（限速酶）催化，其辅酶是磷酸吡哆醛。

2）胆色素原的合成：ALA 从线粒体进入胞质，由 ALA 脱水酶催化，2 分子 ALA 脱水缩合成 1 分子胆色素原。ALA 脱水酶属于巯基酶，对铅等重金属的抑制作用十分敏感。

3）尿卟啉原和粪卟啉原的合成：在胞质中，由尿卟啉原 I 同合酶（又称胆色素原脱氨酶）催化，使 4 分子胆色素原脱氨缩合生成 1 分子线状四吡咯，后者再由 UPGⅢ同合酶催化生成尿卟啉原Ⅲ（UPG Ⅲ）。UPG Ⅲ进一步经尿卟啉原Ⅲ脱羧酶催化，生成粪卟啉原Ⅲ（CPG Ⅲ）。

> **ⓘ 提示**
>
> UPGⅢ同合酶单独存在时并无活性，须与 UPGⅠ同合酶协同作用；若无 UPGⅢ同合酶，线状四吡咯不稳定，可生成尿卟啉原Ⅰ（UPGⅠ）。正常 UPG Ⅲ的合成是主要途径，UPGⅠ极少。病理情况下 UPGⅢ合成受阻，生成较多 UPGⅠ。

4）血红素的生成：胞质中的粪卟啉原Ⅲ再进入线粒体，经粪卟啉原Ⅲ氧化脱羧酶催化，生成原卟啉原Ⅸ，再由原卟啉原Ⅸ氧化酶催化，生成原卟啉Ⅸ。原卟啉Ⅸ与 Fe^{2+} 经亚铁螯合酶（血红素合成酶）催化，生成血红素。

血红素生成后从线粒体转运到胞质，在骨髓的有核红细胞及网织红细胞中，与珠蛋白结合成为血红蛋白。

血红素合成的特点：①体内大多数组织均具有合成血红素的能力，但合成的主要部位是骨髓与肝，成熟红细胞不含线粒体，故不能合成血红素。②血红素合成的原料是琥珀酰 CoA、甘氨酸及 Fe^{2+} 等简单小分子物质。其中间产物的转变主要是吡咯环侧链的脱羧和脱氢反应。各种卟啉原化合物的吡咯环之间无共轭结构，均无色，性质不稳定，易被氧化，对光尤为敏感。③血红素合成的起始和最终过程均在线粒体中进行，而其他中间步骤则在胞质中进行。这种定位对终产物血红素的反馈调节作用具有重要意义。

（3）血红素合成的调节

1）ALA 合酶（表 4-1）：ALA 合酶是血红素合成的限速酶，受血红素的反馈抑制。磷酸吡哆醛是 ALA 合酶的辅酶，故维生素 B_6 缺乏可影响血红素的合成。

表 4-1 ALA 合酶

ALA 合酶	影响因素
诱导合成	①睾酮在体内的 5-β 还原物 ②致癌物质、药物、杀虫剂等（致肝 ALA 合酶显著增加）
抑制合成	血红素、维生素 B_6 缺乏、高铁血红素

2）ALA 脱水酶与亚铁螯合酶：两者均对重金属的抑制非常敏感，因此血红素合成的抑制是铅中毒的重要体征。亚铁整合酶还需要还原剂（如谷胱甘肽），任何还原条件的中断也会抑制血红素的合成。

3）促红细胞生成素（EPO）：主要在肾合成，缺氧时即释放入血，运至骨髓，EPO 可同原始红细胞和红系集落形成单位相互作用，促使它们繁殖和分化，可促进有核红细胞的成熟及血红素、Hb 的合成。故 EPO 是红细胞的主要调节剂。

铁卟啉合成代谢异常而导致卟啉或其中间代谢物排出增多，称为卟啉症。先天性卟啉症是由某种血红素合成酶系的遗传性缺陷所致；后天性卟啉症则主要指铅中毒或某些药物中毒引起的铁卟啉合成障碍，例如铅等重金属中毒除抑制前面提及的两种酶外，还能抑制尿卟啉合成酶。

提示

卟啉症有先天性和后天性两大类。

2. 成熟红细胞的代谢

（1）特点：红细胞是血液中最主要的细胞，它是在骨髓中由造血干细胞定向分化而成的红系细胞。成熟红细胞除质膜和胞质外，无细胞核和线粒体等细胞器，其代谢比一般细胞单纯。葡萄糖是成熟红细胞的主要能量物质。红细胞主要的功能是运送氧。

（2）代谢：血液循环中的红细胞每天大约从血浆摄取 30g 葡萄糖，其中 90%~95% 经糖酵解通路和 2,3- 二磷酸甘油酸（2,3-BPG）支路进行代谢，5%~10% 通过磷酸戊糖途径进行代谢。

1）糖酵解：是红细胞获得能量的唯一途径。红细胞中的 ATP 主要作用，见表 4-2。

表 4-2　红细胞中的 ATP 主要作用

主要作用	临床意义
维持红细胞膜上钠泵的运转	Na^+ 和 K^+ 一般不易通过细胞膜，钠泵通过消耗 ATP，将 Na^+ 泵出、K^+ 泵入红细胞，以维持红细胞的离子平衡、细胞容积和双凹盘状形态
维持红细胞膜上钙泵的运行	将红细胞内的 Ca^{2+} 泵入血浆，以维持红细胞内的低钙状态
维持红细胞膜上脂质与血浆脂蛋白中的脂质进行交换	红细胞膜的脂质处于不断地更新中，此过程需消耗 ATP。缺乏 ATP 时，脂质更新受阻，红细胞可塑性降低，易于破坏
用于谷胱甘肽、NAD^+/$NADP^+$ 的生物合成	谷胱甘肽由谷氨酸、半胱氨酸、甘氨酸结合而成；烟酰胺在体内与 ATP 反应生成辅酶 NAD^+ 和 $NADP^+$，这些反应均需 ATP 的参与
用于葡萄糖的活化，启动糖酵解过程	葡萄糖分解的第一步反应是磷酸化而活化，需由 ATP 供能

> **ⓘ 提示**
>
> 肝细胞是合成谷胱甘肽的主要部位。

2）糖酵解存在 2,3- 二磷酸甘油酸（2,3-BPG）旁路（图 4-3）：由于 2,3-BPG 磷酸酶的活性较低，2,3-BPG 的生成大于分解，造成红细胞内 2,3-BPG 升高。

红细胞内 2,3-BPG 虽然也能供能，但主要功能是调节血红蛋白的运氧功能。2,3-BPG 是调节 Hb 运氧功能的重要因素，它是一个电负性很高的分子，可与血红蛋白结合，结合部位在 Hb 分子 4 个亚基的对称中心孔穴内。2,3-BPG 的负电基团与组成孔穴侧壁的 2 个 β 亚基的带正电基团形成盐键，从而使血红蛋白分子的 T 构象更趋稳定，降低 Hb 与 O_2 的亲和力。

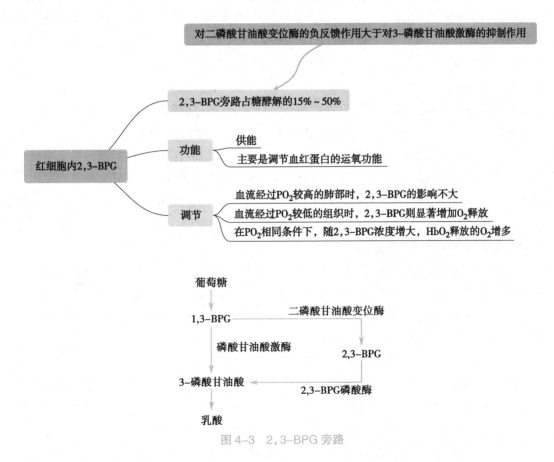

图 4-3　2,3-BPG 旁路

3）磷酸戊糖途径：细胞内磷酸戊糖途径的主要功能是产生 NADPH+H^+。NADH 和 NADPH 是红细胞内重要的还原当量，能够对抗氧化剂，保护细胞膜蛋白质、血红蛋白和酶蛋白的巯基等不被氧化，从而维持红细胞的正常功能。磷酸戊糖途径是红细胞产生 NADPH 的唯一途径。红细胞中的 NADPH 能维持细胞内还原型谷胱甘肽（GSH）的含量，使红细胞免遭外源性和内源性氧化剂的损害。

由于氧化作用,红细胞内经常产生少量高铁血红蛋白(MHb),MHb中的铁为三价,不能带氧。但红细胞内有NADH-高铁血红蛋白还原酶和NADPH-高铁血红蛋白还原酶催化MHb还原成Hb。另外,GSH和抗坏血酸也能直接还原MHb。在上述高铁血红蛋白还原系统中,以NADH-高铁血红蛋白还原酶最重要。由于MHb还原系统的存在,使红细胞内MHb只占Hb总量的1%~2%。

4)红细胞不能合成脂肪酸:成熟红细胞的脂类几乎都存在于细胞膜。成熟红细胞由于没有线粒体,故无法从头合成脂肪酸,但膜脂的不断更新却是红细胞生存的必要条件。红细胞通过主动参入和被动交换不断地与血浆进行脂质交换,维持其正常的脂质组成、结构和功能。

5)高铁血红素促进珠蛋白的合成:血红蛋白由珠蛋白与血红素构成,血红素的氧化产物高铁血红素能促进珠蛋白的生物合成。cAMP激活蛋白激酶A后,蛋白激酶A能使无活性的eIF-2激酶磷酸化。后者再催化eIF-2磷酸化而使之失活。高铁血红素有抑制cAMP激活蛋白激酶A的作用,从而使eIF-2保持去磷酸化的活性状态,有利于珠蛋白的合成,进而影响血红蛋白的合成。

3. 白细胞的代谢　人体白细胞由粒细胞、淋巴细胞和单核巨噬细胞三大系统组成。主要功能是对外来入侵起抵抗作用,白细胞的代谢与白细胞的功能密切相关。

(1)糖酵解是白细胞主要的获能途径:由于粒细胞的线粒体很少,故糖酵解是主要的糖代谢途径。中性粒细胞能利用外源性的糖和内源性的糖原进行糖酵解,为细胞的吞噬作用提供能量。单核巨噬细胞虽能进行有氧氧化,但糖酵解仍占很大比重。在免疫反应中,T淋巴细胞接受复杂的信号后激活、增殖和分化成不同的细胞亚型。不同状态和阶段的T淋巴细胞其葡萄糖代谢的特点有所不同。

(2)粒细胞和单核巨噬细胞能产生活性氧,发挥杀菌作用:中性粒细胞和单核巨噬细胞被趋化因子激活后,细胞内磷酸戊糖途径被激活,产生大量的NADPH。经NADPH氧化酶递电子体系可使O_2接受单电子还原,产生大量的超氧阴离子(O_2^-)。超氧阴离子再进一步转变成H_2O_2,·OH等活性氧,起杀菌作用。

(3)粒细胞和单核巨噬细胞能合成多种物质参与超敏反应

1)速发型超敏反应(Ⅰ型超敏反应)中,在多种刺激因子作用下,单核巨噬细胞可将花生四烯酸转变成血栓烷和前列腺素,而在脂氧化酶的作用下,粒细胞和单核巨噬细胞可将花生四烯酸转变成白三烯,同时,粒细胞中的大量组氨酸代谢生成组胺。

2)组胺、白三烯和前列腺素都是速发型超敏反应中重要的生物活性物质。

(4)单核巨噬细胞和淋巴细胞能合成多种活性蛋白质:成熟粒细胞缺乏内质网,故蛋白质合成量很少。而单核/巨噬细胞的蛋白质代谢很活跃,能合成多种酶、补体和各种细胞因子。在免疫反应中,B淋巴细胞分化为浆细胞,产生并分泌多种抗体蛋白,参与体液免疫。

◦ 经 典 试 题 ◦

（研）1. 血浆中能结合运输胆红素、磺胺等多种物质的蛋白质是

　　A. 清蛋白

　　B. 运铁蛋白

　　C. 铜蓝蛋白

　　D. 纤维蛋白

（研）2. 能够调节血红蛋白运氧功能的物质是

　　A. 三羧酸循环产物

　　B. 2,3-二磷酸甘油酸旁路产物

　　C. 磷酸戊糖途径产物

　　D. 丙酮酸脱氢酶复合体催化产物

（研）3. 血浆蛋白质的功能有

　　A. 维持血浆胶体渗透压

　　B. 维持血浆正常 pH

　　C. 运输作用

　　D. 免疫作用

（执）4. 在血清蛋白电泳中,泳动最慢的蛋白质是

　　A. 白蛋白

　　B. α_1 球蛋白

　　C. α_2 球蛋白

　　D. β 球蛋白

　　E. γ 球蛋白

（执）5. 血红素合成的原料是

　　A. 乙酰 CoA、甘氨酸、Fe^{3+}

　　B. 琥珀酰 CoA、甘氨酸、Fe^{2+}

　　C. 乙酰 CoA、甘氨酸、Fe^{2+}

　　D. 丙氨酰 CoA、组氨酸、Fe^{2+}

　　E. 草酰 CoA、丙氨酸、Fe^{2+}

【答案与解析】

1. A。解析:清蛋白能与脂肪酸、Ca^{2+}、胆红素、磺胺等多种物质结合。皮质激素传递蛋白、运铁蛋白、铜蓝蛋白等可运输血浆中某些物质,还可调节被运输物质的代谢。故选 A。

2. B　3. ABCD　4. E　5. B

○ 温 故 知 新 ○

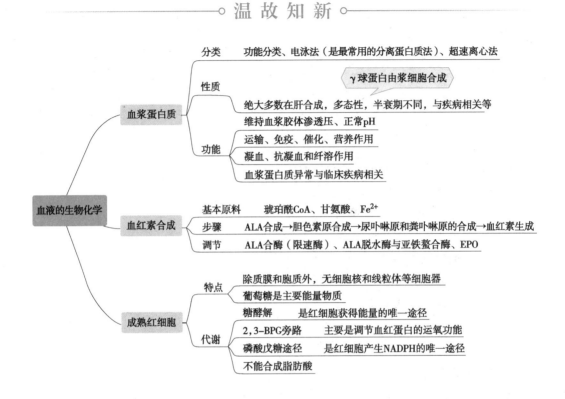

第十八节 肝的生物化学

一、概述

1. 肝是人体最大的实质性器官,也是体内最大的腺体。独特的结构特点,赋予肝复杂多样的生物化学功能。

2. 肝的结构特点

(1)具有肝动脉和门静脉双重血液供应。既可从肝动脉获得由肺及其他组织运来的氧和代谢物,又可从门静脉中获得由肠道吸收的各种营养物质,为各种物质在肝的代谢奠定了物质基础。

(2)存在肝静脉和胆道系统双重输出通道。肝静脉与体循环相连,可将肝内的代谢中间物或代谢产物运输到其他组织利用或排出体外;胆道系统与肠道相通,将肝分泌的胆汁排入肠道,同时排出一些代谢废物。

(3)具有丰富的肝血窦。肝动脉和门静脉入肝后经反复分支,形成小叶间动脉及小叶间静脉,最后均进入肝血窦。血窦使肝细胞与血液的接触面积扩大,加之血窦中血流速率减慢,为肝细胞与血液进行充分的物质交换提供了时间保证。

（4）肝细胞含有丰富的细胞器（如内质网线粒体、溶酶体、过氧化物酶体等）和丰富的酶体系，有些甚至是肝所独有的。因此肝细胞除存在一般细胞所具有的代谢途径外，还具有一些特殊的代谢功能。

基于上述特点，肝不仅在机体糖、脂质、蛋白质、维生素、激素等物质代谢中处于中心地位，而且还具有生物转化、分泌和排泄等多方面的生理功能。

二、肝在物质代谢中的作用

肝不仅在机体糖、脂质、蛋白质、维生素、激素等物质代谢中处于中心地位，而且还具有生物转化、分泌和排泄等多方面的生理功能。

1. 肝是维持血糖水平相对稳定的重要器官

（1）正常血糖的来源和去路处于动态平衡，主要凭借激素的调节，这些激素的主要靶器官是肝。肝细胞主要通过调节糖原合成与分解、糖异生途径维持血糖的相对恒定。

1）肝细胞膜葡糖转运蛋白 2（GLUT2）能有效转运葡萄糖，可使肝细胞内的葡萄糖浓度与血糖浓度保持一致。肝细胞含有特异的己糖激酶同工酶Ⅳ，即葡糖激酶。其 K_m 较肝外组织的己糖激酶高得多，且不被其产物葡糖 -6- 磷酸所抑制，这利于肝在饱食状态下血糖浓度很高时，仍可持续将葡萄糖磷酸化成葡糖 -6- 磷酸，并将其合成肝糖原贮存。血糖高时，葡糖 -6- 磷酸除氧化供能以及合成糖原储存外，还可在肝内转变成脂肪，并以 VLDL 的形式运出肝外，贮存于脂肪组织。

2）肝细胞内含有葡糖 -6- 磷酸酶（该酶不存在于肌组织），在空腹状态下，可将肝糖原分解生成的葡糖 -6- 磷酸直接转化成葡萄糖以补充血糖。肝细胞还存在一套完整的糖异生酶系，是糖异生最重要的器官。肝还能将小肠吸收的其他单糖，如果糖及半乳糖转化为葡萄糖，作为血糖的补充来源。肝细胞严重损伤时，易造成糖代谢紊乱。

（2）肝细胞的磷酸戊糖途径也很活跃，为肝的生物转化作用提供足够 NADPH。肝细胞中的葡萄糖还可通过糖醛酸途径生成 UDP- 葡糖醛酸（UDPGA），作为肝生物转化结合反应中最重要的物质。

2. 肝在脂质代谢中占据中心地位

（1）肝在脂质消化吸收中具有重要作用。肝细胞合成并分泌胆汁酸，为脂质（包括脂溶性维生素）的消化、吸收所必需。

肝损伤时，肝分泌胆汁能力下降；胆管阻塞时，胆汁排出障碍，均可导致脂质的消化吸收不良，产生厌油腻和脂肪泻等临床症状。

（2）肝可有效协调脂肪酸氧化供能和酯化合成甘油三酯两条途径。肝是体内产生酮体的唯一器官。

（3）肝是合成胆固醇的主要器官，其合成量占全身合成总量的 3/4 以上。肝又是转化及排出胆固醇的主要器官。胆汁酸的生成是肝降解胆固醇的最重要途径。胆道几乎是机体排出胆固醇及其转化产物的唯一途径，肝几乎是机体排出胆固醇及其转化产物的唯一器官。

严重肝损伤时,不仅影响胆固醇合成而且影响 LCAT 的生成,故除血浆胆固醇含量减少外,血浆胆固醇酯的降低往往出现得更早、更明显。

（4）肝在血浆脂蛋白代谢中起重要作用。肝是降解 LDL 的重要器官。HDL 也主要在肝合成。肝细胞合成的 apoC II 可激活肝外组织毛细血管内皮细胞表面的 LPL,在血浆 CM 和 VLDL 的甘油三酯分解代谢中具有不可或缺的作用。

（5）肝磷脂的合成非常活跃,尤其是卵磷脂的合成。磷脂合成障碍可影响 VLDL 的合成和分泌,导致肝内脂肪运出障碍而在肝中堆积,成为脂肪肝发生的机制之一。

3. 肝内蛋白质合成及分解代谢均非常活跃

（1）除 γ 球蛋白（由浆细胞合成）外,几乎所有的血浆蛋白均由肝合成。

胚胎期肝可合成甲胎蛋白（α-AFP）,胎儿出生后其合成受到抑制,正常人血浆中很难检出。原发肝癌细胞中 AFP 基因的表达失去阻遏,血浆中可再次检出此种蛋白质,是原发性肝癌的重要肿瘤标志物。

（2）肝是体内除支链氨基酸（亮氨酸、异亮氨酸、缬氨酸）以外的所有氨基酸分解和转变的重要器官。肝中转氨基、脱氨基、脱硫、脱羧基、转甲基等反应都很活跃。

（3）肝的另一重要功能是解氨毒。肝通过鸟氨酸循环将有毒的氨合成无毒的尿素。合成中所需的氨基甲酰磷酸合成酶 I 及鸟氨酸氨基甲酰转移酶只存在于肝细胞线粒体。肝是合成尿素的特异器官。其次,肝还可将氨转变成谷氨酰胺。

（4）肝是胺类物质的重要生物转化器官。正常人体经肝单胺氧化酶作用,将芳香族氨基酸脱羧产生的苯乙胺、酪胺等芳香胺加以氧化而清除。

4. 肝参与多种维生素和辅酶的代谢　肝在维生素的吸收、储存、运输及转化等方面起重要作用。

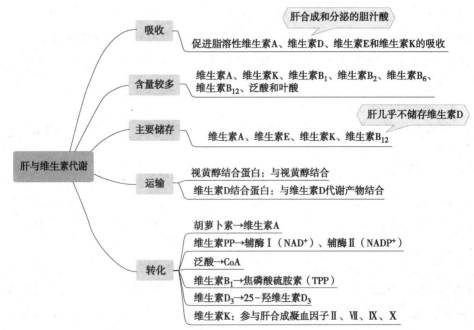

5. 肝参与多种激素的灭活　一些水溶性激素、类固醇激素如（雌激素、醛固酮）、抗利尿激素等均在肝代谢灭活。肝细胞严重损伤时，激素的灭活功能降低，体内的雌激素、醛固酮、抗利尿激素等水平升高，可出现男性乳房女性化、蜘蛛痣、肝掌（雌激素使局部小动脉扩张）及水钠潴留等。

三、肝的生物转化作用

1. 肝生物转化的概念和特点

（1）人体内存在许多代谢产物，其中一些对人体有一定的生物学效应或潜在的毒性作用。机体在排出这些物质之前，需对它们进行代谢转变，使其水溶性提高，极性增强，易随胆汁或尿液排出体外，这一过程称为生物转化。

体内需进行生物转化的物质按来源分：①内源性物质，包括体内物质代谢的产物或代谢中间物，如胺类、胆红素等以及发挥生理作用后有待灭活的激素、神经递质等生物学活性物质。②外源性物质，如药物、毒物、环境化学污染物、食品添加剂等和从肠道吸收来的腐败产物。

（2）生物转化的生理意义

1）通过生物转化作用可对体内的大部分物质进行代谢转化，使其生物学活性降低或丧失（灭活），或使有毒物质的毒性减低或消除（解毒），也可增加这些物质的水溶性和极性，从而易于从胆汁或尿液中排出。

2）但有些物质经过肝的生物转化作用后，虽然溶解性增加，但其毒性反而增强；有的还可能溶解性下降，不易排出体外。

如烟草中含有一种多环芳烃类化合物——苯并（a）芘，其本身没有直接致癌作用，但经过生物转化后反而成为直接致癌物。有的药物如环磷酰胺、百浪多息、水合氯醛和中药大黄等需经生物转化后才能成为有活性的药物。因此，不能将肝生物转化作用简单地称为解毒作用，这体现了肝生物转化作用的解毒与致毒的双重性特点。

> （i）提示
>
> 　　肝是机体内生物转化最重要的器官。皮肤、肺及肾等亦有一定的生物转化作用。

2. 肝的生物转化作用包括两相反应

（1）反应类型：第一相反应为氧化、还原和水解，第二相反应为结合反应。

实际上，许多物质的生物转化过程非常复杂。一种物质有时需要连续进行几种反应类型才能实现生物转化目的，这反映了肝生物转化作用的连续性特点。如阿司匹林常先水解成水杨酸后再经与葡糖醛酸的结合反应才能排出体外。

此外，同一种物质可进行不同类型的生物转化反应，产生不同的转化产物，这体现了肝生物转化反应类型的多样性特点。如阿司匹林先水解生成水杨酸，后者既可与葡糖醛酸结合转化成 β- 葡糖醛酸苷，又可与甘氨酸结合成水杨酰甘氨酸，还可水解后先氧化成羟基水杨酸,再进行多种结合反应。

（2）参与肝生物转化作用的酶类（表4-3）

表 4-3 参与肝生物转化作用的酶类

酶类	辅酶或结合物	细胞内定位
第一相反应		
氧化酶类		
单加氧酶系	NADPH+H$^+$、O$_2$、细胞色素 P450	内质网
胺氧化酶	黄素辅酶	线粒体
脱氢酶类	NAD$^+$	细胞质或线粒体
还原酶类		
硝基还原酶	NADH+H$^+$ 或 NADPH+H$^+$	内质网
偶氮还原酶	NADH+H$^+$ 或 NADPH+H$^+$	内质网
水解酶类		细胞质或内质网
第二相反应		
葡糖醛酸基转移酶	活性葡糖醛酸（UDPGA）	内质网
硫酸基转移酶	活性硫酸（PAPS）	细胞质
谷胱甘肽 S- 转移酶	谷胱甘肽（GSH）	细胞质与内质网
乙酰基转移酶	乙酰 CoA	细胞质
酰基转移酶	甘氨酸	线粒体
甲基转移酶	S- 腺苷甲硫氨酸（SAM）	细胞质与内质网

1）单加氧酶系是氧化异源物最重要的酶:肝细胞中存在多种氧化酶系,最重要的是定位于肝细胞微粒体的细胞色素 P450 单加氧酶（CYP）系。

● 单加氧酶系是一个复合物,至少包括两种组分:一种是细胞色素 P450（血红素蛋白）;另一种是 NADPH- 细胞色素 P450 还原酶（以 FAD 为辅基的黄酶）。该酶催化氧分子中的一个氧原子加到许多脂溶性底物中形成羟化物或环氧化物,另一个氧原子则被 NADPH 还原成水,故该酶又称羟化酶或称混合功能氧化酶。该酶是目前已知底物最广泛的生物转化酶类。对异源物进行生物转化的 CYP 主要是 CYP1、CYP2 和 CYP3 家族。

● 单加氧酶系的羟化作用不仅增加药物或毒物的水溶性而利于排出,而且还参与体内许多重要物质的羟化过程,如维生素 D$_3$ 的羟化、胆汁酸和类固醇激素合成过程中的羟化等。但有些致癌物质经氧化后丧失其活性,而有些本来无活性的物质经氧化后却生成有毒或致癌物质。

2）单胺氧化酶类氧化脂肪族和芳香族胺类:肝细胞线粒体内的单胺氧化酶（MAO）是另一类氧化酶类。属于黄素酶类,可催化蛋白质腐败作用等产生的脂肪族和芳香族胺类物质（如组胺、酪胺、腐胺等）以及一些肾上腺素能药物如 5- 羟色胺、儿茶酚胺类等的氧化脱氨基作用生成相应醛类,后者进一步在胞质中醛脱氢酶催化下进一步氧化成酸,使之丧失生物活性。

3）醇脱氢酶与醛脱氢酶将乙醇最终氧化成乙酸：肝细胞的细胞质存在以 NAD^+ 为辅酶的醇脱氢酶（ADH），可催化醇类氧化成醛，后者再由线粒体或细胞质中醛脱氢酶（ALDH）催化生成相应的酸类。

人体肝内 ALDH 活性最高。ALDH 的基因型有正常纯合子、无活性型纯合子和杂合子三型。无活性型纯合子完全缺乏 ALDH 活性，杂合子型部分缺乏 ALDH 活性。东方人群部分人 ALDH 基因有变异，致 ALDH 活性低下，此乃该人群饮酒后乙醛在体内堆积，引起血管扩张、面部潮红、心动过速、脉搏加快等反应的重要原因。

4）硝基还原酶和偶氮还原酶是第一相反应的主要还原酶：硝基化合物和偶氮化合物可分别在肝微粒体硝基还原酶和偶氮还原酶的催化下，以 NADH 或 NADPH 为供氢载体，还原生成相应的胺类，从而失去致癌作用。例如，硝基苯和偶氮苯经还原反应均可生成苯胺，后者再在单胺氧化酶的作用下，生成相应的酸。

5）酯酶、酰胺酶和糖苷酶是生物转化的主要水解酶：这些酶可分别催化脂质、酰胺类及糖苷类化合物中酯键、酰胺键和糖苷键的水解反应，以减低或消除其生物活性。注意，这些水解产物通常还需进一步转化反应才能排出体外。

6）葡糖醛酸结合反应：据研究，有数千种亲脂的内源物和异源物可与葡糖醛酸结合，如胆红素、类固醇激素、吗啡和苯巴比妥类药物等均可在肝与葡糖醛酸结合而进行生物转化，进而排出体外。

7）硫酸结合是常见的结合反应：肝细胞胞质存在硫酸基转移酶（SULT），以 PAPS 为活性硫酸供体，可催化硫酸基转移到类固醇、酚或芳香胺类等内、外源待转化物质的羟基上生成硫酸酯，既可增加其水溶性易于排出，又可促进其失活。

8）乙酰化是某些含胺类异源物的重要转化反应：肝细胞细胞质富含乙酰基转移酶，以乙酰 CoA 为乙酰基的直接供体，催化乙酰基转移到含氨基或肼的内、外源待转化物质（如异烟肼、磺胺、苯胺等），形成相应的乙酰化衍生物。

但磺胺类药物经乙酰化后，其溶解度反而降低，在酸性尿中易于析出，故在服用磺胺类药物时应服用适量的碳酸氢钠，以提高其溶解度，利于随尿排出。

9）谷胱甘肽结合是细胞应对亲电子性异源物的重要防御反应：肝细胞的细胞质富含谷胱甘肽 S- 转移酶（GST），可催化谷胱甘肽（GSH）与含有亲电子中心的环氧化物和卤代化合物等异源物结合，生成 GSH 结合产物。主要参与对致癌物、环境污染物、抗肿瘤药物以及内源性活性物质的生物转化。亲电子性异源物若不与 GSH 结合，则可结合 DNA、RNA 或蛋白质，导致细胞严重损伤。此外，谷胱甘肽结合反应也是细胞自我保护的重要反应。

10）甲基化反应是代谢内源化合物的重要反应：肝细胞中含有多种甲基转移酶，以 SAM 为活性甲基供体，催化含有氧、氮、硫等亲核基团化合物的甲基化反应。其中，细胞质中的可溶性儿茶酚 –O– 甲基转移酶（COMT），可催化儿茶酚和儿茶酚胺的羟基甲基化，生成有活性的儿茶酚化合物，也参与生物活性胺如多巴胺类的灭活等。

11）甘氨酸主要参与含羧基异源物的生物转化：含羧基的药物、毒物等异源物首先在酰基 CoA 连接酶催化下生成活泼的酰基 CoA，再在肝线粒体基质酰基 CoA：氨基酸 N– 酰基转移酶的催化下与甘氨酸、牛磺酸结合生成相应的结合产物。

> ⓘ **提示**
>
> 氧化反应是最多见的第一相反应，氧化酶系以肝细胞微粒体的细胞色素 P450 单加氧酶系最重要。第二相反应以葡糖醛酸结合反应最重要和最普遍。

3. 影响肝脏生物转化作用的因素

（1）肝的生物转化作用受年龄、性别、营养、疾病、遗传和诱导物等体内、外诸多因素的影响。疾病尤其严重肝病，可明显影响生物转化作用。遗传因素亦可显著影响生物转化酶的活性。

（2）许多异源物可诱导生物转化作用的酶类

1）许多异源物可以诱导合成一些生物转化酶类，在加速其自身代谢转化的同时，亦可影响对其他异源物的生物转化。例如长期服用苯巴比妥可诱导肝微粒体单加氧酶系的合成，使机体对苯巴比妥类催眠药的转化能力增强，是耐药性产生的重要因素之一。

2）同时服用多种药物时可出现药物之间对同一转化酶系的竞争性抑制作用，使多种药物的生物转化作用相互抑制，可导致某些药物药理作用强度的改变。例如保泰松可抑制双香豆素类药物的代谢，两者同时服用时，保泰松可增强双香豆素的抗凝作用。

3）食物中亦常含有诱导或抑制生物转化酶的物质。如食物中的黄酮类可抑制单加氧酶系的活性。

四、胆汁酸代谢

1. 胆汁

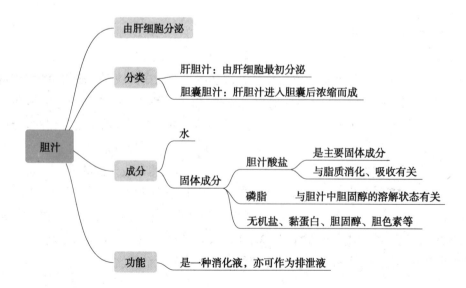

2. 胆汁酸的化学

（1）胆汁酸分类：胆汁酸有游离型、结合型及初级、次级之分。下文的 **−** 代表初级游离胆汁酸，**!** 代表次级游离胆汁酸，**+** 代表初级结合胆汁酸。

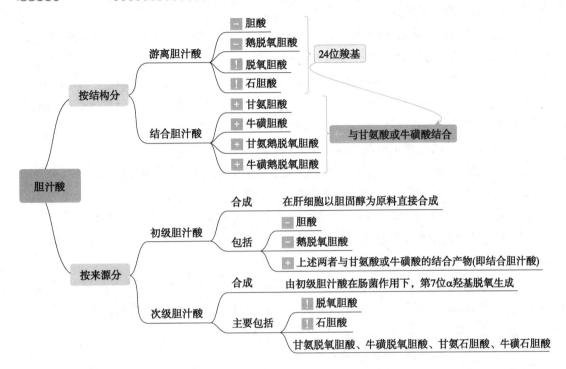

（2）胆盐：胆汁中所含的胆汁酸以结合型为主（占 90% 以上）。胆汁中的初级胆汁酸与次级胆汁酸均以钠盐或钾盐的形式存在，形成相应的胆汁酸盐，简称胆盐。

（3）主要生理功能

1）促进脂类物质的消化与吸收：胆汁酸的立体构型具有亲水和疏水两个侧面。这种结构特点赋予胆汁酸很强的界面活性，成为较强的乳化剂，使脂类在水中乳化成 3~10μm 的细小微团，有利于脂肪的消化。脂类的消化产物又与胆汁酸盐结合，并汇入磷脂等形成直径只有 20μm 的混合微团，利于通过小肠黏膜的表面水层，促进脂类物质的吸收。

2）维持胆汁中胆固醇的溶解状态以抑制胆固醇：胆固醇是否从胆汁中沉淀析出主要取决于胆汁中胆汁酸盐和卵磷脂与胆固醇之间的合适比例。如果肝合成胆汁酸或卵磷脂的能力下降、消化道丢失胆汁酸过多或胆汁酸肠肝循环减少，以及排入胆汁中的胆固醇过多（高胆固醇血症）等均可造成胆汁中胆汁酸和卵磷脂与胆固醇的比例下降，易发生胆固醇析出沉淀，形成胆结石。依据胆固醇含量可将胆结石分为胆固醇结石、黑色素结石和棕色素结石。

3. 胆汁酸的代谢

（1）初级胆汁酸在肝内以胆固醇为原料生成：肝细胞以胆固醇为原料合成初级胆汁酸，这是胆固醇在体内的主要代谢去路。反应步骤较复杂，催化的酶类主要分布于微粒体和胞质。

1）胆固醇生成 7α- 羟胆固醇：由胆固醇 7α- 羟化酶催化，此酶是胆汁酸合成途径的关键酶。临床上采用口服阴离子交换树脂考来烯胺减少肠道胆汁酸的重吸收，从而促进肝内胆固醇向胆汁酸的转化，以降低血浆胆固醇含量。

2）生成 24 碳的胆烷酰 CoA：7α- 羟胆固醇经过固醇核的 3α 和 12α 羟化、加氢还原、侧链氧化断裂、加水等反应，首先生成 24 碳的胆烷酰 CoA。

3）生成初级胆汁酸：胆烷酰 CoA 水解生成初级游离胆汁酸即胆酸（3α-7α-12α- 三羟 -5β- 胆烷酸）和鹅脱氧胆酸（3α，7α- 二羟 -5β- 胆烷酸），也可直接与甘氨酸或牛磺酸结合生成相应的初级结合胆汁酸，以胆汁酸钠盐或钾盐的形式随胆汁入肠。

（2）次级胆汁酸在肠道由肠菌作用生成

1）进入肠道的初级胆汁酸在发挥促进脂质的消化吸收后，在回肠和结肠上段，由肠菌酶催化胆汁酸的去结合反应和脱 7α- 羟基作用，生成次级胆汁酸。

2）胆酸脱去 7α- 羟基生成脱氧胆酸；鹅脱氧胆酸脱去 7α- 羟基生成石胆酸。这两种游离型次级胆汁酸还可经肠肝循环被重吸收入肝，并与甘氨酸或牛磺酸结合成为结合型次级胆汁酸。

3）肠菌还可将鹅脱氧胆酸转化成熊脱氧胆酸，即将鹅脱氧胆酸 7α- 羟基转变成 7β- 羟基，亦归属次级胆汁酸。熊脱氧胆酸含量很少，在慢性肝病治疗时具有抗氧化应激作用，可改善肝功能。

（3）胆汁酸的肠肝循环（图 4-4）

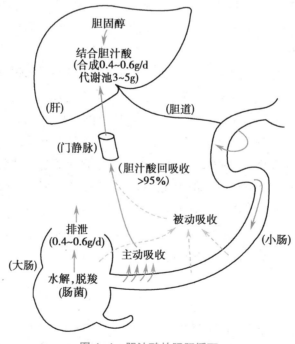

图 4-4　胆汁酸的肠肝循环

1）进入肠道的各种胆汁酸约有 95% 以上可被肠道重吸收，其余的（约为 5% 石胆酸）随粪便排出。

2）胆汁酸重吸收的两种方式：①结合型胆汁酸，在回肠部位主动重吸收；②游离型胆汁酸，在小肠各部及大肠被动重吸收。

3）重吸收的胆汁酸经门静脉重新入肝。在肝细胞内，游离胆汁酸被重新转变成结合胆汁酸，与重吸收及新合成的结合胆汁酸一起重新随胆汁入肠。

4）胆汁酸在肝和肠之间的不断循环过程称为胆汁酸"肠肝循环"。

（4）胆汁酸代谢的调节

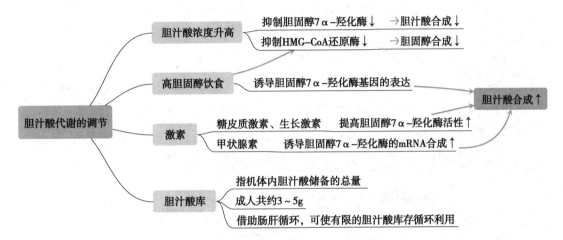

未被肠道吸收的小部分胆汁酸在肠菌的作用下，衍生成多种胆烷酸并由粪便排出。每日仅从粪便排出约 0.4~0.6g 胆汁酸，与肝细胞合成的胆汁酸量相平衡。此外，经肠肝循环回收入肝的石胆酸在肝中除与甘氨酸或牛磺酸结合外，还硫酸化生成硫酸甘氨石胆酸和硫酸牛磺石胆酸。这些双重结合的石胆酸常从粪便中排出，故正常胆汁中石胆酸含量甚微。

五、胆色素代谢与黄疸

1. 胆红素是铁卟啉类化合物的降解产物

（1）胆红素居于胆色素代谢的中心，是人体胆汁中的主要色素，呈橙黄色。

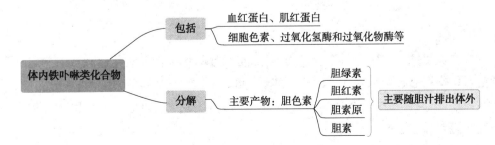

（2）<u>胆红素主要源于衰老红细胞的破坏。</u>

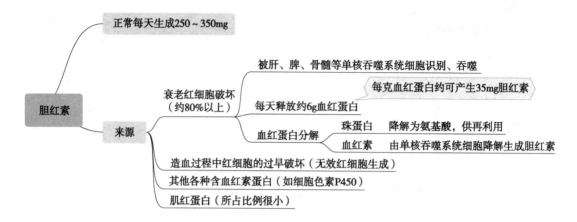

（3）血红素加氧酶和胆绿素还原酶催化胆红素的生成：<u>血红素</u>原卟啉Ⅸ环上的 α 次甲基（—CH＝）桥碳原子被氧化使卟啉环打开，形成<u>胆绿素</u>，进而还原为<u>胆红素</u>，次甲桥的碳转变成 CO，螯合的铁离子释出被再利用。

迄今已发现人体内存在 3 种血红素加氧酶同工酶：HO-1、HO-2 和 HO-3。

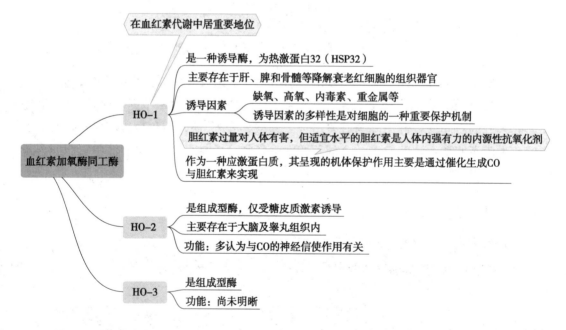

氧化应激可诱导 HO-1 的表达，从而增加胆红素的量以抵御氧化应激状态。胆红素的这种抗氧化作用通过胆绿素还原酶循环实现：胆红素氧化成胆绿素，后者再在分布广、活性强的胆绿素还原酶催化下，利用 NADH 或 NADPH 再还原成胆红素。胆绿素还原酶循环可使胆红素的作用增大 10 000 倍。

2. 血液中的胆红素主要与清蛋白结合而运输

（1）胆红素在单核吞噬系统细胞生成以后释放入血。胆红素在血浆中主要以胆红素 – 清蛋白复合体形式存在和运输。每个清蛋白分子有 1 个高亲和力结合部位、1 个低亲和力结合部位，可结合 2 分子胆红素。血浆清蛋白与胆红素的结合，增加了胆红素的水溶性，也限制了它自由通透各种细胞膜，避免了其对组织细胞造成的毒性作用。

（2）未经肝结合转化的，在血浆中与清蛋白结合运输的胆红素称为未结合胆红素或血胆红素或游离胆红素。

（3）未结合胆红素因分子内氢键存在，不能直接与重氮试剂反应，只有在加入乙醇或尿素等破坏氢键后才能与重氮试剂反应，生成紫红色偶氮化合物，故未结合胆红素又称为间接反应胆红素或间接胆红素。

某些有机阴离子（如磺胺药、水杨酸、胆汁酸、脂肪酸等）可与胆红素竞争性地结合清蛋白，使胆红素游离。过多的游离胆红素因脂溶性易穿透细胞膜进入细胞，尤其是富含脂质的脑部基底核的神经细胞，干扰脑的正常功能，称为胆红素脑病或核黄疸。有黄疸倾向的患者或新生儿生理性黄疸期，应慎用上述药物。

> **(i) 提示**
>
> 　　胆红素与清蛋白的结合是非特异性、非共价可逆性的，可起暂时性解毒作用，其根本性的解毒依赖肝内与葡糖醛酸结合的生物转化作用。

3. 胆红素在肝细胞中转变为结合胆红素并泌入胆小管

（1）游离胆红素可渗透肝细胞膜而被摄取：血中的胆红素以胆红素 – 清蛋白复合体运输到肝后，先与清蛋白分离，然后被肝细胞摄取。胆红素在肝细胞质中与 Y 蛋白（主要）和 Z 蛋白结合，以胆红素 –Y 蛋白或胆红素 –Z 蛋白形式被运送至肝细胞滑面内质网。

Y 蛋白和 Z 蛋白配体蛋白是胆红素在肝细胞质的主要载体，系谷胱甘肽 S– 转移酶（GST）家族成员，含量丰富，占肝细胞质总蛋白质的 3%~4%，对胆红素有高亲和力。配体蛋白可与胆红素 1∶1 结合。

（2）胆红素在内质网结合葡糖醛酸生成水溶性结合胆红素：在 UDP– 葡糖醛酸基转移酶（UGT）的催化下，胆红素分子的丙酸基与葡糖醛酸（由 UDPGA 提供）以酯键结合，生成葡糖醛酸胆红素。

每分子胆红素可至多结合 2 分子葡糖醛酸，主要生成胆红素葡糖醛酸二酯和少量胆红素葡糖醛酸一酯，两者均可被分泌入胆汁。此外，少量胆红素与硫酸结合，生成硫酸酯。

（3）与葡糖醛酸结合的胆红素因分子内不再有氢键，分子中间的亚甲桥不再深埋于分子内部，可以迅速、直接与重氮试剂发生反应，故结合胆红素又称为直接反应胆红素或直接胆红素。结合胆红素与未结合胆红素不同理化性质的比较，见表 4-4。

表 4-4　两种胆红素理化性质的比较

理化性质	未结合胆红素	结合胆红素
同义名称	间接胆红素、游离胆红素、血胆红素、肝前胆红素	直接胆红素、肝胆红素
与葡糖醛酸结合	未结合	结合
水溶性	小	大
脂溶性	大	小
透过细胞膜的能力及毒性	大	小
能否透过肾小球随尿排出	不能	能

（4）肝细胞向胆小管分泌结合胆红素：为主动转运。结合胆红素水溶性强,被肝细胞分泌进入胆管系统,随胆汁排入小肠。此被认为是肝脏代谢胆红素的限速步骤,亦是肝脏处理胆红素的薄弱环节。

1）肝细胞向胆小管分泌结合胆红素是一个逆浓度梯度的主动转运过程,定位于肝细胞膜胆小管域的多耐药相关蛋白 2（MRP2）是肝细胞向胆小管分泌结合胆红素的转运蛋白质。胆红素排泄一旦发生障碍,结合胆红素就可反流入血。

2）血浆中的胆红素通过肝细胞膜的自由扩散、肝细胞质内配体蛋白的运转、内质网的葡糖醛酸基转移酶的催化和肝细胞膜的主动分泌等联合作用,不断地被肝细胞摄取、结合转化与排泄,从而不断地得以清除。

4. 胆红素在肠道内转化为胆素原和胆素

（1）胆素原是结合胆红素经肠菌作用的产物：经肝细胞转化生成的葡糖醛酸胆红素随胆汁进入肠道,在回肠下段和结肠的肠菌作用下,脱去葡糖醛酸基,并被还原生成 d- 尿胆素原和中胆素原（i- 尿胆素原）。中胆素原可进一步还原生成粪胆素原,这些物质统称为胆素原（图 4-5）。

大部分胆素原随粪便排出体外,在肠道下段,这些无色的胆素原接触空气后被氧化成胆素。肠道中生成的胆素原有 10%~20% 可被肠黏膜细胞重吸收。

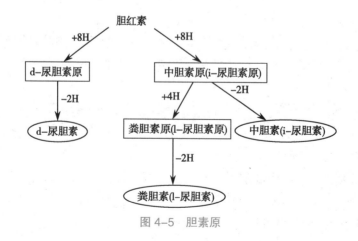

图 4-5　胆素原

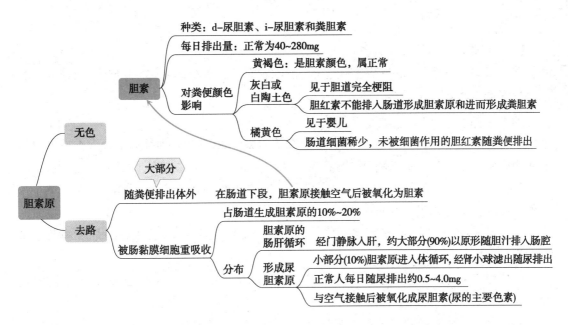

（2）临床上将尿胆素原、尿胆素及尿胆红素合称为尿三胆，是黄疸类型鉴别诊断的常用指标。正常人尿中检测不到尿胆红素。

（3）胆红素生成与胆素原肠肝循环的示意图（图4-6）

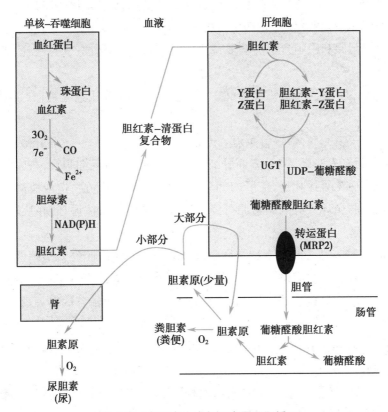

图4-6　胆红素生成与胆素原肠肝循环

5. 黄疸

（1）正常人血清胆红素含量甚微：正常人血清胆红素总量为3.4~17.1μmol/L,其中约80%是未结合胆红素,其余为结合胆红素。肝细胞对胆红素有强大的处理能力,故正常人血清胆红素含量甚微。

（2）黄疸依据病因有溶血性黄疸、肝细胞性黄疸和阻塞性黄疸之分

1）体内胆红素生成过多或肝细胞对胆红素的摄取、转化及排泄能力下降等素均可引起血浆胆红素含量增多。当血浆胆红素含量>17.1μmol/L,称为高胆红素血症。

2）胆红素为橙黄色物质,过量的胆红素可扩散进入组织造成黄染现象,称为黄疸。黄疸的程度取决于血浆胆红素的浓度。

- 显性黄疸:血浆胆红素浓度超过34.2μmol/L（20mg/L）时,肉眼可见皮肤、黏膜及巩膜等黄染的现象。

- 隐性黄疸:血浆胆红素在17.1~34.2μmol/L（10~20mg/L）之间时,肉眼观察不到皮肤与巩膜等黄染现象。

3）溶血性黄疸:又称为肝前性黄疸,系各种原因所致红细胞的大量破坏,单核吞噬系统产生胆红素过多,超过了肝细胞摄取、转化和排泄胆红素的能力,造成血液中未结合胆红素浓度显著增高所致。

- 特征:①血浆总胆红素、未结合胆红素含量增高;②结合胆红素的浓度改变不大,尿胆红素呈阴性;③因肝对胆红素的摄取、转化和排泄增多,过多的胆红素进入胆道系统,肠肝循环增多,使得尿胆原和尿胆素含量增多,粪胆原与粪胆素亦增加;④伴贫血、脾大及末梢血液网织红细胞增多等。

- 常见情况:某些药物、某些疾病（如恶性疟疾、过敏、镰状细胞贫血、蚕豆病等）及输血不当等。

4）肝细胞性黄疸:又称肝原性黄疸。由于肝细胞功能受损,一方面肝摄取胆红素障碍,造成血中未结合胆红素升高;另一方面肝细胞受损肿胀,压迫毛细胆管,造成肝内毛细胆管阻塞,而后者与肝血窦直接相通,使肝内部分结合胆红素反流入血,造成血清结合胆红素亦增高。此外,经肠肝循环入肝的胆素原可经损伤的肝细胞进入体循环,并从尿中排出,使尿胆素原升高。

- 特征:①血清未结合胆红素和结合胆红素均升高。②尿胆红素呈阳性。③尿胆素原升高,但若胆小管堵塞严重,则尿胆素原反而降低。④粪胆素原含量正常或降低。由于肝功能障碍,结合胆红素在肝内生成减少,粪便颜色可变浅。⑤血清谷丙转氨酶（ALT）及谷草转氨酶（AST）活性明显升高。

- 常见情况:常见于肝实质性疾病,如各种肝炎、肝硬化、肝肿瘤及中毒（如氯仿、四氯化碳）等引发的肝损伤。

5）阻塞性黄疸:又称为肝后性黄疸,由各种原因引起的胆管系统阻塞,胆汁排泄通道受阻,使胆小管和毛细胆管内压力增高而破裂,导致结合胆红素反流入血,使得血清结合胆红

素明显升高。

- 特征:①结合胆红素明显升高,未结合胆红素升高不明显;②大量结合胆红素可从肾小球滤出,所以尿胆红素呈强阳性,尿的颜色加深,可呈茶叶水色;③由于胆管阻塞排入肠道的结合胆红素减少,导致肠菌生成胆素原减少,粪便中胆素原及胆素含量降低,完全阻塞的患者粪便可变成灰白色或白陶土色;④血清胆固醇和碱性磷酸酶(ALP)活性明显升高等。
- 常见情况:胆管炎、肿瘤(尤其胰头癌)、胆结石或先天性胆管闭锁等。

各种黄疸的实验室检查变化,见表4-5。

表4-5　各种黄疸的实验室检查变化

指标	正常	溶血性黄疸	肝细胞性黄疸	阻塞性黄疸
血清胆红素浓度	<10mg/L	>10mg/L	>10mg/L	>10mg/L
结合胆红素	极少		↑	↑↑
未结合胆红素	0~8mg/L	↑↑	↑	
尿胆红素	−	−	++	++
尿胆素原	少量	↑	不一定	↓
尿胆素	少量	↑	不一定	↓
粪胆素原	40~280mg/24h	↑	↓或正常	↓或−
粪便颜色	正常	深	变浅或正常	完全阻塞时白陶土色

注:"−"代表阴性,"++"代表强阳性。

◦ 经 典 试 题 ◦

(研)1. 体内血红素代谢的终产物是

　　A. CO_2 和 H_2O

　　B. 乙酰 CoA

　　C. 胆色素

　　D. 胆汁酸

(研)2. 胆汁酸浓度升高时可抑制的酶有

　　A. 胆固醇 7α− 羟化酶

　　B. HMG−CoA 还原酶

　　C. UDP 葡糖醛酸基转移酶

　　D. 硫酸基转移酶

（研）3. 肝脏合成的初级胆汁酸有

    A. 胆酸

    B. 鹅脱氧胆酸

    C. 甘氨胆酸

    D. 牛磺胆酸

（研）4. 人体内的胆色素包括

    A. 胆绿素

    B. 胆红素

    C. 胆素原

    D. 胆素

（执）5. 胆汁酸合成的关键酶是

    A. HMG-CoA 还原酶

    B. 鹅脱氧胆酰 CoA 合成酶

    C. 胆固醇 7α- 羟化酶

    D. 胆酰 CoA 合成酶

    E. 7α- 羟胆固醇氧化酶

（执）（6~7 题共用备选答案）

    A. 血非结合胆红素升高, 结合胆红素正常

    B. 尿胆原弱阳性, 尿胆红素阴性

    C. 尿含铁血黄素阳性

    D. 血结合胆红素、非结合胆红素均升高, 尿胆素原阳性

    E. 血结合胆红素升高, 尿胆原阴性

    6. 与肝细胞性黄疸检查结果符合的是

    7. 与梗阻性黄疸检查结果符合的是

【答案】

  1. C 2. AB 3. ABCD 4. ABCD 5. C 6. D 7. E

◦ 温 故 知 新 ◦

肝的生物化学

- 肝与物质代谢
  - 参与维持血糖水平相对稳定
  - 在脂质代谢中占据中心地位
  - 肝内蛋白质合成及分解代谢均非常活跃
  - 参与多种维生素和辅酶的代谢
  - 参与多种激素的灭活

- 生物转化作用
  - 具有解毒与致毒的双重性
  - 两相反应
    - 第一相反应：氧化、还原和水解
    - 第二相反应：结合反应

- 胆汁酸代谢
  - 分类
    - 按结构分：游离型、结合型胆汁酸
    - 按来源分
      - 初级胆汁酸
        - 在肝内以胆固醇为原料生成
        - 关键酶：胆固醇7α-羟化酶
      - 次级胆汁酸
        - 在肠道由肠菌作用生成
        - 熊脱氧胆酸亦属此类
  - 肠肝循环
    - 结合型胆汁酸：在回肠主动重吸收
    - 游离型胆汁酸：在小肠各部及大肠被动重吸收

- 胆色素代谢
  - 胆红素
    - 居于胆色素代谢的中心
    - 是铁卟啉类化合物的降解产物
    - 血浆中：以胆红素-清蛋白存在和运输 【游离胆红素】
    - 肝细胞：转变为结合胆红素并泌入胆小管
    - 肠道内：转化为胆素原和胆素 【胆素原存在肠肝循环】
  - 黄疸
    - 定义：过量的胆红素（橙黄色）可扩散进入组织造成黄染现象
    - 病因分类：溶血性黄疸、肝细胞性黄疸和阻塞性黄疸

第十九节 维 生 素

一、脂溶性维生素

脂溶性维生素（表4-6）在血液中与脂蛋白或特异性结合蛋白质结合而运输，不易被排泄，在体内主要储存于肝，故不需每日供给。

1. 维生素A 是由1分子β-白芷酮环和2分子异戊二烯构成的不饱和一元醇。

（1）一般天然维生素A指A_1（视黄醇），主要存在于哺乳类动物和咸水鱼肝中。维生素A_2（3-脱氢视黄醇）则存在于淡水鱼肝中。

表 4-6 脂溶性维生素

名称	生理功能	活性形式	主要缺乏症
维生素 A	①视黄醛参与视觉传导 ②视黄酸调控基因表达和细胞生长与分化 ③是有效的抗氧化剂 ④可抑制肿瘤生长	视黄醛、视黄酸、视黄醇	眼干燥症、夜盲症
维生素 D	①调节钙、磷代谢 ②影响细胞分化,抑制某些肿瘤细胞增殖	$1,25(OH)_2$-D_3	佝偻病、软骨病和骨质疏松症
维生素 E	①是体内最重要的脂溶性抗氧化剂 ②参与调节基因表达 ③可促进血红素的合成	生育酚	溶血性贫血
维生素 K	①是凝血因子Ⅱ、Ⅶ、Ⅸ、Ⅹ合成所必需的辅酶 ②对骨代谢具有重要作用 ③减少动脉钙化	2-甲基-1,4-萘醌	易出血

(2)来源及代谢

1)丰富来源:动物性食品,如肝、肉类、蛋黄、乳制品、鱼肝油等。

2)食物中的维生素 A 主要以酯的形式存在,在小肠内受酯酶的作用而水解,生成视黄醇进入小肠黏膜上皮细胞后又重新被酯化,并掺入乳糜微粒,通过淋巴转运。

3)乳糜微粒中的视黄醇酯可被肝细胞和其他组织摄取,在肝细胞中被水解为游离视黄醇。

4)在血液中视黄醇与视黄醇结合蛋白相结合,后者再结合甲状腺素视黄质运载蛋白(TTR),形成视黄醇-RBP-TTR 复合体。在细胞内,视黄醇与细胞视黄醇结合蛋白(CRBP)结合。

5)肝细胞内过多的视黄醇则转移到肝内星状细胞,以视黄醇酯的形式储存。

(3)植物中无维生素 A,但含有被称为维生素 A 原的多种胡萝卜素,其中以 β-胡萝卜素最重要。

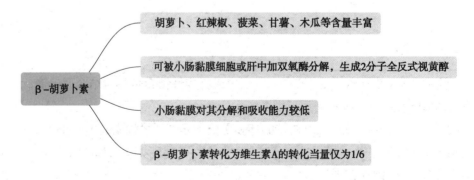

（4）维生素 A 可在肝内积存,长期过量摄入维生素 A 可出现维生素 A 中毒表现。

2. 维生素 D　是类固醇的衍生物,为环戊烷多氢菲类化合物。

（1）性质:维生素 D 为无色结晶,易溶于脂肪和有机溶剂,除对光敏感外,其化学性质较稳定。

（2）天然的维生素 D

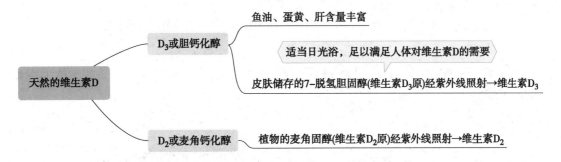

（3）代谢

1）进入血液的维生素 D_3 主要与血浆中维生素 D 结合蛋白（DBP）相结合而运输。

2）在肝微粒体 25- 羟化酶的催化下,维生素 D_3 被羟化生成 25- 羟维生素 D_3（25-OH-D_3）。25-OH-D_3 是血浆中维生素 D_3 的主要存在形式,也是维生素 D_3 在肝中的主要储存形式。

3）25-OH-D_3 在肾小管上皮细胞线粒体 1α- 羟化酶的作用下,生成维生素 D_3 的活性形式 1,25- 二羟维生素 D_3［1,25-(OH)$_2D_3$］。25-OH-D_3 和 1,25-(OH)$_2D_3$ 在血液中均与 DBP 结合而运输。

肾小管上皮细胞还存在 24- 羟化酶,催化 25-OH-D_3 进一步羟化生成 24,25-(OH)$_2D_3$。1,25(OH)$_2D_3$ 通过诱导 24- 羟化酶和阻遏 1α- 羟化酶的生物合成来控制其自身的生成量。

（4）维生素 D_3 在体内的转变示意图（图 4-7）

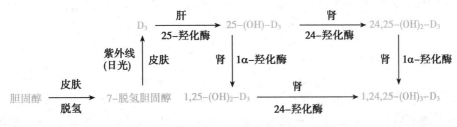

图 4-7　维生素 D_3 在体内的转变示意图

（5）长期每日过量摄入维生素 D 可引起中毒,特别是对维生素 D 较敏感的人。由于皮肤储存 7- 脱氢胆固醇有限,多晒太阳不会引起维生素 D 中毒。

3. 维生素 E

（1）分类：维生素 E 是苯并二氢吡喃的衍生物,包括生育酚和三烯生育酚两类,每类又分 α、β、γ 和 δ 四种。

（2）性质：天然维生素 E 主要存在于植物油、油性种子和麦芽等中,以 α- 生育酚分布最广、活性最高。α- 生育酚是黄色油状液体,溶于乙醇、脂肪和有机溶剂,对热及酸稳定,对碱不稳定,对氧极为敏感。在正常情况下,20%~40% 的 α- 生育酚可被小肠吸收。在机体内,维生素 E 主要存在于细胞膜、血浆脂蛋白和脂库中。

（3）人类尚未发现维生素 E 中毒症,但长期大量服用的副作用不能忽略。

4. 维生素 K

（1）性质：维生素 K 是 2- 甲基 -1, 4- 萘醌的衍生物。2- 甲基 -1, 4- 萘醌是维生素 K 的活性形式。

（2）分类

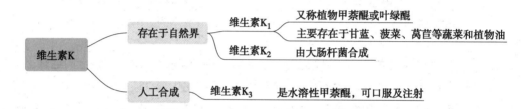

（3）代谢：维生素 K 主要在小肠被吸收,随乳糜微粒而代谢。体内维生素 K 的储存量有限,脂质吸收障碍可引发维生素 K 缺乏症。

（4）维生素 K 广泛分布于动、植物组织,且体内肠菌也能合成,一般不易缺乏。因维生素 K 不能通过胎盘,新生儿出生后肠道内又无细菌,所以新生儿有可能出现维生素 K 的缺乏。

> **提示**
>
> 维生素是人体内不能合成,或合成量很少,不能满足机体的需要,必须由食物供给,以维持正常生命活动的一类低分子量有机化合物,是人体的重要营养素之一。

二、水溶性维生素

水溶性维生素（表 4-7）包括 B 族维生素（B_1、B_2、PP 泛酸、生物素、B_6、叶酸与 B_{12}）和维生素 C。水溶性维生素在体内主要构成酶的辅因子,直接影响某些酶的活性。水溶性维生素依赖食物提供,体内很少蓄积,过多的水溶性维生素可随尿排出体外,一般不发生中毒现象,但供给不足时往往导致缺乏症。

1. 维生素 B_1　维生素 B_1 由含氨基的嘧啶环和含硫的噻唑环通过亚甲基桥相连而成,因分子中含有"硫""氨",又名硫胺素。

表 4-7　水溶性维生素

名称	生理功能	主要缺乏症
维生素 B_1	①α- 酮酸氧化脱羧酶的辅酶,参与氧化脱羧反应 ②转酮醇酶的辅酶,参与转酮醇作用 ③参与神经传导。抑制胆碱酯酶的活性	脚气病、末梢神经炎
维生素 B_2	①是氧化还原酶的辅基,递氢 ②FAD 是谷胱甘肽还原酶的辅酶 ③FAD 与细胞色素 P450 结合,参与药物代谢	口角炎、唇炎、眼睑炎、阴囊炎等
维生素 PP	多种不需氧脱氢酶的辅酶,发挥递氢体的作用	糙皮病
泛酸	构成酰基转移酶的辅酶,参与三大物质代谢及肝的生物转化	缺乏症很少见
生物素	①构成羧化酶的辅基,参与 CO_2 固定 ②参与细胞信号转导和基因表达	很少出现缺乏症
维生素 B_6	①氨基酸脱羧酶、转氨酶、ALA 合酶的辅酶 ②可终止类固醇激素作用的发挥	人类未发现缺乏症
叶酸	①FH_4 是体内一碳单位转移酶的辅酶 ②一碳单位在体内参与嘌呤、胸腺嘧啶核苷酸等的合成	巨幼细胞贫血
维生素 B_{12}	①是转甲基酶的辅酶 ②5′- 脱氧腺苷钴胺素是 L- 甲基丙二酰 CoA 变位酶的辅酶,参与琥珀酰 CoA 的生成	巨幼细胞贫血、神经脱髓鞘
维生素 C	①参与体内羟化反应 ②参与氧化还原作用 ③具有增强机体免疫力的作用	坏血病

（1）性质:纯品为白色粉末状结晶,易溶于水,微溶于乙醇。维生素 B_1 在酸性环境中较稳定,加热 120℃仍不分解;中性和碱性环境中不稳定、易被氧化和受热破坏。

（2）来源:维生素 B_1 主要存在于豆类和种子外皮（如米糠）胚芽、酵母和瘦肉中。

（3）代谢:硫胺素易被小肠吸收,入血后主要在肝及脑组织中经硫胺素焦磷酸激酶的催化生成焦磷酸硫胺素（TPP）。TPP 是维生素 B_1 的活性形式,占体内硫胺素总量的 80%。

（4）缺乏原因:维生素 B_1 缺乏多见于以精米为主食的地区,任何年龄均可发病。膳食中维生素 B_1 含量不足为常见原因,吸收障碍（如慢性消化紊乱、长期腹泻等）和需要量增加（如长期发热、感染、手术后、甲状腺功能亢进）和酒精中毒也可导致维生素 B_1 的缺乏。

2. 维生素 B_2　维生素 B_2 是核醇与 6,7- 二甲基异咯嗪的缩合物。因其呈黄色针状结晶,又名核黄素。

（1）性质:维生素 B_2 在酸性溶液中稳定,在碱性溶液中加热易破坏,但对紫外线敏感,易降解为无活性的产物。

（2）来源：奶与奶制品、肝、蛋类和肉类等是维生素 B_2 的丰富来源。

（3）代谢：核黄素主要在小肠上段通过转运蛋白主动吸收。吸收后的核黄素在小肠黏膜黄素激酶的催化下转变成黄素单核苷酸（FMN），后者在焦磷酸化酶的催化下进一步生成黄素腺嘌呤二核苷酸（FAD），FMN 及 FAD 是维生素 B_2 的活性形式。

（4）参与反应：维生素 B_2 异咯嗪环上的第 1 和第 10 位氮原子与活泼的双键连接，此 2 个氮原子可反复接受或释放氢，因而具有可逆的氧化还原性。还原型核黄素及其衍生物呈黄色，于 450mm 处有吸收峰，利于此性质可做定量分析。

（5）缺乏原因：主要是膳食供应不足，如食物烹调不合理（淘米过度、蔬菜切碎后浸泡等）食用脱水蔬菜或婴儿所食牛奶多次煮沸等。

3. 维生素 PP

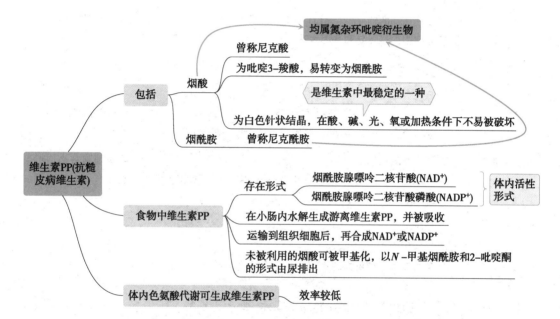

抗结核药物异烟肼的结构与维生素 PP 相似，两者有拮抗作用，长期服用异烟肼可能引起维生素 PP 缺乏。

近年来，烟酸作为药物已用于临床治疗高胆固醇血症。烟酸能抑制脂肪动员，使肝中 VLDL 的合成下降，从而降低血浆胆固醇。但如果大量服用烟酸或烟酰胺会引发血管扩张、脸颊潮红、痤疮及胃肠不适等毒性症状。长期日服用量超过 500mg 可引起肝损伤。

4. 泛酸 又称遍多酸、维生素 B_5，由二甲基羟丁酸和 $\beta-$ 丙氨酸组成，因广泛存在于动、植物组织中而得名。

（1）代谢：泛酸在肠内被吸收后，经磷酸化并与半胱氨酸反应生成 4- 磷酸泛酰巯基乙胺，后者是辅酶 A（CoA）及酰基载体蛋白（ACP）的组成部分。CoA 和 ACP 是泛酸在体内的活性形式。

（2）缺乏表现：泛酸缺乏的早期易疲劳，引发胃肠功能障碍等疾病，如食欲缺乏、恶心、腹痛、溃疡、便秘等症状。严重时主要表现为脚趾麻木、步行时摇晃、周身酸痛等。若病情继续恶化，则会产生易怒、脾气暴躁、失眠等症状。

5. 生物素 是含硫的噻吩环与尿素缩合并带有戊酸侧链的化合物，又称维生素 H、维生素 B_7、辅酶 R。

（1）来源：生物素是天然的活性形式，在肝、肾、酵母、蛋类、花生、牛乳和鱼类等食品中含量较多，啤酒里含量较高，人肠道细菌也能合成。

（2）性质：生物素为无色针状结晶体，耐酸而不耐碱，氧化剂及高温可使其失活。

（3）缺乏原因：①新鲜鸡蛋清中有一种抗生物素蛋白，生物素与其结合而不能被吸收。蛋清加热后这种蛋白因遭破坏而失去作用。②长期使用抗生素可抑制肠道细菌生长，也可能造成生物素的缺乏，主要症状是疲乏、恶心、呕吐、食欲缺乏、皮炎及脱屑性红皮病。

6. 维生素 B_6

（1）分类：维生素 B_6 包括吡哆醇、吡哆醛和吡哆胺，其基本结构是 2- 甲基 -3- 羟基 5- 甲基吡啶，其活化形式是磷酸吡哆醛和磷酸吡哆胺，两者可相互转变。

（2）性质：维生素 B_6 的纯品为白色结晶，易溶于水及乙醇，微溶于有机溶剂，在酸性条件下稳定、在碱性条件下易被破坏。对光较敏感，不耐高温。

（3）来源：维生素 B_6 广泛分布于动、植物食品中。肝、鱼、肉类、全麦、坚果、豆类、蛋黄和酵母均是维生素 B_6 的丰富来源。

（4）代谢：维生素 B_6 的磷酸酯在小肠碱性磷酸酶的作用下水解，以脱磷酸的形式吸收。吡哆醛和磷酸吡哆醛是血液中的主要运输形式。体内约 80% 的维生素 B_6 以磷酸吡哆醛的形式存在于肌组织中，并与糖原磷酸化酶相结合。

（5）缺乏表现

1）维生素 B_6 缺乏时血红素的合成受阻，可造成低血色素小细胞性贫血（又称维生素 B_6 反应性贫血）和血清铁增高。

2）维生素 B_6 缺乏时可出现脂溢性皮炎，以眼及鼻两侧较为明显，重者可扩展至面颊、耳后等部位。故维生素 B_6 又称抗皮炎维生素。

3）抗结核药异烟肼能与磷酸吡哆醛的醛基结合，使磷酸吡哆醛失去辅酶作用，故在服用异烟肼时，应补充维生素 B_6。

（6）中毒：过量服用维生素 B_6 可引起中毒。日摄入量超过 20mg 可引起神经损伤，表现为周围感觉神经病。

7. 叶酸 叶酸由蝶酸和谷氨酸结合而成，又称蝶酰谷氨酸，因绿叶中含量十分丰富而得名。

（1）来源：植物中的叶酸多含 7 个谷氨酸残基，谷氨酸之间以 γ- 肽键相连。仅牛奶和蛋黄中含蝶酰单谷氨酸。酵母、肝、水果和绿叶蔬菜是叶酸的丰富来源。肠菌也有合成叶酸的能力。

（2）代谢

1）食物中的蝶酰谷氨酸多在小肠被水解,生成蝶酰单谷氨酸。

2）蝶酰单谷氨酸易被小肠上段吸收,在小肠黏膜上皮细胞二氢叶酸还原酶的作用下,生成叶酸的活性型—5,6,7,8-四氢叶酸(FH_4)。

3）含单谷氨酸的 $N_5-CH_3-FH_4$ 是叶酸在血液循环中的主要形式。

4）在体内各组织中,FH_4 主要以多谷氨酸形式存在。

（3）缺乏表现

1）叶酸缺乏除造成巨幼细胞贫血外,还可引起高同型半胱氨酸血症,增加动脉粥样硬化、血栓生成和高血压的危险性;也可引起 DNA 低甲基化,增加一些癌症（如结肠、直肠癌）的危险性。

2）孕妇叶酸缺乏,可能造成胎儿脊柱裂和神经管缺陷,故孕妇及哺乳期妇女应适量补充叶酸,以降低发生新生儿疾病的风险。

3）口服避孕药或抗惊厥药能干扰叶酸的吸收及代谢,如长期服用此类药物应考虑补充叶酸。

8. 维生素 B_{12}　含有金属元素钴,又称钴胺素,是唯一含金属元素的维生素。又称抗恶性贫血维生素。

（1）结构:维生素 B_{12} 分子中的钴能与—CN、—OH、—CH_3 或 5′-脱氧腺苷等基团连接,分别形成氰钴胺素、羟钴胺素、甲钴胺素和 5′-脱氧腺苷钴胺素,后两者是维生素 B_{12} 在体内的活性形式。

（2）来源:维生素 B_{12} 仅由微生物合成,酵母和动物肝含量丰富,不存在于植物中。

（3）代谢

1）食物中的维生素 B_{12} 常与蛋白质结合而存在,在胃酸和胃蛋白酶的作用下,维生素 B_{12} 得以游离并与来自唾液的亲钴蛋白结合。

2）在十二指肠,亲钴蛋白 -B_{12} 复合物经胰蛋白酶的水解作用游离出维生素 B_{12}。维生素 B_{12} 需与由胃黏膜细胞分泌的内因子（IF）紧密结合生成 B_{12}-IF 复合物,才能被回肠吸收。当胰腺功能障碍时,因 B_{12}-IF 不能分解而排出体外,从而导致维生素 B_{12} 缺乏症。

3）在小肠黏膜上皮细胞内,B_{12}-IF 分解并游离出维生素 B_{12}。

4）维生素 B_{12} 再与转钴胺素Ⅱ蛋白结合存在于血液中。B_{12}-转钴胺素Ⅱ复合物与细胞表面受体结合,进入细胞,在细胞内维生素 B_{12} 转变成羟钴胺素、甲钴胺素或进入线粒体转变成 5′-脱氧腺苷钴胺素。肝内还有一种转钴胺素Ⅰ,可与维生素 B_{12} 结合而贮存于肝内。

（4）缺乏原因:萎缩性胃炎、胃全切患者或内因子的先天性缺陷者,可因维生素 B_{12} 的严重吸收障碍而出现缺乏症。

9. 维生素 C　维生素 C 又称 L-抗坏血酸,是 L-己糖酸内酯,具有不饱和的一烯二醇结构。

（1）结构:抗坏血酸分子中 C_2 和 C_3 羟基可以氧化脱氢生成脱氢抗坏血酸,后者又可接受氢再还原成抗坏血酸。L-抗坏血酸是天然的生物活性形式。

（2）性质：维生素 C 为无色无臭的片状晶体，易溶于水，不溶于脂溶性溶剂。维生素 C 在酸性溶液中比较稳定，在中性、碱性溶液中加热易被氧化破坏。

（3）来源

1）人类和其他灵长类、豚鼠等动物体内不能合成维生素 C，必须由食物供给。

2）维生素 C 广泛存在于新鲜蔬菜和水果中。植物中的抗坏血酸氧化酶能将维生素 C 氧化灭活为二酮古洛糖酸，所以久存的水果和蔬菜中维生素 C 含量会大量减少。

3）干种子中不含维生素 C，但其幼芽可以合成，所以豆芽等是维生素 C 的丰富来源。

（4）代谢：维生素 C 主要通过主动转运由小肠上段吸收进入血液循环。还原型抗坏血酸是细胞内与血液中的主要存在形式。

（5）缺乏表现：由于机体在正常状态下可储存一定量的维生素 C，坏血病的症状常在维生素 C 缺乏 3~4 个月后才出现。维生素 C 缺乏直接影响胆固醇转化，引起体内胆固醇增多，是动脉硬化的危险因素之一。

（6）人体长期过量摄入维生素 C 可能增加尿中草酸盐的形成，增加尿路结石的危险。

提示

维生素 B_6 的活性形式是磷酸吡哆醛、磷酸吡哆胺。CoA 和 ACP 是泛酸在体内的活性形式。$L-$ 抗坏血酸是维生素 C 天然的生物活性形式。

经 典 试 题

（研）1. 构成脱氢酶辅酶的维生素是

    A. 维生素 A   B. 维生素 K

    C. 维生素 PP   D. 维生素 B

（执）（2~3 题共用备选答案）

    A. 脚气病   B. 佝偻病

    C. 坏血病   D. 克汀病

    E. 夜盲症

    2. 维生素 B_1 缺乏可引起

    3. 维生素 C 缺乏可引起

【答案】

1. C　2. A　3. C

◇ 温 故 知 新 ◇

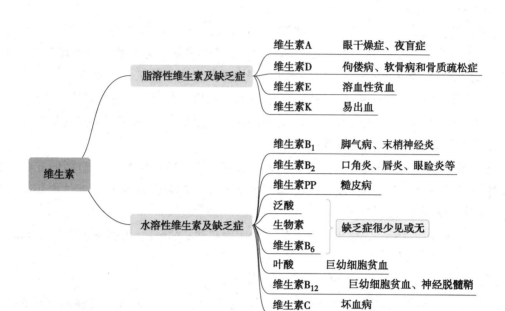

第二十节　钙、磷及微量元素

一、概述

无机元素对维持人体正常生理功能必不可少,按人体每日需要量的多寡可分为以下两类。

1. 微量元素　在人体中存在量低于人体体重的 0.01%、每日需要量在 100mg 以下。

（1）绝大多数为金属元素,主要包括铁、碘、铜、锌、锰、硒、氟、钼、钴、铬、钒、锡、镍、硅等。

（2）在体内一般结合成化合物或络合物,广泛分布于各组织中,含量较恒定。

（3）微量元素参与构成酶活性中心或辅酶、激素和维生素等,发挥十分重要的生理功能。

2. 常量元素　是指人体含量大于体重的万分之一、且每日需要量在 100mg 以上的化学元素。

（1）常量元素主要有钠、钾、氯、钙、磷、镁等。

（2）钙、磷主要以无机盐形式存在体内,主要以羟基磷灰石的形式存在于骨骼和牙齿中,骨是人体内的钙、磷储库和代谢的主要场所。钙与磷除了作为骨的主要组成外,还具有许多重要的生理功能。长期缺乏无机元素均可导致相应的缺乏症。

二、钙、磷代谢

1. 钙、磷在体内分布及其功能

（1）钙既是骨的主要成分又具有重要的调节作用

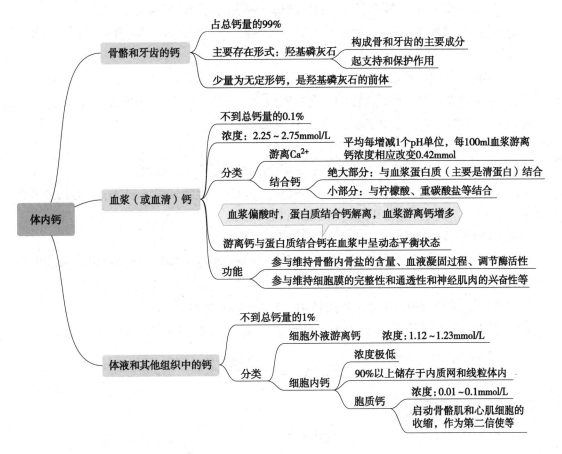

（2）磷是体内许多重要生物分子的组成成分

1）分布：正常成人的磷主要分布于骨（约占 85.7%），其次为各组织细胞（约 14%），仅少量（约 0.03%）分布于体液。

2）含量：骨磷总量为 600~900g，是钙含量的一半。成人血浆中无机磷的含量为 1.1~1.3mmol/L。

3）功能：①磷构成骨盐成分，参与成骨作用。②磷是核酸、核苷酸、磷脂、辅酶等重要生物分子的组成成分，发挥各自重要的生理功能。③许多生化反应和代谢调节过程需磷酸根的参与，ATP 和磷酸肌酸等高能磷酸化合物作为能量的载体，在生命活动中起十分重要的作用。④无机磷酸盐是机体中重要的缓冲体系成分。

4）血钙和血磷的关系：正常人血液中钙和磷的浓度相当恒定，每 100ml 血液中钙与磷含量之积为一常数,即[Ca]×[P]=35~40。血钙降低时,血磷会略有增加。

2. 钙、磷的吸收与排泄

(1)钙的吸收与排泄

1)奶类、豆类和叶类蔬菜是人体内钙的主要来源。十二指肠和空肠上段是钙吸收的主要部位。

2)使消化道内pH下降和增加钙肠道溶解度的物质均利于钙的吸收

● 乳糖:可增加钙的吸收,原因是乳糖可与钙螯合形成低分子可溶性钙络合物及其乳糖可被肠道细菌分解发酵产酸。

● 活性维生素D[1,25-(OH)$_2$D$_3$],能促进钙和磷的吸收。

3)能在肠道内与钙形成不溶性复合物的物质均干扰钙的吸收:碱性磷酸盐、草酸盐和植酸盐:可与钙形成不溶解的钙盐,不利于钙的吸收。

4)钙的吸收随年龄的增长而下降。

5)负荷运动等增加了机体对钙的需要,从而间接促进肠道吸收钙。

6)肾小管对钙的重吸收:①与血钙浓度相关,血钙浓度降低可增加肾小管对钙的重吸收率。②肾对钙的重吸收受甲状旁腺激素的严格调控。

(2)磷的吸收与排泄

1)成人每日进食1.0~1.5g磷,食物中的有机磷酸酯和磷脂在消化液中磷酸酶的作用下,水解生成无机磷酸盐并在小肠上段被吸收。

2)钙、镁、铁可与磷酸根生成不溶性化合物而影响其吸收。

3)肾小管对血磷的重吸收:取决于血磷水平,血磷浓度降低可增高磷的重吸收率。

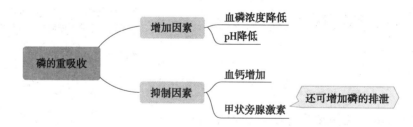

 提示

钙盐在酸性溶液中易溶解。

3. 骨是人体内的钙、磷储库和代谢的主要场所 体内大部分钙和磷存在于骨中,所以骨内钙、磷的代谢成为体内钙、磷代谢的主要组成。血钙与骨钙的相互转化对维持血钙浓度的相对稳定具有重要意义。

(1)骨的组成中水占10%,有机物质占20%,主要的有机基质是Ⅰ型胶原;无机盐占70%,主要是羟基磷灰石。

（2）骨形成的初期，成骨细胞分泌胶原，胶原聚合成胶原纤维，并进而形成骨的有机基质。钙盐沉积于其表面，逐渐形成羟基磷灰石骨盐结晶。少量无定形骨盐与羟基磷灰石结合疏松，可与细胞外液进行钙交换，与体液钙形成动态平衡。碱性磷酸酶可以分解磷酸酯和焦磷酸盐，使局部无机磷酸盐浓度升高，有利于骨化作用。因此，血液碱性磷酸酶活性增高可作为骨化作用或成骨细胞活动的指标。

4. 钙、磷代谢主要受三种激素的调节（表 4-8）

（1）活性维生素 D：促进小肠钙的吸收和骨盐沉积。

（2）甲状旁腺激素（PTH）：具有升高血钙和降低血磷的作用，总体作用是使血钙升高。

（3）降钙素（CT）：是唯一降低血钙浓度的激素，总体作用是降低血钙与血磷。

表 4-8 钙、磷代谢主要受三种激素的调节

名称	主要靶器官	调节作用
$1,25-(OH)_2-D_3$	小肠和骨	①$1,25(OH)_2D_3$ 与小肠黏膜细胞特异的细胞内受体结合后，进入细胞核，刺激钙结合蛋白的生成。后者可促进小肠对钙的吸收。同时磷的吸收也随之增加 ②生理剂量时可促进骨盐沉积，还可刺激成骨细胞分泌胶原，促进骨基质成熟，有利于成骨
PTH	骨和肾	①PTH 刺激破骨细胞的活化，促进骨盐溶解，使血钙增高与血磷下降 ②促进肾小管对钙的重吸收，抑制对磷的重吸收 ③可刺激肾合成 $1,25-(OH)_2D_3$，间接地促进小肠对钙、磷的吸收
CT	骨和肾	①CT 抑制破骨细胞的活性、激活骨细胞，促进骨盐沉积，从而降低血钙与血磷含量 ②抑制肾小管对钙、磷的重吸收

5. 钙、磷代谢紊乱可引起多种疾病

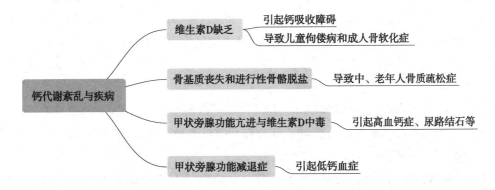

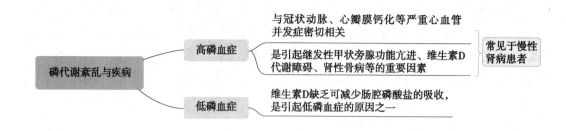

三、微量元素

1. 微量元素的主要生理作用

（1）参与构成酶活性中心或辅酶：人体内一半以上酶的活性部位含有微量元素。有些酶需要微量元素才能发挥最大活性，有些金属离子构成酶的辅基，如细胞色素氧化酶中有Fe^{2+}，谷胱甘肽过氧化物酶（GSH-Px）含硒。

（2）参与体内物质运输，如血红蛋白含Fe^{2+}参与O_2的送输，碳酸酐酶含锌参与CO_2的送输。

（3）参与激素和维生素的形成：如碘是甲状腺素合成的必需成分，钴是维生素B_2的组成成分等。

2. 铁　是人体含量、需要量最多的微量元素。儿童在生长发育期、妇女在妊娠哺乳期对铁的需要量增加。

（1）来源：肉类、乳制品、豆类等食物含有丰富的铁。

（2）存在结构：75%的铁存在于铁卟啉化合物中，25%存在于非铁卟啉含铁化合物中，主要有含铁的黄素蛋白、铁硫蛋白、铁蛋白和运铁蛋白等。

（3）吸收部位：主要在十二指肠及空肠上段。

（4）吸收形式：络合物中的铁的吸收大于无机铁。无机铁仅以Fe^{2+}形式被吸收，Fe^{3+}难以吸收。食物中的铁可分为血红素铁和非血红素铁，主要是Fe^{3+}，需经胃酸的作用使其游离并还原成Fe^{2+}后被吸收。

凡能将Fe^{3+}还原为Fe^{2+}的物质如维生素C、谷胱甘肽、半胱氨酸等以及能与铁离子络合的物质如氨基酸、柠檬酸、苹果酸等均有利于铁的吸收，是临床补铁药研制和应用的原理。

（5）运输：吸收的铁（Fe^{2+}）在小肠黏膜细胞中被氧化为Fe^{3+}，进入血液与运铁蛋白结合而运输，运铁蛋白是运输铁的主要形式。

（6）分类

1）储存铁：当细胞内铁浓度较高时，诱导细胞生成脱铁蛋白，并与其结合成铁蛋白而储存。铁也与血黄素结合成含铁血黄素。铁蛋白和含铁血黄素是铁的储存形式，主要储存于肝、脾、骨髓、小肠黏膜等器官。

2）功能铁：80%的功能铁存在于红细胞中。功能铁参与组成多种具有生物学活性的蛋白质。铁是血红蛋白、肌红蛋白、细胞色素系统、铁硫蛋白、过氧化物酶及过氧化氢酶等的重要组成部分,在气体运输、生物氧化和酶促反应中均发挥重要作用。

（7）代谢:衰老的红细胞被网状内皮细胞吞噬后,血红蛋白降解过程中产生的铁约有85%以转铁蛋白或铁蛋白的形式重新被释放进入机体重新利用,这是铁在体内代谢的主要过程。

（8）排泄:储存于细胞内的铁蛋白铁随小肠黏膜上皮细胞的脱落而排泄于肠腔。这几乎是体内铁的唯一排泄途径。妇女由于月经失血可排出铁。

（9）铁缺乏:铁缺乏是一种常见的营养缺乏病,特别是在婴幼儿、孕妇和哺乳期妇女中更易发生。由于铁的缺乏,血红蛋白合成受阻,导致小细胞低血色素性贫血,即缺铁性贫血的发生。贫血的严重程度取决于血红蛋白减少的程度。

（10）铁中毒:持续摄入铁过多或误服大量铁剂,可发生铁中毒。体内铁沉积过多可引起肺肝、肾、心、胰等处的含铁血黄素沉着而出现血色素沉积症,并可导致栓塞性病变和纤维变性,出现肝硬化、肝癌、糖尿病、心肌病、皮肤色素沉着、内分泌紊乱、关节炎等。

3. 锌　在人体内的含量仅次于铁。

（1）来源:肉类、豆类、坚果、麦胚等含锌丰富。

（2）清蛋白和金属硫蛋白分别参与锌的运输和储存

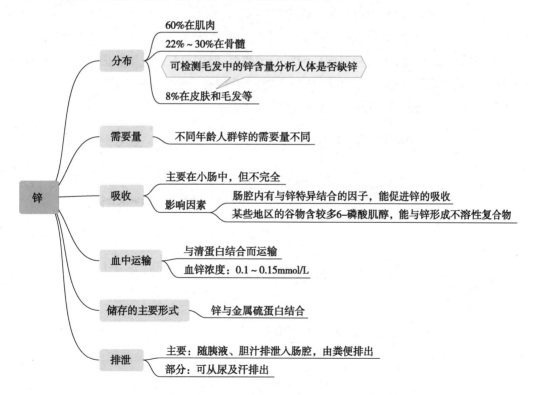

（3）锌是含锌金属酶和锌指蛋白的组成成分

1）锌是 80 多种含锌酶的组成成分或激动剂,如 DNA pol、RNA pol、金属酶、碱性磷酸酶、碳酸酐酶、乳酸脱氢酶、谷氨酸脱氢酶、超氧化物歧化酶等,参与多种物质的代谢,在促进生长发育和组织再生、免疫调节、抗氧化、抗细胞凋亡和抗炎中起十分重要的作用。锌也是合成胰岛素所必需的元素。催化视网膜和肝细胞中维生素 A 还原的醇脱氢酶含锌。

2）人类基因组可编码 300 余种锌指蛋白。许多蛋白质,如反式作用因子类固醇激素和甲状腺素受体的 DNA 结合区,都有锌参与形成的锌指结构（在转录调控中起重要作用）。锌是重要的免疫调节剂、生长辅因子,在抗氧化、抗细胞凋亡和抗炎症中均起重要作用。

（4）锌缺乏:可引起消化功能紊乱、生长发育滞后、智力发育不良、皮肤炎、伤口愈合缓慢、脱发、神经精神障碍等;儿童可出现发育不良和睾丸萎缩。

4. 铜

（1）分布:成人体内铜在骨骼肌中约占 50%,10% 存在于肝。

（2）来源:动、植物食物均含不同量的铜。贝壳类、甲壳类动物含铜量较高,动物内脏含铜较多,其次为坚果、干豆、葡萄干等。

（3）铜参与铜蓝蛋白的组成。

（4）铜是体内多种含铜酶的辅基

1）含铜的酶多以氧分子或氧的衍生物为底物。如细胞色素氧化酶、多巴胺 β- 羟化酶、单胺氧化酶、酪氨酸酶、胞质超氧化物歧化酶等。

2）铜蓝蛋白可催化 Fe^{2+} 氧化成 Fe^{3+},后者转入运铁蛋白,有利于铁的运输。

3）铜通过增强血管生成素对内皮细胞的亲和力,增加血管内皮生长因子（VEGF）和相关细胞因子的表达与分泌,促进血管生成。铜的络合剂有助于癌症的治疗。

（5）铜缺乏可导致小细胞低色素性贫血等疾病。

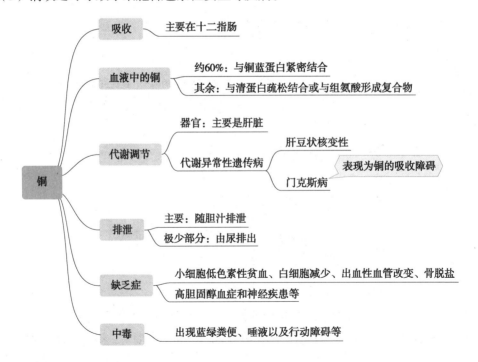

5. 锰

（1）来源：锰存在于多种食物中，以茶叶中含量最丰富。

（2）锰是多种酶的组成部分和激活剂

1）锰金属酶有精氨酸酶、谷氨酰胺合成酶、磷酸烯醇式丙酮酸脱羧酶、Mn– 超氧化物歧化酶、RNA 聚合酶等。

2）体内锰对多种酶的激活作用可被镁所代替。体内正常免疫功能、血糖与细胞能量调节、生殖、消化、骨骼生长、抗自由基等均需要锰，缺锰时生长发育会受到影响。

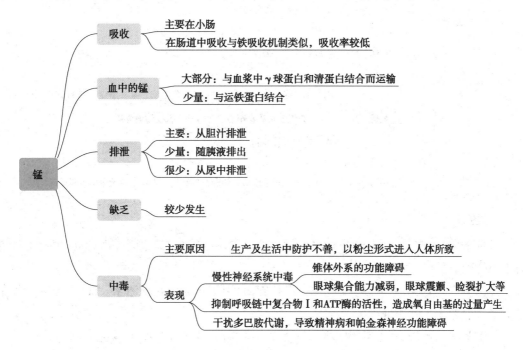

6. 硒

（1）来源：肉类、奶制品和蔬菜中均含硒。但食物中硒的含量随地域不同而异，而植物中硒含量受种植的土壤含硒量的影响。

（2）硒以硒代半胱氨酸形式参与多种重要硒蛋白的组成：硒在体内以硒代半胱氨酸的形式存在于近 30 种蛋白质中。这些含硒半胱氨酸的蛋白质称为含硒蛋白质。谷胱甘肽过氧化物酶、硒蛋白 P、硫氧还蛋白还原酶、碘甲腺原氨酸脱碘酶均属此类。

1）硒蛋白 P 是血浆中的主要硒蛋白，可表达于各种组织，如动脉内皮细胞和肝血窦内皮细胞。硒蛋白 P 是硒的转运蛋白，也是内皮系统的抗氧化剂。

2）硫氧还蛋白还原酶参与调节细胞内氧化还原过程，刺激正常和肿瘤细胞的增殖，并参与 DNA 合成的修复机制。

3）碘甲腺原氨酸脱碘酶是一种含硒酶，可激活或去激活甲状腺激素。这是硒通过调节甲状腺激素水平来维持机体生长、发育与代谢的重要途径。

4）此外，硒还参与辅酶 Q 和辅酶 A 的合成。

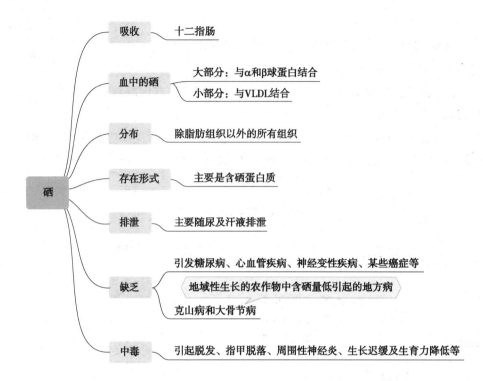

7. 碘

（1）来源：大多数食物含碘量较低，而海产品含碘量较高，其原因是海产动、植物可富集海水中的碘。

（2）分布：人体内碘约 30% 集中在甲状腺内，用于合成甲状腺激素。60%~80% 以非激素的形式分散于甲状腺外。

（3）吸收：碘主要由食物中摄取，吸收部位主要在小肠，吸收率可高达 100%。

（4）排泄：碘主要随尿排出，尿碘约占总排泄量的 85%，其他由粪便、汗腺和毛发排出。

（5）生理功能：①参与甲状腺激素的合成。②抗氧化作用。在含碘细胞中有 H_2O_2 和脂质过氧化物存在时，碘可作为电子供体发挥作用。碘可与活性氧竞争细胞成分和中和羟自由基，防止细胞遭受破坏。

（6）碘缺乏：成人缺碘可引起甲状腺肿大，称甲状腺肿。严重可致发育停滞、痴呆，如胎儿期缺碘可致呆小病、智力迟钝、体力不佳等严重发育不良。

 提示

碘缺乏常用的预防方法是食用含碘盐或碘化食油等。

8. 钴

（1）来源：绿叶蔬菜含钴量较高，而奶和奶制品含钴量较低。小麦精加工钴的损伤较大。

（2）吸收：来自食物中的钴必须在肠内经细菌合成维生素 B_{12} 后才能被吸收利用,主要以维生素 B_{12} 和维生素 B_{12} 辅酶形式储存于肝。

（3）排泄：钴主要从尿中排泄,且排泄能力强。

（4）生理功能：钴是维生素 B_{12} 的组成成分。

1）钴的作用主要以维生素 B_{12} 和维生素 B_{12} 辅酶形式发挥其生物学作用。

2）钴可激活很多酶,如能增加人体唾液中淀粉酶的活性,能增加胰淀粉酶和脂肪酶的活性等。

（5）钴缺乏：常表现为维生素 B_{12} 缺乏的一系列症状。钴参与造血,钴的缺乏可使维生素 B_{12} 缺乏,而维生素 B_{12} 缺乏可引起巨幼细胞贫血。钴可以治疗巨幼细胞贫血。

9. 氟

（1）来源：主要是饮用水。

（2）体内氟分布：90% 分布于骨、牙中,少量存在于指甲、毛发、神经、骨骼肌中。

（3）吸收、运输和排泄：氟主要经胃肠道吸收,氟易吸收且迅速。吸收后与球蛋白结合而运输,少量以氟化物形式运输。体内氟约 80% 从尿排出。

（4）生理功能

1）氟能与羟磷灰石吸附,形成氟磷灰石,加强对龋齿的抵抗作用。

2）氟可直接刺激细胞膜中 G 蛋白,激活腺苷酸环化酶或磷脂酶 C,启动细胞内 cAMP 或磷脂酰肌醇信号系统,引起广泛生物效应。

（5）氟缺乏：缺氟时牙釉质中不能形成氟磷灰石,易发生龋齿。氟对铁的吸收、利用有促进作用。缺氟可致骨质疏松,易发生骨折;牙釉质受损易碎。

（6）氟过多：可引起骨脱钙和白内障,并可影响肾上腺、生殖腺等多种器官的功能。地方性氟中毒是一种慢性全身性疾病,主要表现为氟斑牙和氟骨症。

10. 铬

（1）来源：谷类、豆类、海藻类、啤酒酵母、乳制品和肉类是铬的最好来源,尤以肝含量丰富。

（2）吸收：人体对无机铬的吸收很差,并取决于铬的摄入量和机体的状态。六价铬比三价铬吸收好。

（3）分布：细胞内的铬 50% 存在于细胞核内,23% 存在于胞质,其余分布在线粒体和微粒体中。头发中的铬能提示个体铬的营养状况。

（4）排泄：95% 以上摄入的铬从尿中排出。

（5）生理功能

1）铬是铬调素的组成成分。铬调素通过促进胰岛素与细胞受体的结合,增强胰岛素的生物学效应。

2）铬是葡萄糖耐量因子（GTF）的重要组成成分，GTF能增强胰岛素的生物学作用。

3）动物实验证明，铬可预防动脉硬化和冠状动脉粥样硬化性心脏病（简称冠心病），并为生长发育所需。

（6）铬缺乏：主要表现为胰岛素的有效性降低，造成葡萄糖耐量受损，血清胆固醇和血糖上升。

（7）铬中毒：主要侵害皮肤和呼吸道，出现皮肤黏膜的刺激和腐蚀作用，如皮炎、溃疡、咽炎、胃痛、胃肠道溃疡，伴周身酸痛、乏力等，严重者发生急性肾衰竭。

> **提示**
>
> 铬与胰岛素的作用密切相关。

11. 钒

（1）来源：日常食用的蔬菜如韭菜、西红柿、茄子等含比较丰富的钒，坚果和海产品等钒含量次之，肉类和水果中的钒含量比较少。

（2）钒以离子状态与转铁蛋白结合而运输。

（3）钒可能通过与磷酸和Mg^{2+}竞争结合配体干扰细胞的生化反应过程。

（4）钒可作为多种疾病治疗的辅助药物

1）钒对哺乳动物的造血功能有促进作用，可增加铁对红细胞的再生作用。

2）钒离子在牙釉质和牙质内可增加羟基磷灰石的硬度，可置换到磷灰石分子中，预防龋齿。

3）钒因其胰岛素样效应，有降血糖作用。

4）钒有抑制胆固醇合成的作用。

12. 硅

（1）来源：燕麦、薏米、玉米、稻谷等天然谷物含有丰富的硅，动物肝、肉类、蔬菜以及水果也含有硅。

（2）血液中的硅为单晶硅。

（3）硅参与结缔组织和骨的形成。

（4）长期吸入大量含有游离二氧化硅粉尘可引起肺部广泛的结节性纤维化病变，微血管循环受到障碍，是硅沉着病发病的主要原因。

（5）硅摄入不足也可导致一些疾病，如血管壁中硅含量与人和动物粥样硬化程度呈反比。

13. 镍

（1）来源：丝瓜、蘑菇、大豆以及茶叶等镍的含量较高，肉类和海产类镍含量较多，植物性食品镍的含量比动物性食品高。

（2）镍主要与清蛋白结合而运输。

（3）生理功能

1）镍可激活多种酶。当镍缺乏时,肝内葡糖 –6– 磷酸脱氢酶、乳酸脱氢酶、异柠檬酸脱氢酶、苹果酸脱氢酶和谷氨酸脱氢酶等合成减少、活性降低,影响 NADH 的生成、糖的无氧酵解、三羧酸循环等。

2）镍参与激素作用和生物大分子的结构稳定性及新陈代谢。

3）镍参与多种酶蛋白的组成,并具有刺激造血、促进红细胞生成的作用。

（4）镍是最常见的致敏性金属,临床表现为皮炎和湿疹。羰基镍以蒸气形式迅速由呼吸道吸收,也能由皮肤少量吸收,具有很强的毒性。贫血患者血镍含量减少,伴有铁吸收减少,而给予镍增加造血功能。缺镍还可引起糖尿病、贫血、肝硬化、尿毒症、肝脂质和磷脂代谢异常等。

14. 钼

（1）来源:动物肝、绿豆、纳豆、蛋、牛奶、糙米和肉类等食物均含有钼。

（2）钼以钼酸根的形式与血液中的红细胞松散结合而转运。

（3）生理功能:黄嘌呤氧化酶、醛氧化酶和亚硫酸盐氧化酶的辅基为钼,催化一些底物的羟化反应。

（4）钼缺乏:可导致儿童和青少年生长发育不良、智力发育迟缓,并与克山病、肾结石和大骨节病等发生有关。一些低钼地区食管癌发病率高,缺钼使得亚硝酸还原成氧降低,与亚硝酸在体内富集有关。

15. 锡

（1）来源:动物内脏和谷类是锡的良好来源。正常饮食的食物中所含锡能满足人体的需要。

（2）锡主要由胃肠道和呼吸道进入人体。

（3）生理功能:体内锡的作用主要为促进生长发育、影响血红蛋白的功能和促进伤口的愈合。这些作用与锡促进蛋白质和核酸的合成有关。

（4）锡缺乏:人体明显缺锡将导致蛋白质和核酸的代谢异常,阻碍生长发育;若儿童严重缺锡,有可能导致侏儒症。

（5）食用锡污染的水果罐头,可出现急性胃肠炎症状。在高锡烟尘浓度环境中工作,可能发生锡尘肺。长期接触四氯化锡的工人可有呼吸道刺激症状和消化道症状。四氯化锡尚可引起皮肤溃烂和湿疹。锡中毒可引起血清中钙含量降低。

温 故 知 新

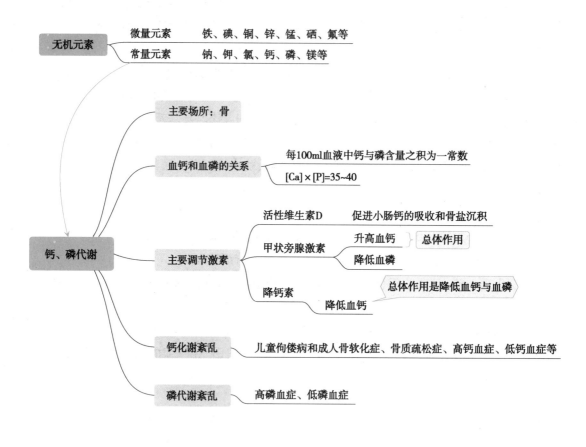

第二十一节　癌基因和抑癌基因

一、概述

与肿瘤发生密切相关的基因,可分三类:

1. 细胞内正常的原癌基因　其作用通常是促进细胞的生长和增殖,阻止细胞分化,抵抗凋亡。

2. 抑癌基因或称肿瘤抑制基因　通常抑制增殖,促进分化,诱发凋亡。

3. 基因组维护基因　参与 DNA 损伤修复,维持基因组完整性。

当细胞受到各种致癌因素的作用时,可引起原癌基因或抑癌基因的结构或表达调控异常,导致原癌基因活化或抑癌基因失活,直接导致细胞生长增殖的失控而形成肿瘤。而基因组维护基因的编码产物则不直接抑制细胞增殖,这类基因在致癌因素的作用下发生突变失活后,可导致基因组不稳定,从而间接地通过增加基因突变频率,使原癌基因或抑癌基因突变来引发肿瘤发生。因此,基因组维护基因也可归属于抑癌基因。

二、癌基因

1. **癌基因** 是能导致细胞发生恶性转化和诱发癌症的基因。绝大多数癌基因是细胞内正常的原癌基因突变或表达水平异常升高转变而来,某些病毒也携带癌基因。

2. **原癌基因** 是人类基因组中具有正常功能的基因。

（1）原癌基因及其表达产物是细胞正常生理功能的重要组成部分,原癌基因只有经过突变等被活化后才有致癌活性,转变为癌基因。

原癌基因在进化上高度保守,从单细胞酵母、无脊椎生物到脊椎动物乃至人类的正常细胞都存在着这些基因。原癌基因的表达产物对细胞正常生长、增殖和分化起精确的调控作用。在某些因素（如放射线、有害化学物质等）作用下,这类基因结构发生异常或表达失控,转变为癌基因,导致细胞生长增殖和分化异常,部分细胞发生恶性转化从而形成肿瘤。

（2）许多原癌基因在结构上具有相似性,功能上亦高度相关。故而可据此将原癌基因和癌基因区分为不同的基因家族,重要的基因家族见表4-9。

表 4-9 原癌基因和癌基因重要的基因家族

名称	成员	临床意义
SRC 家族	SRC、LCK 等,SRC 的病毒癌基因名为 v-src	①该基因家族的产物具有酪氨酸激酶（如 PDGF 受体）活性,在细胞内常位于膜的内侧部分,接受受体酪氨酸激酶的活化信号而激活,促进增殖信号的转导 ②这些酶因突变而导致的持续活化是其促进肿瘤发生的主要原因
RAS 家族	H-RAS、K-RAS、N-RAS 等	①K-RAS 突变是恶性肿瘤中最常见的基因突变之一,在 81% 的胰腺癌患者的肿瘤组织可检测到 ②RAS 基因编码低分子量 G 蛋白,在肿瘤中发生突变后,常造成其 GTP 酶活性丧失,RAS 始终以 GTP 结合形式存在,即处于持续活化状态,导致细胞内的增殖信号通路持续开放
MYC 家族	C-MYC、N-MYC、L-WYC 等基因	①MYC 基因家族编码转录因子,有直接调节其他基因转录的作用 ②MYC 的靶基因多编码细胞增殖信号分子,故细胞内 MYC 蛋白可促进细胞的增殖

3. 某些病毒的基因组中含有癌基因

（1）一些病毒能导致肿瘤发生,称为肿瘤病毒。肿瘤病毒大多为 RNA 病毒,且目前发现的 RNA 肿瘤病毒都是逆转录病毒。DNA 肿瘤病毒常见的有人乳头瘤病毒（HPV）和乙型肝炎病毒（HBV）等。RNA 肿瘤病毒和 DNA 肿瘤病毒的致癌机制不同。

（2）存在于肿瘤病毒（大多数是逆转录病毒）中的能使宿主靶细胞发生恶性转化的基

因称为病毒癌基因。目前认为,病毒癌基因最初的来源是宿主的原癌基因。

1)目前认为,逆转录病毒感染宿主细胞后,在逆转录酶作用下,以病毒 RNA 基因组为模板合成双链 DNA 即前病毒 DNA,并整合于宿主细胞基因组的原癌基因附近,在后续的病毒复制和包装过程中,经过复杂而巧妙的删除、剪接、突变、重组等过程,逆转录病毒最终将细胞原癌基因"劫持"并改造为具有致癌能力的病毒癌基因,成为新病毒基因组的一部分。

2)目前已发现的病毒癌基因有几十种。需要注意的是病毒有致癌能力并不意味着其一定含有病毒癌基因。有致癌特性的逆转录病毒可区分为急性转化逆转录病毒和慢性转化逆转录病毒两类。

(3)逆转录病毒的癌基因也可以视为是原癌基因的活化或激活形式,它有利于病毒在肿瘤细胞中的复制,但对病毒复制包装无直接作用,对逆转录病毒基因组不是必需的。但已知的 DNA 病毒的癌基因则是其基因组不可或缺的部分,对病毒复制是必需的,目前也没有证据表明其有同源的原癌基因,如 HPV 基因组中的癌基因 *E6* 和 *E7*。

(4)通常可将 RNA 肿瘤病毒的癌基因的名称冠以前缀 *v-*,写为小写斜体,如 *v-src*,而将正常人类细胞中的原癌基因则冠以前缀 *C-*,写为大写斜体,如 *C-SRC*,以示区分。其编码的蛋白质则通常写为正体,如 v-src 和 C-SRC。

4. 原癌基因活化的机制主要有四种　从正常的原癌基因转变为具有使细胞发生恶性转化的癌基因的过程称为原癌基因的活化,这种转变属于功能获得突变。原癌基因活化的机制主要有下述四种。

(1)基因突变:常导致原癌基因编码的蛋白质的活性持续性激活。

各种类型的基因突变如碱基替换、缺失或插入,都可能激活原癌基因。错义点突变较常见和典型,导致基因编码的蛋白质中的关键氨基酸残基改变,造成突变蛋白质的活性呈现持续性激活。

(2)基因扩增:导致原癌基因过量表达。

原癌基因可通过基因扩增,使基因拷贝数升高几十甚至上千倍不等。基因扩增可致编码产物过量表达,细胞发生转化。如小细胞肺癌中 *C-MYC* 的扩增和乳腺癌中 *HER2* 的扩增都在肿瘤发生中有重要作用。

(3)染色体易位:导致原癌基因表达增强或产生新的融合基因。

染色体易位的致癌机制:①染色体易位使原癌基因易位至强的启动子或增强子的附近,导致其转录水平大大提高,过量表达。②染色体易位导致产生新的融合基因。如慢性髓性白血病(CML)中,22 号染色体的 *BCR* 基因与 9 号染色体的 *ABL* 基因发生染色体易位,产生融合基因 *BCR-ABL*,进而表达为融合蛋白 BCR-ABL,导致 ABL 的蛋白酪氨酸激酶活性持续增高。

(4)获得启动子或增强子:导致原癌基因表达增强。

如前所述,染色体易位可使原癌基因获得增强子而被活化。此外,逆转录病毒的前病毒 DNA 的两个末端是特殊的长末端重复序列(LTR),含有较强的启动子或增强子元件。如果前病毒 DNA 恰好整合到原癌基因附近或内部,就会导致原癌基因的表达不受原有启动子的正常调控,而成为病毒启动子或增强子的控制对象,往往导致该原癌基因的过量表达。

 提示

不同的癌基因有不同的激活方式,一种癌基因可有几种激活方式。如 *C-MYC* 的激活有基因扩增和染色体易位等方式,而 *RAS* 的激活方式则主要是点突变。两种或更多的原癌基因活化可有协同作用,抑癌基因的失活也会产生协同作用。

三、生长因子

原癌基因编码的蛋白质参与调控细胞增殖、分化与生长等各个环节,与生长因子密切相关。生长因子在肿瘤、心血管疾病等多种疾病的发生发展过程中发挥重要作用,不少生长因子已经应用于临床治疗。

1. 概念　生长因子是一类由细胞分泌的、类似于激素的信号分子,多数为肽类或蛋白质类物质,具有调节细胞生长与分化的作用。

2. 作用模式　主要有以下 3 种,以旁分泌和自分泌为主。

（1）内分泌方式:生长因子从细胞分泌出来后,通过血液运输作用于远端靶细胞。如原于血小板的 PDGF 可作用于结缔组织细胞。

（2）旁分泌方式:细胞分泌的生长因子作用于邻近的其他类型细胞,对合成、分泌生长因子的自身细胞不发生作用,因为其缺乏相应受体。

（3）自分泌方式:生长因子作用于合成及分泌该生长因子的细胞本身。

3. 常见生长因子举例（表 4-10）

表 4-10　常见生长因子举例

名称	组织来源	功能
表皮生长因子（EGF）	唾液腺、巨噬细胞、血小板等	促进表皮与上皮细胞的生长,尤其是消化道上皮细胞的增殖
肝细胞生长因子（HGF）	间质细胞	促进细胞分化和细胞迁移
促红细胞生成素（EPO）	肾	调节成红细胞的发育
类胰岛素生长因子（IGF）	血清	促进硫酸盐掺入到软骨组织,促进软骨细胞的分裂,对多种组织细胞起胰岛素样作用
神经生长因子（NGF）	颌下腺含量高	营养交感和某些感觉神经元,防止神经元退化
血小板源性生长因子（PDGF）	血小板、平滑肌细胞	促进间质及胶质细胞的生长,促进血管生成
转化生长因子 α（TGF-α）	肿瘤细胞、巨噬细胞、神经细胞	作用类似于 EGF,促进细胞恶性转化
转化生长因子 β（TGF-β）	肾、血小板	对某些细胞的增殖起促进和抑制双向作用
血管内皮生长因子（VEGF）	低氧应激细胞	促进血管内皮细胞增殖和新生血管形成

4. 功能　主要是正调节靶细胞生长。

（1）大多数生长因子具有促进靶细胞生长的功能。

（2）少数生长因子具有负调节功能：具有负调节作用的生长因子比较少，人们通常把这种负调节因子称为细胞生长抑制因子。抑素是最早被确认的生长抑制因子，以后又发现TGF-β、干扰素和肿瘤坏死因子（TNF）等也具有抑素的某些特征，但它们实际上都是双重调节，只不过以负调节为主。

（3）一些生长因子具有正、负双重调节作用：如 NGF 对神经系统的生长具有促进作用，但对成纤维细胞的 DNA 合成却有微弱的抑制作用。TGF-β 也是这样，对成纤维细胞有促进生长的作用，但对其他多种细胞具有抑制作用。

> **提示**
>
> 同一生长因子对不同细胞的作用有所不同，一种细胞也可受不同生长因子调节。

5. 作用机制　生长因子通过受体介导的细胞信号转导而发挥其功能。

（1）生长因子的受体：多位于靶细胞膜，为一类跨膜蛋白，多数具有蛋白激酶特别是酪氨酸蛋白激酶活性，少数具有丝/苏氨酸蛋白激酶活性。最近发现细胞核也存在 EGF 等生长因子的受体样蛋白质。

（2）作用机制

● 大部分生长因子的受体属于受体酪氨酸激酶家族，当生长因子与这些受体结合后，受体所包含的酪氨酸激酶被激活，使胞内的相关蛋白质被直接磷酸化。另一些膜上的受体则通过胞内信号传递体系，产生相应的第二信使，后者使蛋白酶活化，活化的蛋白酶同样可使胞内相关蛋白质磷酸化。这些被磷酸化的蛋白质再活化核内的转录因子，引发基因转录，达到调节生长与分化的作用。

● 另一类生长因子受体定位于细胞质，当生长因子与胞内相应受体结合后，形成生长因子-受体复合物，后者亦可进入胞核活化相关基因，促进细胞生长。

原癌基因表达产物有的属于生长因子或生长因子受体；有的属于胞内信息传递体亦或核内转录因子。发生突变的原癌基因可能生成上述产物的变异体，后者的生成及过量表达会导致细胞生长、增殖失控，进而引起癌变。

6. 原癌基因编码的蛋白质涉及生长因子信号转导的多个环节　依据它们在细胞信号转导系统中的作用分为四类，见表4-11。

表 4-11　原癌基因编码的蛋白质分类及功能举例

类别	癌基因名称	作用	说明
细胞外生长因子	*SIS*	PDGF-2	人的原癌基因 *C-SIS* 编码 PDGF 的 β 链，作用于 PDGF 受体，激活 PLC-IP₃/DAG-PKC 途径，促进肿瘤细胞增殖。*C-SIS* 表达产物还能促进肿瘤血管的生长，为肿瘤进展提供有利环境
	INT-2	FGF 同类物，促进细胞增殖	

续表

类别	癌基因名称	作用	说明
跨膜生长因子受体	*EGFR*	EGF 受体,促进细胞增殖	跨膜生长因子受体的膜内侧结构域,常有酪氨酸特异的蛋白激酶活性。这些受体型酪氨酸激酶通过 MAPK 通路、PI3K-AKT 通路等,加速增殖信号在胞内转导。表皮生长因子还参与了肿瘤的血管生成作用
	HER2	EGF 受体类似物,促进细胞增殖	
	FMS	CSF-1 受体,促进增殖	
	KIT	SCF 受体,促进增殖	
	TRK	NGF 受体	
细胞内信号转导分子	*SRC*、*ABL*	与受体结合转导信号	作为胞内信号转导分子的癌基因产物包括:非受体酪氨酸激酶 SRC、ABL 等,丝/苏氨酸激酶 RAF 等,低分子量 G 蛋白 RAS 等
	RAF	MAPK 通路中的重要分子	
	RAS	MAPK 通路中的重要分子	
核内转录因子	*MYC*	促进增殖相关基因表达	EGF 促肿瘤的一个重要机制是通过活化 MAPK 通路而使原癌基因 *FOS* 活化,FOS 蛋白增加。FOS 蛋白可与 JUN 蛋白结合形成 AP-1,从而促进肿瘤的发生发展
	FOS、*JUN*	促进增殖相关基因表达	

注:EGFR 为表皮生长因子受体;CSF-1 为集落刺激因子 1;SCF 为干细胞因子。

7. 癌基因是肿瘤治疗的重要分子靶点　以下述 3 个基因为例进行简要介绍。

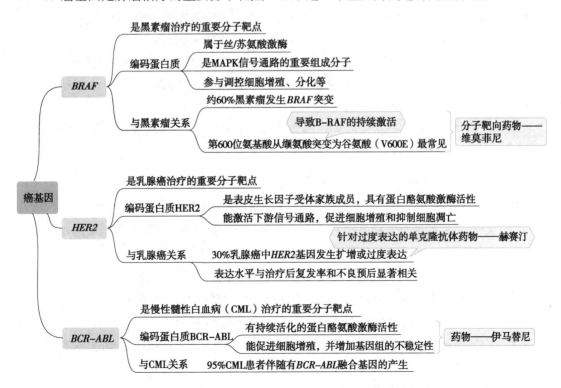

四、抑癌基因

1. 概念 抑癌基因也称肿瘤抑制基因,是防止或阻止癌症发生的基因。与原癌基因活化诱发癌变的作用相反,抑癌基因的部分或全部失活可显著增加癌症发生风险。

2. 抑癌基因对细胞增殖起负性调控作用 抑癌基因编码的产物功能有:抑制细胞增殖;抑制细胞周期进程;调控细胞周期检查点;促进凋亡;参与 DNA 损伤修复。常见的抑癌基因及其编码产物,见表 4-12。

表 4-12 常见的抑癌基因及其编码产物

名称	染色体定位	相关肿瘤	编码产物及功能
TP53	17p13.1	多种肿瘤	转录因子 p53,细胞周期负调节和 DNA 诱发凋亡
RB	13q14.2	视网膜母细胞、骨肉瘤	转录因子 p105 RB
PTEN	10q23.3	胶质瘤、膀胱癌、前列腺癌、子宫内膜癌	磷脂类信使的去磷酸化,抑制 PI3K-AKT 通路
P16	9p21	肺癌、乳腺癌、胰腺癌、食管癌、黑素瘤	P16 蛋白,细胞周期检查点负调节
P21	6p21	前列腺癌	抑制 CDK1、2、4 和 6
APC	5q22.2	结肠癌、胃癌等	G 蛋白,细胞黏附与信号转导
DCC	18q21	结肠癌	表面糖蛋白(细胞黏附分子)
NF1	7q12.2	神经纤维瘤	GTP 酶激活剂
NF2	22q12.2	神经鞘膜瘤、脑膜瘤	连接膜与细胞骨架的蛋白质
VHL	3p25.3	小细胞肺癌、宫颈癌、肾癌	转录调节蛋白
WT1	11p13	肾母细胞瘤	转录因子

注:*TP53* 为肿瘤蛋白 p53 基因;*APC* 为腺瘤性结肠息肉病基因;*DCC* 为结肠癌缺失基因;*NF* 为神经纤维瘤;*VHL* 为 VHL 肿瘤抑制基因;WT 为肾母细胞。

3. 抑癌基因有多种失活机制 抑癌基因的失活与原癌基因的激活一样,在肿瘤发生中起非常重要的作用。癌基因的作用是显性的,而抑癌基因的作用往往是隐性的。

(1)原癌基因的两个等位基因只要激活一个就能发挥促癌作用,而抑癌基因则往往需要两个等位基因都失活才会导致其抑癌功能完全丧失。

(2)有一些抑癌基因只失活其等位基因中的一个拷贝就会引起肿瘤发生,即其一个正常的等位基因拷贝不足以完全发挥其抑癌功能,称为单倍体不足型抑癌基因。

(3)还有一些抑癌基因,如 *TP53* 基因,当其一个等位基因突变失活后,其表达的 p53 突变蛋白则能抑制另一个正常等位基因产生的野生型,即正常 p53 蛋白的功能,这种基因突变称为显性负效突变。

(4)抑癌基因失活的方式

1）基因突变：抑癌基因发生突变后，会造成其编码的蛋白质功能或活性丧失或降低，进而导致癌变。这种突变属于功能失去突变。最典型的例子是抑癌基因 *TP53* 的突变。

2）杂合性丢失：杂合性是指同源染色体在一个或一个以上基因座存在不同的等位基因的状态。杂合性丢失是指一对杂合的等位基因变成纯合状态的现象。发生杂合性丢失的区域也往往就是抑癌基因所在的区域。杂合性丢失导致抑癌基因失活的经典实例是抑癌基因 *RB* 的失活。

3）启动子区甲基化：真核生物基因启动子区域 CpG 岛的甲基化修饰对于调节基因转录活性至关重要，甲基化程度与基因表达呈负相关。很多抑癌基因的启动子区 CpG 岛呈高度甲基化状态，从而导致相应的抑癌基因不表达或低表达。例如，在家族性腺瘤息肉所致的结肠癌中，*APC* 基因启动子区因高度甲基化使转录受到抑制，导致 *APC* 基因失活，进而引起β-连环蛋白在细胞内的积累，从而促进癌变发生。

4. 作用机制　以 *TP53*、*RB*、*PTEN* 为例，介绍如下。

（1）*RB* 主要通过调控细胞周期检查点而发挥其抑癌功能

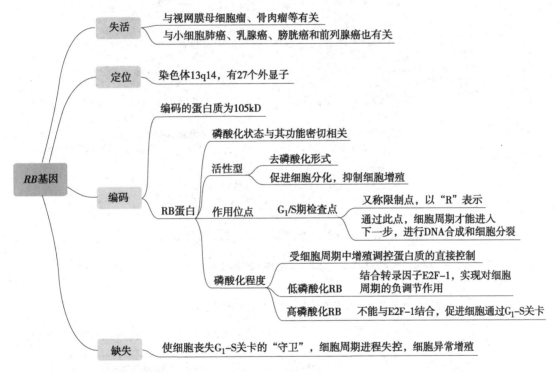

（2）*TP53* 主要通过调控 DNA 损伤应答和诱发细胞凋亡而发挥其抑癌功能

1）*TP53* 基因是迄今发现在人类肿瘤中发生突变最广泛的抑癌基因、与人类肿瘤相关性最高的基因。*TP53* 基因定位于 17p13，有 11 个外显子。

2）*TP53* 基因的编码蛋白为 p53，具有转录因子活性。野生型 *P53* 是一种抑癌基因。

3）p53 蛋白包含有典型的转录激活结构域、DNA 结合结构域、寡聚结构域、富含脯氨酸区和核定位序列等多个结构域或序列，这也是 p53 发挥其生物学功能的分子结构基础。多数 *TP53* 基因突变都发生在编码其 DNA 结合结构域的序列中。

4）正常情况下,细胞中 p53 蛋白含量很低,但在细胞增殖与生长时,可升高 5~100 倍以上。野生型 p53 蛋白在维持细胞正常生长、抑制恶性增殖中起重要作用,因而被称为"基因组卫士"。当细胞受电离辐射或化学试剂等作用导致 DNA 损伤时,p53 表达水平迅速升高,同时,p53 蛋白中包含的一些丝氨酸残基被磷酸化修饰而被活化。活化的 p53 从细胞质移位至细胞核内,调控大量下游靶基因的转录而修复损伤的 DNA,若修复失败则启动细胞凋亡。

5）p53 突变后,则 DNA 损伤不能得到有效修复并不断累积,导致基因组不稳定,进而导致肿瘤的发生。

6）p53 结构及其功能的示意图(图 4-8)

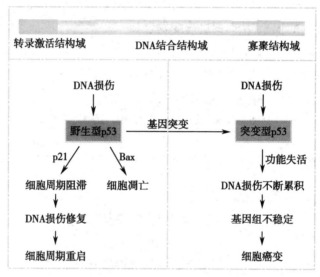

图 4-8　p53 结构及其功能的示意图

（3）*PTEN* 主要通过抑制 PI3K /AKT 信号通路而发挥其抑癌功能

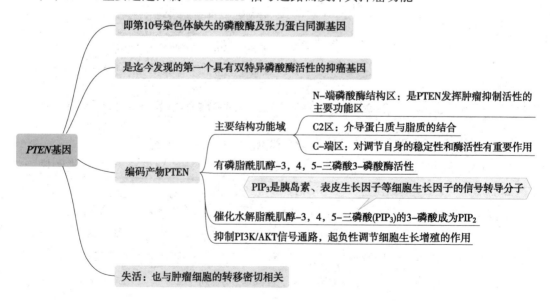

5. 肿瘤发生、发展涉及癌基因和抑癌基因的共同参与　目前普遍认为肿瘤的发生、发展是多个原癌基因和抑癌基因突变累积的结果,经过起始、启动、促进和癌变几个阶段逐步演化而产生。

（1）肿瘤发生、发展涉及多种相关基因的改变:在基因水平上,或通过外界致癌因素,或由于细胞内环境的恶化,突变基因数目增多,基因组变异逐步扩大;在细胞水平上则要经过永生化、分化逆转、转化等多个阶段,细胞周期失控细胞的生长特性逐步得到强化。结果是相关组织从增生、异型变、良性肿瘤、原位癌发展到浸润癌和转移癌。

（2）细胞周期和细胞凋亡的分子调控是肿瘤进展的关键

1）原癌基因和抑癌基因是调控细胞周期进程的重要基因:细胞周期调控体现在细胞周期驱动和细胞周期监控两个方面,后者的失控与肿瘤发生、发展的关系最密切。

● 细胞周期监控机制:由 DNA 损伤感应机制、细胞生长停滞机制、DNA 修复机制和细胞命运决定机制等构成。

细胞一旦发生 DNA 损伤或复制错误,将会启动 DNA 损伤应激机制,经由各种信号转导途径使细胞停止生长,修复损伤的 DNA。如果 DNA 损伤得到完全修复,细胞周期可进入下一个时相,正常完成一个细胞分裂周期;倘若 DNA 损伤修复失败,细胞凋亡机制将被启动,损伤细胞进入凋亡,从而避免 DNA 损伤带到子代细胞,维持了组织细胞基因组的稳定性,避免肿瘤发生的潜在可能。

● 肿瘤细胞的最基本特征是细胞的失控性增殖,而失控性增殖的根本原因就是细胞周期调控机制的破坏,包括驱动机制和监控机制的破坏。

监控机制破坏可发生在损伤感应、生长停滞、DNA 修复和凋亡机制的任何一个环节上,结果将导致细胞基因组不稳定,突变基因数量增加,这些突变的基因往往就是癌基因和抑癌基因。同时,很大一部分的原癌基因和抑癌基因又是细胞周期调控机制的组成部分。

因此,在肿瘤发展过程中,监控机制的异常会使细胞周期调控机制进一步恶化,并导致细胞周期驱动机制的破坏,细胞周期的驱动能力异常强化,细胞进入失控性生长状态,从而细胞出现癌变性生长。

2）原癌基因和抑癌基因还是调控细胞凋亡的重要基因

● 细胞凋亡在肿瘤发生、胚胎发育、免疫反应、肿瘤免疫逃逸、神经系统发育、组织细胞代谢等过程中起重要作用。

● 有些抑癌基因的过量表达可诱导细胞发生凋亡,而与细胞生存相关的原癌基因的激活则可抑制凋亡,细胞凋亡异常与肿瘤的发生发展密切相关。促进正常细胞向肿瘤细胞转化的因素,见图 4-9。

● 需注意,一些非编码 RNA,如 mRNA,在肿瘤发生过程中也具有重要作用。

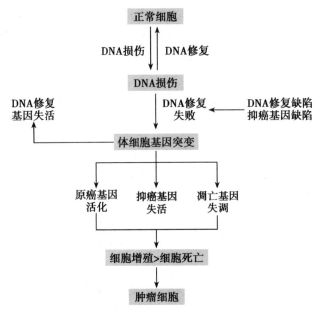

图 4-9 促进正常细胞向肿瘤细胞转化的因素

─────◦ 经 典 试 题 ◦─────

（研）1. 下列关于细胞原癌基因的叙述,正确的是

A. 存在于 DNA 病毒中

B. 存在于正常真核生物基因组中

C. 存在于 RNA 病毒中

D. 正常细胞含有即可导致肿瘤的发生

（研）2. 下列可以导致原癌基因激活的机制是

A. 获得启动子

B. 转录因子与 RNA 的结合

C. 抑癌基因的过表达

D. p53 蛋白诱导细胞凋亡

（研）3. 细胞癌基因的产物有

A. 生长因子受体
B. 转录因子

C. p53 蛋白
D. 酪氨酸蛋白激酶

（研）4. 下列关于 PTEN 的叙述,正确的是

A. 细胞内受体

B. 抑癌基因产物

C. 作为第二信使

D. 具有丝 / 苏氨酸激酶活性

（执）5. 关于抑癌基因的正确叙述是

A. 其产物具有抑制细胞增殖的能力

B. 与癌基因的表达无关

C. 肿瘤细胞出现时才表达

D. 不存在于人类正常细胞

E. 缺失与细胞的增殖和分化有关的因子

【答案与解析】

1. B　2. A

3. ABD。解析：原癌基因编码的蛋白质涉及生长因子信号转导的多个环节，按作用分为细胞外生长因子、跨膜生长因子受体、细胞内信号转导分子（如癌基因 *ABL* 编码酪氨酸蛋白激酶）和核内转录因子。故选 ABD。

4. B　5. A

○ 温 故 知 新 ○

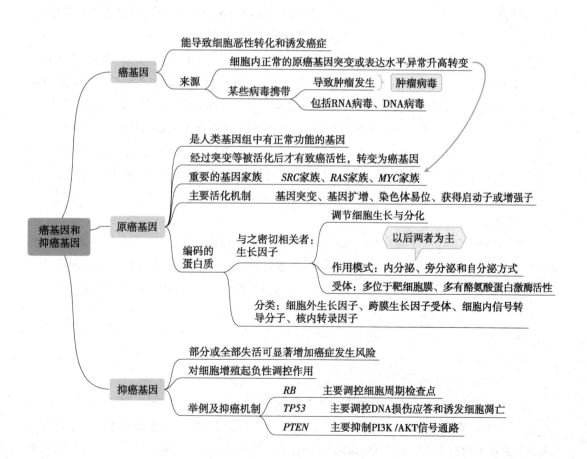

第五章

医学分子生物学专题

第二十二节　DNA 重组和重组 DNA 技术

一、DNA 重组

DNA 重组是两个或两个以上 DNA 分子重新组合形成一个 DNA 分子的过程,而自然界中的基因转移泛指 DNA 片段或基因在不同生物个体或细胞间的传递过程,其中通过繁殖使 DNA 或基因在亲代和子代间的传递称作基因纵向转移,打破亲缘关系以直接接触、主动摄取或病毒感染等方式使基因在不同生物个体或细胞间、细胞内、不同细胞器间的传递称作基因横向(水平)转移。自然界不同物种或个体之间的 DNA 重组和基因转移是经常发生的,这增加了群体的遗传多样性,也通过优化组合积累了有意义的遗传信息。

DNA 重组和基因转移的方式包括同源重组、位点特异性重组、转座重组、接合、转化和转导等,其中前三种方式在原核和真核细胞中均可发生,后三者通常发生在原核细胞。新近研究发现细菌还有一种 DNA 整合机制,称作成簇规律间隔短回文重复(CRISPR)/Cas 系统。

1. DNA 重组　是指 DNA 分子内或分子间发生的遗传信息的重新共价组合过程,包括同源重组、位点特异性重组和转座重组等类型,广泛存在于各类生物,构成了生物的基因变异化或演变的遗传基础;体外通过人工 DNA 重组可获得重组体 DNA,是基因工程中的关键步骤。

2. 同源重组　是指发生在两个相似或相同 DNA 分子之间核苷酸序列互换的过程,又称基本重组。

(1)在哺乳动物配子发生的减数分裂过程中,同源重组可产生 DNA 序列的新重组,标示着后代的遗传变异;不同种属的细菌和病毒也在水平基因转移中用同源重组互换遗传物质。具有同源序列的两条 DNA 链通过断裂和再连接引起 DNA 单链或双链片段的交换。

(2)同源重组的缺陷与人类癌症高度相关。

(3)利用同源重组的原理进行基因敲除或基因敲入(也称基因打靶),是将遗传改变引入靶生物体的一种有效方式。

(4)Holliday 模型是最经典的同源重组模式

1)四个关键步骤:①两个同源染色体 DNA 排列整齐;②一个 DNA 的一条链断裂,与另一个 DNA 对应链连接,在这个过程中形成了十字形结构,称作 Holliday 连接;③通过分支移动产生异源双链 DNA,也称 Holliday 中间体;④将 Holliday 中间体切开并修复,形成两个双链重组体 DNA。

2）Holliday 中间体切开方式不同,所得到的重组产物也不同

● 如果切开的链与原来断裂的是同一条链,重组体含有一段异源双链区,其两侧来自同一亲本 DNA,称为片段重组体。

● 如果切开的链并非原来断裂的链,重组体异源双链区的两侧来自不同亲本 DNA,称为拼接重组体。

（5）RecBCD 模式是大肠埃希菌的 Holliday 同源重组:目前对大肠埃希菌（*E.coli*）的 DNA 同源重组分子机制了解最清楚。参与细菌 DNA 同源重组的酶有数十种,其中最关键的是 RecA 蛋白、RecBCD 复合物和 RuvC 蛋白。

3. **位点特异性重组**　是指发生在至少拥有一定程度序列同源性片段间 DNA 链的互换过程,也称保守的位点特异性重组。

（1）位点特异性重组酶通过识别和结合 DNA 短序列（位点）使 DNA 片段发生重排。

（2）位点特异性重组广泛存在于各类细胞中,作用十分重要,如某些基因表达的调节、发育过程中程序性 DNA 重排以及有些病毒和质粒 DNA 复制循环过程中发生的整合和切除等。

（3）举例

1）λ 噬菌体 DNA 与宿主染色体 DNA 发生整合:λ 噬菌体 DNA 的整合是在 λ 噬菌体的整合酶催化下完成的,是 λ 噬菌体 DNA 与宿主染色体 DNA 特异靶位点之间的选择性整合。

2）细菌的基因片段倒位:是细菌位点特异性重组的一种方式。以鼠伤寒沙门菌 H 抗原编码基因中 H 片段重组为例。鼠伤寒沙门菌的 H 抗原有两种,分别为 H1 和 H2 鞭毛蛋白。在单菌落的沙门菌中经常出现少数另一种含 H 抗原的细菌,这种现象称为鞭毛相转变。遗传分析表明,这种抗原相位的改变是由基因中一段 995bp 的 H 片段发生倒位所致。

3）免疫球蛋白编码基因 V–（D）–J 重排、T 细胞受体基因 V–（D）–J 重排。

4. **转座重组或转座**　是指由插入序列和转座子介导的基因移位或重排。

（1）插入序列（IS）:是指能在基因（组）内部或基因（组）间改变自身位置的一段 DNA 序列。

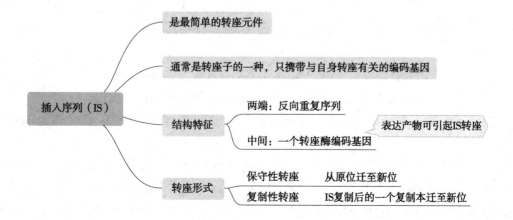

（2）转座子（Tn）：是指能将自身或其拷贝插入基因组新位置的DNA序列，一般属于复合型转座子，即有一个中心区域，两边侧翼序列是插入序列（IS），除有与转座有关的编码基因外，还携带其他基因如抗生素抗性基因等。

1）Tn可在染色体间转座：Tn普遍存在于原核和真核细胞中，可在一条染色体上移动，也可以从一条染色体跳到另一条染色体上，甚至从一个细胞进入另一个细胞。

2）Tn在移动过程中，DNA链经历断裂及再连接的过程，可能导致某些基因开启或关闭，引起插入突变、新基因生成、染色体畸变及生物进化。

> **ⓘ 提示**
>
> 同源重组是最基本的DNA重组方式；位点特异性重组是发生在特异位点间的DNA整合；转座重组可使基因位移。

5. 原核细胞可通过接合、转化和转导进行基因转移或重组

原核细胞（如细菌）可通过细胞间直接接触（接合作用）、细胞主动摄取（转化作用）或噬菌体传递（转导作用）等方式进行基因转移或重组。

（1）接合作用是质粒DNA通过细胞间相互接触发生转移的现象

1）接合作用：指细菌的遗传物质在细菌细胞间通过细胞-细胞直接接触或细胞间桥样连接的转移过程。

2）举例：细菌通过鞭毛相互接触时，质粒DNA就可以从一个细菌转移至另一细菌，但并非任何质粒DNA都有这种转移能力，只有某些较大的质粒，如F因子（决定细菌表面鞭毛的形成），方可通过接合作用从一个细胞转移至另一个细胞。

（2）转化作用是受体细胞自主摄取外源DNA并与之整合的现象

1）转化作用：指受体菌通过细胞膜直接从周围环境中摄取并掺入外源遗传物质引起自身遗传改变的过程，受体菌必须处于敏化状态，这种敏化状态可以通过自然饥饿生长密度或实验室诱导而达到。

2）举例：当溶菌时，裂解的DNA片段作为外源DNA被另一细菌（受体菌）摄取，受体菌通过重组机制将外源DNA整合至其基因组上，从而获得新的遗传性状，这就是自然界发生的转化作用。

（3）转导作用是病毒将供体DNA带入受体并与之染色体发生整合的现象

1）转导作用：指由病毒或病毒载体介导外源DNA进入靶细胞的过程。

2）举例：噬菌体介导的转导，包括普遍性转导和特异性转导，后者又称为限制性转导。

6. 细菌可通过CRISPR/Cas系统从病毒获得DNA片段作为获得性免疫机制

（1）CRISPR/Cas系统是指由*Cas*基因编码的Cas蛋白催化CRISPR形成，以及CRISPR转录产物与Cas蛋白相配合介导入侵DNA切割的机制，并成为细菌抵抗病毒感染的一种获

得性免疫机制。

（2）根据 Cas 蛋白的功能可将其分为三型，即Ⅰ型、Ⅱ型和Ⅲ型，其中Ⅱ型 CRIS-PR/Cas9 系统是目前应用最多的。CRISPR/Cas9 系统是一种细菌防御病毒和质粒攻击的获得性免疫机制，目前已经被开发成一种应用最多的高效率、低脱靶率的基因组编辑技术。

二、重组 DNA 技术

1. **概念** 重组 DNA 技术又称分子克隆、DNA 克隆或基因工程，是指通过体外操作将不同来源的两个或两个以上 DNA 分子重新组合，并在适当细胞中扩增形成新功能 DNA 分子的方法。其主要过程包括：在体外将目的 DNA 片段与能自主复制的遗传元件（又称载体）连接，形成重组 DNA 分子，进而在受体细胞中复制、扩增及克隆化，从而获得单一 DNA 分子的大量拷贝。在克隆目的基因后，还可针对该基因进行表达产物蛋白质或多肽的制备以及基因结构的定向改造。

2. **重组 DNA 技术中常用的工具酶（表 5-1）** 在重组 DNA 技术中，常需要一些工具酶用于基因的操作。例如，处理目的 DNA 时，需利用序列特异性限制性核酸内切酶（RE），RE 在准确的位置切割 DNA，使较大的 DNA 分子成为一定大小的 DNA 片段；构建重组 DNA 分子时，必须在 DNA 连接酶催化下才能使 DNA 片段与载体共价连接。

表 5-1　重组 DNA 技术中常用的工具酶

工具酶	功能
RE	识别特异序列，切割 DNA
DNA 连接酶	催化 DNA 中相邻的 $5'$-磷酸基团和 $3'$-羟基末端之间形成磷酸二酯键，使 DNA 切口封合或使两个 DNA 分子或片段连接起来
DNA 聚合酶Ⅰ	具有 $5' \rightarrow 3'$ 聚合、$3' \rightarrow 5'$ 外切及 $5' \rightarrow 3'$ 外切活性，用于合成双链 cDNA 分子或片段连接；缺口平移法制作高比活性探针；DNA 序列分析；填补 $3'$ 末端
Klenow 片段	又名 DNA 聚合酶Ⅰ大片段，具有完整 DNA 聚合酶Ⅰ的 $5' \rightarrow 3'$ 聚合及 $3' \rightarrow 5'$ 外切活性，但缺乏 $5' \rightarrow 3'$ 外切活性。常用于 cDNA 第二链合成、双链 DNA 的 $3'$-端标记等
逆转录酶	是以 RNA 为模板的 DNA 聚合酶，用于合成 cDNA，也用于替代 DNA 聚合酶Ⅰ进行缺口填补、标记或 DNA 序列分析等
多聚核苷酸激酶	催化多聚核苷酸 $5'$-羟基末端磷酸化或标记探针等
末端转移酶	在 $3'$-羟基末端进行同质多聚物加尾
碱性磷酸酶	切除末端磷酸基团

（1）在所有工具酶中，RE 是最重要的工具酶：RE 简称为限制性内切酶或限制酶，是一类核酸内切酶，能识别双链 DNA 分子内部的特异序列并裂解磷酸二酯键。

除极少数 RE 来自绿藻外,绝大多数来自细菌,与相伴存在的甲基化酶共同构成细菌的限制 – 修饰体系,RE 对甲基化的自身 DNA 分子不起作用,仅对外源 DNA 切割,因此对细菌遗传性状的稳定具有重要意义。

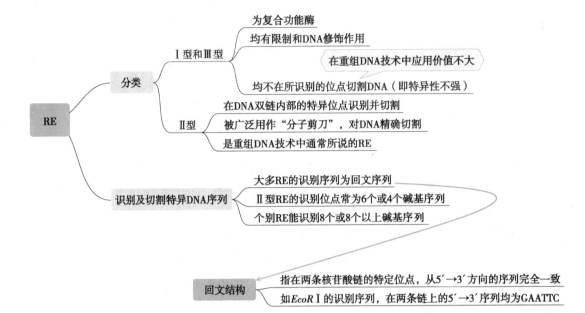

（2）RE 中的同尾酶:有些 RE 所识别的序列虽然不完全相同,但切割 DNA 双链后可产生相同的单链末端(黏端),这样的酶彼此互称同尾酶,所产生的相同黏端称为配伍末端。配伍末端可共价连接,但连接后的序列通常就不能再被两个同尾酶中的任何一个酶识别和切割了。

（3）RE 中的同裂酶:有些 RE 虽然来源不同,但能识别同一序列(切割位点可相同或不同),这样的两种酶称同切点酶或异源同工酶。同切点酶为 DNA 操作者增加了酶的选择余地。

3. 重组 DNA 技术中常用的载体　载体是为携带目的外源 DNA 片段、实现外源 DNA 在受体细胞中无性繁殖或表达蛋白质所采用的一些 DNA 分子,按其功能可分为克隆载体和表达载体两大类,有的载体兼有克隆和表达两种功能。

（1）克隆载体用于扩增克隆化 DNA 分子

1）概念:克隆载体是指用于外源 DNA 片段的克隆和在受体细胞中的扩增的 DNA 分子。

2）具备的基本特点:①至少有一个复制起点使载体能在宿主细胞中自主复制,并能使克隆的外源 DNA 片段得到同步扩增;②至少有一个选择标志,从而区分含有载体和不含有载体的细胞;③有适宜的 RE 的单一切点,可供外源基因插入载体。

3）常用克隆载体(表 5-2)

表 5-2 常用克隆载体

名称	应用
质粒克隆载体	①是重组 DNA 技术中最常用的载体 ②质粒是细菌染色体外的、能自主复制和稳定遗传的双链环状 DNA 分子,具备作为克隆载体的基本特点。如 pUC18 质粒载体,具有一个复制起点 *ori*,一个选择标志—氨苄西林抗性基因 amp^R,多个单一酶切位点,也称多克隆酶切位点
噬菌体 DNA	λ 和 M13 噬菌体 DNA 常用作克隆载体
其他	为增加克隆载体携带较长外源基因的能力,还设计有柯斯质粒载体(又称黏粒载体)、细菌人工染色体载体、酵母人工染色体载体等

(2)表达载体能为外源基因提供表达元件

1)概念:表达载体是指用来在宿主细胞中表达外源基因的载体。

2)依据表达载体宿主细胞的不同分类:①原核表达载体,目前应用最广泛的是 *E.coli* 表达载体;②真核表达载体,包括酵母表达载体、昆虫表达载体和哺乳类细胞表达载体等。

3)原核表达载体除了具有克隆载体的基本特征外,还有供外源基因有效转录和翻译的原核表达调控序列,如启动子、核糖体结合位点即 SD 序列、转录终止序列等。

4)真核表达载体除了具备克隆载体的基本特征外,所提供给外源基因的表达元件是来自真核细胞的。

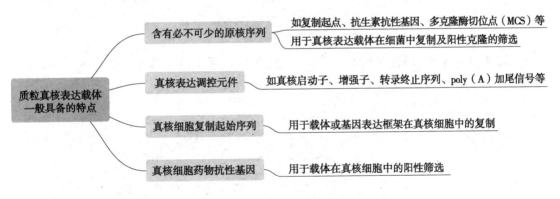

提示

原核表达载体和真核表达载体均由克隆载体发展而来,区别主要在于为外源基因提供的表达元件。

4. 重组 DNA 技术的基本原理及操作步骤 完整 DNA 克隆过程包括五大步骤:①目的 DNA 的分离获取(分);②载体的选择与准备(选);③目的 DNA 与载体的连接(连);④重组 DNA 转入受体细胞(转);⑤重组体的筛选及鉴定(筛)。

(1)目的 DNA 的分离获取:主要方法见表 5-3。

表 5-3　目的 DNA 分离获取的主要方法

名称	应用
化学合成法	①可直接合成目的 DNA 片段,常用于小分子肽类基因的合成 ②前提是已知某基因的核苷酸序列,或能根据氨基酸序列推导出相应核苷酸序列。一般先合成两条完全互补的单链,经退火形成双链,然后克隆于载体
利用基因组文库和cDNA 文库	可根据具体需求从公司订购
PCR 法	①是一种高效特异的体外扩增 DNA 的方法 ②前提是已知待扩增目的基因或 DNA 片段两端的序列,并根据该序列合成适当引物
其他	采用酵母单杂交系统克隆 DNA 结合蛋白的编码基因,或用酵母双杂交系统克隆特异性相互作用蛋白质的编码基因

（2）载体的选择与准备是根据目的 DNA 片段决定的

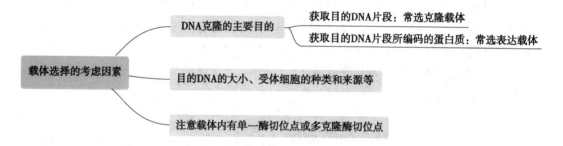

（3）目的 DNA 与载体连接形成重组 DNA：依据目的 DNA 和线性化载体末端的特点,可采用不同的连接策略（表 5-4）。

表 5-4　目的 DNA 和载体的连接策略

连接策略	方式	连接结果	特点
黏端连接			
单一相同黏端	目的 DNA 序列两端和线性化载体两端为同一 RE（或同切点酶,或同尾酶）切割,由此产生的黏端完全相同	载体自连（载体自身环化）、载体与目的 DNA 连接和 DNA 片段自连	易出现载体自身环化、目的 DNA 双向插入载体及多拷贝现象,给后续筛选增加困难
不同黏端	用两种不同的 RE 分别切割载体和目的 DNA,则可使载体和目的 DNA 的两端均形成两个不同的黏端	让外源 DNA 定向插入载体（定向克隆）	可有效避免载体自连和 DNA 片段的反向插入和多拷贝现象
其他	在末端为平端的目的 DNA 片段制造黏端	—	常用人工接头法、加同聚物尾法、PCR 法

续表

连接策略	方式	连接结果	特点
平端连接	目的 DNA 两端和线性化载体两端均为平端,在 DNA 连接酶作用下连接	载体自连、载体与目的 DNA 连接和 DNA 片段自连	连接效率较低,载体自身环化、目的 DNA 双向插入和多拷贝现象等
黏 - 平端连接	目的 DNA 和载体通过一端为黏端、另一端为平端的方式连接	定向克隆	连接效率介于黏端和平端连接之间

（4）重组 DNA 转入受体细胞使其得以扩增

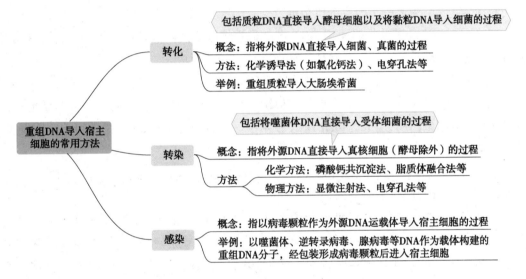

（5）重组体的筛选与鉴定:重组 DNA 分子导入宿主细胞后,可通过载体携带的选择标记或目的 DNA 片段的序列特征进行筛选和鉴定,从而获得含重组 DNA 分子的宿主细胞。

1）借助载体上的遗传标志进行筛选

● 利用抗生素抗性标志筛选:将含有某种抗生素抗性基因的重组载体转化宿主细胞,然后在含相应抗生素的培养液中培养此细胞,若细胞能在这种条件下生长,则说明细胞中至少应含有导入的载体,但是否是插入目的 DNA 的载体,还需要进一步鉴定。若细胞中没有载体,则被抗生素杀死。

● 利用基因的插入失活/插入表达特性筛选:针对某些带有抗生素抗性基因的载体,当目的 DNA 插入抗性基因后,可使该抗性基因失活。如果还以这种抗生素抗性进行筛选,不能生长的细胞应该是含重组 DNA 的细胞。以这种方式筛选时,通常载体上携带一个以上筛选标志基因。

● 利用标志补救筛选:标志补救是指当载体上的标志基因在宿主细胞中表达时,宿主细胞通过与标志基因表达产物互补,弥补自身的相应缺陷,从而在相应选择培养基中存活。

利用该策略可初步筛选含有载体的宿主细胞。

利用 α 互补筛选携带重组质粒的细菌也是一种标志补救筛选方法。

- 利用噬菌体的包装特性进行筛选：λ 噬菌体的一个重要遗传特性就是其在包装时对 λDNA 大小有严格要求，当 λDNA 的长度达到其野生型长度的 75%~105% 时，方能包装形成有活性的噬菌体颗粒，进而在培养基上呈现噬斑，而不含外源 DNA 的单一噬菌体载体 DNA 因其长度太小而不能被包装成有活性的噬菌体颗粒，故不能感染细菌形成噬斑。根据此原理可初步筛出带有重组 λ 噬菌体载体的克隆。

2）序列特异性筛选：包括 RE 酶法、PCR 法、核酸杂交法（可直接筛选和鉴定含有目的 DNA 的克隆）、DNA 测序法（是最准确的鉴定目的 DNA 的方法）等。

针对已知序列，通过 DNA 测序可明确具体序列和可读框的正确性；针对未知 DNA 片段，可揭示其序列，为进一步研究提供依据。

3）亲和筛选法：其前提是重组 DNA 进入宿主细胞后能够表达出其编码产物。常用的亲和筛选法的原理是基于抗原 – 抗体反应或配体 – 受体反应。

（6）克隆基因的表达：基因表达涉及正确的基因转录、mRNA 翻译、适当的转录后及翻译后的加工过程，这些过程对于不同的表达体系是不同的。克隆目的基因，进而大量地表达出有特殊意义的蛋白质，已成为重组 DNA 技术中一个专门的领域，这就是重组蛋白质表达。基因工程中的表达系统包括原核和真核表达体系。

1）原核表达体系：E.coli 是当前采用最多的原核表达体系，其优点是培养方法简单、迅速、经济而又适合大规模生产工艺。

- 原核表达载体的必备条件：运用 E.coli 表达有用的蛋白质必须使构建的表达载体符合下述标准：①含 E.coli 适宜的选择标志；②具有能调控转录、产生大量 mRNA 的强启动子，如 lac、tac 启动子或其他启动子序列；③含适当的翻译控制序列，如核糖体结合位点和翻译起始点等；④含有合理设计的 MCS，以确保目的基因按一定方向与载体正确连接。

- E.coli 表达体系的缺点：①由于缺乏转录后加工机制，对于真核基因来说，E.coli 表达体系只能表达经逆转录合成的 cDNA 编码产物，不宜表达从基因组 DNA 上扩增的基因；②由于缺乏适当的翻译后加工机制，真核基因的表达产物在 E.coli 表达体系中往往不能被正确的折叠或糖基化修饰；③表达的蛋白质常常形成不溶性包含体，欲使其具有活性尚需进行复杂的变性、复性处理；④很难用 E.coli 表达体系表达大量的可溶性蛋白质。

2）真核表达体系

- 优势：①具有转录后加工机制；②具有翻译后修饰机制；③表达的蛋白质不形成包含体（酵母除外）；④表达的蛋白质不易被降解。

- 缺点：操作技术难、费时、费钱。

5. 重组 DNA 技术在医学中的应用

（1）广泛应用于生物制药：重组 DNA 技术一方面可改造传统的制药工业，如利用该基因可改造制药所需要的工程菌种或创建新的工程菌种,从而提高抗生素、维生素、氨基酸等药物的产量;另一方面,利用该技术生产有药用价值的蛋白质/多肽、疫苗抗原等产品。利用该技术可以让细菌、酵母等低等生物成为制药工厂,也使基因工程细菌成为各类生物基因的储藏所。

（2）重组 DNA 技术是医学研究的重要技术平台

1）可用于遗传修饰动物模型的医用研究:目前已建立了诸多人类疾病的遗传修饰动物模型,用于研究癌症、糖尿病、肥胖、心脏病、老化、关节炎等;遗传修饰猪模型的应用,可望增加从猪到人器官移植的成功率;改造蚊子的基因组,使其产生对疟疾的免疫反应,可望消灭疟疾。

2）遗传修饰细胞模型在医学研究中的医学应用:重组 DNA 技术也可用于遗传修饰细胞模型的建立,从而用于基因替代治疗/靶向治疗或体内示踪。体细胞基因治疗已经在 X- 连锁联合免疫缺陷病、慢性淋巴细胞白血病和帕金森病进行了临床研究,这是在人体上进行遗传工程的研究。

3）基因及基因功能的获得及丧失的研究。

（3）重组 DNA 技术是基因及其表达产物研究的技术基础

1）在基因组水平上干预基因:重组 DNA 技术是基因打靶(包括基因敲除和基因敲入)及基因组编辑等的技术基础。

2）在 RNA 水平上干预基因的功能:RNA 干扰(RNAi)是通过干扰小 RNA(siRNA)与靶 RNA 结合,从而阻止基因表达的方法。

3）研究蛋白质的相互作用:例如,酵母双杂交系统是利用分别克隆转录因子 DNA 结合结构域(DBD)和转录激活结构域(TAD)的融合基因,对 DBD- 融合蛋白和 TAD- 融合蛋白的融合部分的潜在相互作用能力进行研究。

ℹ 提示

目前重组 DNA 技术已广泛应用于生命科学和医学研究、疾病诊断与防治、法医学鉴定、物种的修饰与改造等诸多领域,对医学临床及医学研究的影响日益增大。

◦ 经 典 试 题 ◦

（研）1. 下列选项中,符合Ⅱ类限制性内切核酸酶特点的是

A. 识别的序列呈回文结构　　　　　B. 没有特异酶解位点

C. 同时有连接酶活性　　　　　　　D. 可切割细菌体内自身 DNA

（研）2. 重组 DNA 技术中,常用到的酶是

A. 限制性核酸内切酶　　　　　　　B. DNA 连接酶

  C. DNA 解螺旋酶   D. 逆转录酶

（研）3. 下列关于质粒载体的叙述,正确的是

  A. 具有自我复制能力   B. 有些质粒常携带抗药性基因

  C. 为小分子环状 DNA   D. 含有克隆位点

（执）4. 在 DNA 重组实验中使用 DNA 连接酶的目的是

  A. 使 DNA 片段与载体结合   B. 坚定重组 DNA 片段

  C. 催化质粒与噬菌体的链接   D. 获得较小的 DNA 片段

  E. 扩增特定 DNA 序列

（执）5. 关于重组 DNA 技术的叙述,不正确的是

  A. 重组 DNA 分子经转化或转染可进入宿主细胞

  B. 限制性内切酶是主要工具酶之一

  C. 重组 DNA 由载体 DNA 和目标 DNA 组成

  D. 质粒、噬菌体可作为载体

  E. 进入细胞内的重组 DNA 均可表达目标蛋白

（研）（6~7 题共用备选答案）

  A. Klenow 片段   B. 连接酶

  C. 碱性磷酸酶   D. 末端转移酶

  6. 常用于合成 cDNA 第二条链的酶是

  7. 常用于标记双链 DNA 3′- 端的酶是

【答案与解析】

1. A 2. ABD 3. ABCD 4. A

5. E。解析:重组 DNA 分子导入宿主细胞后,并不全部表达目标蛋白。可通过载体携带的选择标记或目的 DNA 片段的序列特征进行筛选和鉴定,从而获得含重组 DNA 分子的宿主细胞。故选 E。

6. A 7. A

温 故 知 新

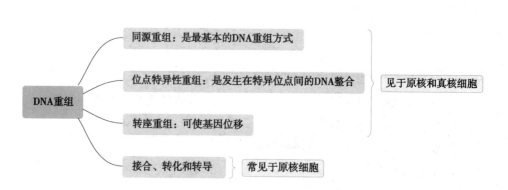

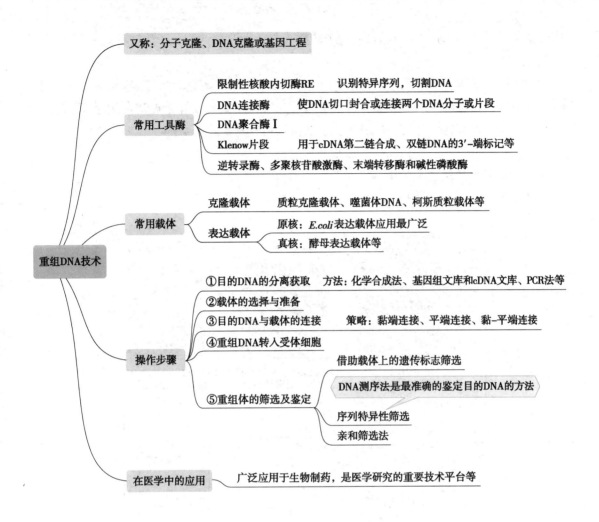

第二十三节　常用的分子生物学技术原理和应用

一、分子杂交和印迹技术

1. 原理

（1）分子杂交技术：利用 DNA 变性与复性这一基本理化性质结合印迹技术和探针技术，可进行 DNA 和 RNA 的定性或定量分析。

（2）印迹技术：1975 年，E.Southern 将经琼脂糖电泳分离的 DNA 片段在胶中变性使其成为单链，然后将硝酸纤维素（NC）膜平铺在胶上，膜上放置一定厚度的吸水纸巾，利用毛细作用使胶中的 DNA 分子转移到 NC 膜上，使之固相化。将载有 DNA 单链分子的 NC 膜放在核酸杂交反应溶液中，溶液具有互补序列的 DNA 或 RNA 单链分子就可以结合到存在于 NC 膜上的 DNA 分子上。这一技术类似于用吸墨纸吸收纸张上的墨迹，因此称为 "blotting"，译为印迹技术。

除靠毛细作用将 DNA 转移至 NC 膜外，后来又建立了电转移印迹技术和真空吸引转移印迹技术。另外,亦有一些新的材料用于转移膜制备而改善待测分子的转移效率和样品承载能力。

（3）探针技术:探针指的是带有放射性核素、生物素或荧光物质等可检测标志物的核酸片段,它具有特定的序列,能够与待测的核酸片段依据碱基互补原理结合,因此可以用于检测核酸样品中存在的特定核酸分子。核酸探针可以是人工合成的寡核苷酸片段、基因组 DNA 片段、cDNA 全长或片段,还可以是 RNA 片段。

2. 印迹技术的类别及应用

（1）基本印迹技术（图 5-1）

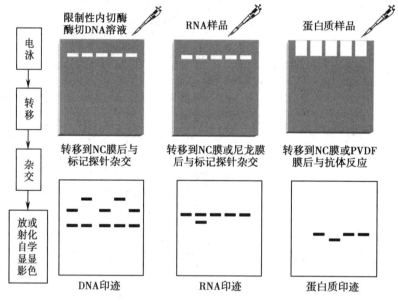

图 5-1　基本印迹技术

1）DNA 印迹（Southern blotting）:主要用于基因组 DNA 的定性和定量分析,例如对基因组中特异基因的定位及检测、基因组中转基因和基因剔除的分析,此外亦可用于分析重组构建的质粒和噬菌体。

2）RNA 印迹（Northern blotting）:目前主要用于检测特定组织或细胞中已知的特异 mRNA 和非编码 RNA 的表达水平,也可以比较不同组织和细胞中的同一基因的表达情况。

3）蛋白质印迹（Western blotting）:用于检测样品中特异性蛋白质的存在、细胞中特异蛋白质的半定量分析以及蛋白质分子的相互作用研究等。

（2）斑点印迹:指不经电泳分离而直接将样品点在 NC 膜上用于核酸杂交分析的方法。

（3）原位杂交:指组织切片或细胞涂片可以直接用于杂交分析的方法。

（4）DNA 芯片技术:指将多种已知序列的 DNA 排列在一定大小的尼龙膜或其他支持物上,用于检测细胞或组织样品中的核酸种类的技术。

> ⓘ **提示**
>
> 　　印迹技术已广泛用于 DNA、RNA 和蛋白质的检测,利用琼脂糖凝胶电泳分离 DNA 片段,利用聚丙烯酰胺凝胶电泳按蛋白质分子大小分开。

二、PCR 技术

　　1. 概述　1983 年 K. Mullis 发明了聚合酶链反应(PCR)技术。该技术可将微量 DNA 片段大量扩增,使微量 DNA 或 RNA 的操作变得简单易行。PCR 技术的高敏感、高特异、高产率、可重复、快速简便等优点使其迅速成为分子生物学研究中应用最为广泛的方法。

　　2. 工作原理　是在体外模拟体内 DNA 复制的过程。

　　(1)基本工作原理:以待扩增的 DNA 分子为模板,用两条寡核苷酸片段作为引物,分别在拟扩增片段的 DNA 两侧与模板 DNA 链互补结合,提供 $3'$-OH 末端,在 DNA 聚合酶作用下,按照半保留复制的机制沿着模板链延伸,直至完成两条新链的合成。不断重复这一过程,即可使目的 DNA 片段得到扩增。PCR 反应的特异性依赖于与模板 DNA 两端互补的寡核苷酸引物。

　　(2)反应体系:模板 DNA、特异引物、耐热性 DNA 聚合酶(如 *Taq* DNA 聚合酶)、dNTP、含 Mg^{2+} 的缓冲液。

　　(3)基本反应步骤:PCR 以变性、退火和延伸为 1 个循环,新合成的 DNA 分子继续作为下一轮合成的模板,经 25~30 次循环后即可达到扩增 DNA 片段的目的。

　　1)变性:将反应体系加热至 95℃,使模板 DNA 完全变性成为单链,同时引物自身以及引物之间存在的局部双链也得以消除。

　　2)退火:将温度下降至适宜温度(一般较 T_m 低 5℃),使引物与模板 DNA 结合。

　　3)延伸:将温度升至 72℃,DNA pol 以 dNTP 为底物催化 DNA 的合成反应。

　　(4)主要用途及衍生技术

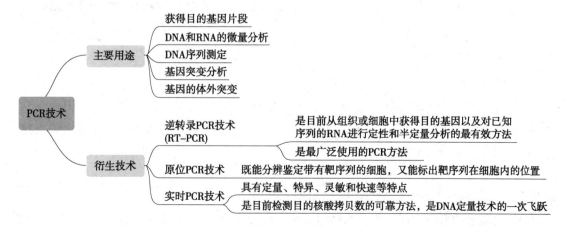

1）PCR 技术为在重组 DNA 过程中获得目的基因片段提供了简便、快速的方法。是从各种生物标本或基因工程载体中快速获得已知序列目的基因片段的主要方法。

2）PCR 技术敏感性高，对模板 DNA 的量要求很低，是 DNA 和 RNA 微量定性和定量分析的最好方法。

3）PCR 与其他技术的结合可大大提高基因突变检测的敏感性，例如单链构象多态性分析、等位基因特异的寡核苷酸探针分析等。

4）利用 PCR 技术可以随意设计引物在体外对目的基因片段进行插入、嵌合、缺失、点突变等改造。

5）实时 PCR 技术

● 实时 PCR 的基本原理：是在 PCR 反应体系中加入荧光基团，利用荧光信号积累，实时监测整个 PCR 进程，故也被称为实时荧光定量 PCR 或荧光定量 PCR。

● 分类：荧光标记是实现 PCR 反应实时定量的化学基础。实时荧光定量 PCR 的化学原理包括：①非引物探针类，利用非特异性的插入双链 DNA 的荧光染料来指示扩增的增加；②引物探针类：利用可与靶 DNA 序列特异杂交结合的引物，标记荧光报告基团作为探针，来指示扩增产物的增加。

● 应用

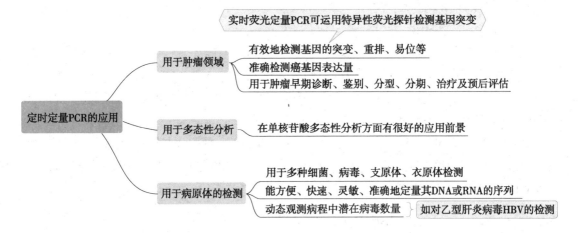

三、DNA 测序技术

1. 概念　DNA 测序的目的是确定一段 DNA 分子中 4 种碱基（A、G、C、T）的排列顺序。

2. 重要性　DNA 测序技术是阐明和理解基因结构、基因功能、基因变异、基因表达调控的基础，也是实现在分子层次预测、预防、诊断和治疗疾病的个体化医学的最重要的支撑技术。

3. 测序方法

（1）双脱氧法和化学降解法是经典 DNA 测序方法。

1）Sanger 双脱氧测序法亦称为链终止法，基于对引物的延伸合成反应。

2）Maxam-Gilbert 化学降解测序法则首先对待测序的 DNA 片段的末端进行放射性核素标记,然后用专一性化学试剂将该片段 DNA 进行特异性降解,从而产生 4 套含有长短不一 DNA 片段的混合物,再通过其所带的标记读出序列。

（2）第一代全自动激光荧光 DNA 测序仪器基于双脱氧法。

（3）高通量 DNA 测序技术使基因测序走向医学实用。新的高通量 DNA 测序技术及其分析仪器等这些新技术被冠以新一代测序（NGS）之称,并先后有第二代、第三代,甚至第四代之分,其共同特点都是实现了微量化、高通量并行化和低成本。

四、生物芯片技术

1. 基因芯片

（1）概念:基因芯片是指将许多特定的 DNA 片段有规律地紧密排列,固定于单位面积的支持物上,再与待测的荧光标记样品进行杂交,杂交后用荧光检测系统对芯片进行扫描,通过计算机系统对每一位点的荧光信号作出检测、比较和分析,从而迅速得出定性和定量的结果。

（2）应用:基因芯片可在同一时间内分析大量的基因,高密度基因芯片实现了基因信息的大规模检测。基因芯片特别适用于分析不同组织细胞或同一细胞不同状态下的基因差异表达情况,其原理是基于双色荧光探针杂交。

2. 蛋白质芯片

（1）概念:蛋白质芯片是将高度密集排列的蛋白质分子作为探针点阵固定在固相支持物上,当与待测蛋白样品反应时,可捕获样品中的靶蛋白,再经检测系统对靶蛋白进行定性和定量分析的一种技术。

（2）蛋白质芯片技术具有快速、高通量等特点,可以对整个基因组水平的上千种蛋白质同时进行分析,是蛋白质组学研究的重要手段之一。

五、蛋白质的分离、纯化与结构分析

1. 蛋白质沉淀（表 5-5）　用于蛋白质浓缩及分离。

表 5-5　蛋白质沉淀

方法	原理
有机溶剂沉淀蛋白质	丙酮、乙醇等有机溶剂可使蛋白质沉淀,再将其溶解在小体积溶剂中,即可获得浓缩的蛋白质
盐析分离蛋白质	盐析是将硫酸铵、硫酸钠、氯化钠等加入蛋白质溶液,使蛋白质表面电荷被中和以及水化膜被破坏,导致蛋白质在水溶液中的稳定性因素去除而沉淀
免疫沉淀分离蛋白质	蛋白质具有抗原性,将某种纯化蛋白质免疫动物可获得抗该蛋白质的特异抗体。利用特异抗体识别相应抗原并形成抗原抗体复合物的性质,可以从蛋白质混合溶液中分离,获得抗原蛋白。这就是可用于特定蛋白质定性和定量分析的免疫沉淀法

2. 透析和超滤法去除蛋白质溶液中的小分子化合物　利用透析袋将大分子蛋白质与小分子化合物分开的方法,称为透析。将蛋白质溶液装在透析袋内,置于水中,硫酸铵、氯化钠等小分子物质可透过薄膜进入水溶液,由此可对盐析浓缩后的蛋白质溶液进行除盐。超滤法是常用的浓缩蛋白质溶液的方法。

3. 电泳分离蛋白质　蛋白质在高于或低于其 pI 的溶液中成为带电颗粒,在电场中能向正极或负极方向移动。通过蛋白质在电场中泳动而达到分离各种蛋白质的技术,称为电泳。

（1）纤维薄膜电泳:是将蛋白质溶液点样于薄膜上,薄膜两端分别加正、负电极,此时带正电荷的蛋白质向负极泳动;带负电荷的蛋白质向正极泳动;带电多、分子量小的蛋白质泳动速率快;带电少、分子量大的蛋白质则泳动慢,于是蛋白质被分离。

（2）凝胶电泳:其支撑物为琼脂糖、淀粉或聚丙烯酰胺凝胶。凝胶置于玻璃板上或玻璃管中,凝胶两端分别加上正、负电极,蛋白质混合液即在凝胶中泳动。电泳结束后,用蛋白质显色剂显色,即可看到多条已被分离的蛋白质色带。

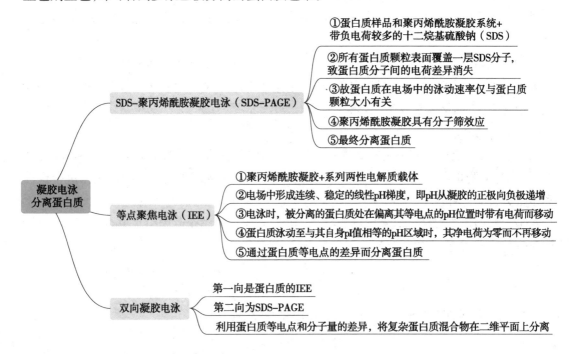

提示

　　电泳是利用蛋白质的两性解离性,透析是利用蛋白质的分子大小来进行分离蛋白质。

4. 层析分离蛋白质

（1）层析:是将待分离蛋白质溶液(流动相)经过一个固态物质(固定相)时,根据溶液中待分离的蛋白质颗粒大小、电荷多少、亲和力等,使待分离的蛋白质组分在两相中反复分配,并以不同速度流经固定相而达到分离蛋白质的目的。

（2）层析种类：离子交换层析、凝胶过滤和亲和层析等，以前两种应用最广。

（3）**阴离子交换层析**（图 5-2）：是将阴离子交换树脂颗粒填充在层析管内，由于阴离子交换树脂颗粒上带正电荷，故能吸引溶液中的阴离子。然后再用含阴离子（如 Cl^-）的溶液洗柱。含负电量小的蛋白质首先被洗脱下来；增加 Cl^- 浓度，含负电量多的蛋白质也被洗脱下来，于是两种蛋白质被分开。

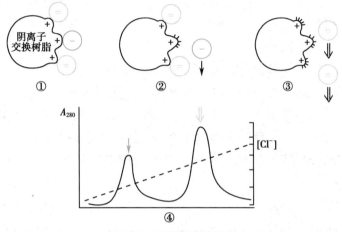

图 5-2　阴离子交换层析

①样品全部交换并吸附到树脂上；②负电荷较少的分子用较稀的 Cl^- 或其他负离子溶液洗脱；③电荷多的分子随 Cl^- 浓度增加依次洗脱；④洗脱图 A_{280} 表示为 280mm 的吸光度。

（4）**凝胶过滤（分子筛层析）**（图 5-3）：层析柱内填满带小孔的颗粒，一般由葡聚糖制成。蛋白质溶液加于柱的顶部，任其往下渗漏，小分子蛋白质进入孔内，因而在柱中滞留时间较长，大分子蛋白质不能进入孔内而径直流出，故不同大小的蛋白质得以分离。

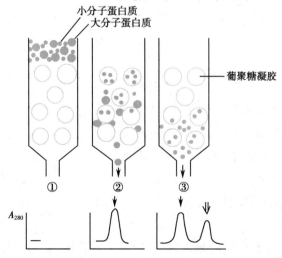

图 5-3　凝胶过滤分离蛋白质

①大球是葡聚糖凝胶颗粒；②样品上柱后，小分子进入凝胶微孔，大分子不能进入，故洗脱时大分子先洗脱下来；③小分子后洗脱出来。

> **ⓘ 提示**
>
> 　　离子交换层析是根据蛋白质的电荷多少进行分离提纯；凝胶过滤（分子筛层析）是根据蛋白质的分子大小进行分离提纯。

5. 蛋白质颗粒沉降行为与超速离心　蛋白质在离心力场中的沉降行为用沉降系数（S）表示，沉降系数使用 Svedberg 单位（$1S=10^{-13}$ 秒）。S 与蛋白质的密度和形状相关。

6. 蛋白质一级结构分析

（1）离子交换层析分析蛋白质的氨基酸组分：首先分析已纯化蛋白质的氨基酸残基组成。蛋白质经盐酸水解后成为个别氨基酸，用离子交换树脂将各种氨基酸分开，测定它们的含量。

（2）测定多肽链的氨基端和羧基端的氨基酸残基：测定为何种氨基酸残基。

（3）肽链序列的测定：将肽链水解成片段，分别进行分析。蛋白质水解生成的肽段，可通过层析和电泳及质谱将其分离纯化并鉴定，得到的图谱称为肽图，由此可明确肽段的大小和数量。

7. 蛋白质的空间结构分析

（1）圆二色光谱法测定蛋白质二级结构：通常采用圆二色光谱（CD）测定溶液状态下的蛋白质二级结构。测定含 α- 螺旋较多的蛋白质，所得结果更为准确。

（2）蛋白质三维空间结构解析：X 射线衍射、核磁共振技术是研究蛋白质三维空间结构的经典方法，其中核磁共振技术主要用于测定蛋白质的液相三维空间结构。

冷冻电镜技术极大提高了蛋白质三维结构的解析速度和分辨率，且能分析蛋白质在相对天然状态下的结构，当前已经成为结构生物学的主要研究手段。

（3）生物信息学预测蛋白质空间结构：由于蛋白质空间结构的基础是一级结构，参照已完成的各种蛋白质的三维结构数据库，可初步预测各种蛋白质的三维空间结构。

六、生物大分子相互作用研究技术

生物大分子之间可相互作用并形成各种复合物，所有的重要生命活动，包括 DNA 的复制、转录、蛋白质的合成与分泌、信号转导和代谢等，都是由这些复合物所完成。研究细胞内各种生物大分子的相互作用方式，分析各种蛋白质、蛋白质 –DNA、蛋白质 –RNA 复合物的组成和作用方式是理解生命活动基本机制的基础。

1. 蛋白质相互作用研究技术

（1）标签蛋白沉淀：标签融合蛋白结合实验是一个基于亲和色谱原理的、分析蛋白质体外直接相互作用的方法。

1）该方法利用一种带有特定标签（tag）的纯化融合蛋白作为钓饵，在体外与待检测的纯化蛋白质或含有此待检测蛋白质的细胞裂解液温育，然后用可结合蛋白标签的琼脂糖珠将融合蛋白沉淀回收，洗脱液经电泳分离并染色。

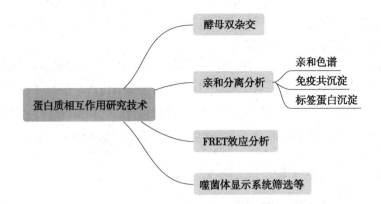

2）如果两种蛋白质有直接的结合，待检测蛋白质将与融合蛋白同时被琼脂糖珠沉淀，在电泳胶中见到相应条带。

3）标签融合蛋白结合实验可用于：①证明两种蛋白质分子是否存在直接物理结合；②分析两种分子结合的具体结构部位；③筛选细胞内与融合蛋白相结合的未知分子；④常用于重组融合蛋白的纯化。

4）常用标签：目前最常用的标签是谷胱甘肽 S- 转移酶（GST），有各种商品化的载体用于构建 GST 融合基因，并在大肠埃希菌中表达为 GST 融合蛋白。利用 GST 与还原型谷胱甘肽（GSH）的结合作用，可以用共价偶联了 GSH 的琼脂糖珠进行标签蛋白沉淀实验（图 5-4）。

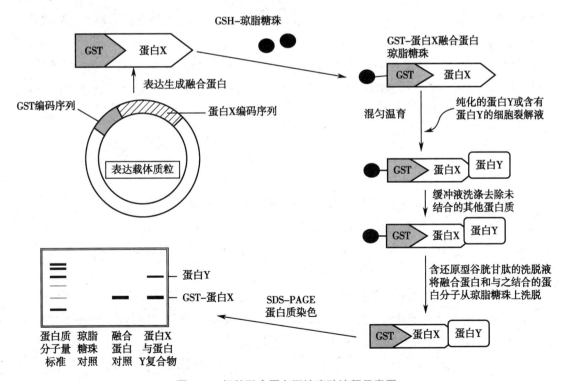

图 5-4　标签融合蛋白沉淀实验流程示意图

另一个常用的易于用常规亲和色谱方法纯化的标签分子是可以与镍离子琼脂糖珠结合的 6 个连续排列组氨酸（6×His）标签。

（2）酵母双杂交技术：是目前研究蛋白质 – 蛋白质相互作用的常用技术。该技术的建立是基于对酵母转录激活因子 GAL4 的认识。GAL4 分子的 DNA 结合区（BD）和促进转录的活性区（AD）被分开后将丧失对下游基因表达的激活作用，但如果 BD 和 AD 分别融合了具有配对相互作用的两种蛋白质分子后，就可以依靠所融合的蛋白质分子之间的相互作用而恢复对下游基因的表达激活作用。酵母双杂交系统可用于：

1）证明两种已知基因序列的蛋白质可以相互作用。

2）分析已知存在相互作用的两种蛋白质分子的相互作用功能结构域或关键氨基酸残基。

3）将待研究蛋白质的编码基因与 BD 基因融合成为"诱饵"表达质粒，可以筛选 AD 基因融合的"猎物"基因的 cDNA 表达文库，获得未知的相互作用蛋白质。

2. DNA– 蛋白质相互作用分析技术　蛋白质与 DNA 相互作用是基因表达及其调控的基本机制。分析各种转录因子所结合的特定 DNA 序列及基因的调控序列所结合的蛋白质，是阐明基因表达调控机制的主要内容。

（1）电泳迁移率变动分析（凝胶迁移变动分析）：最初用于研究 DNA 结合蛋白与相应 DNA 序列间的相互作用，可用于定性和定量分析，已成为转录因子研究的经典方法。目前这一技术也被用于研究 RNA 结合蛋白和特定 RNA 序列间的相互作用。

（2）染色质免疫沉淀技术（ChIP）：真核生物的基因组 DNA 以染色质的形式存在。研究蛋白质与 DNA 在染色质环境下的相互作用是阐明真核生物基因表达机制的重要途径。ChIP 是目前研究体内 DNA 与蛋白质相互作用的主要方法。

近年来，人们将 ChIP 和芯片技术结合在一起，建立了 ChIP 芯片（ChIP-chip）技术。该方法是在全基因组范围筛选与特定蛋白质相结合的 DNA 序列，即鉴定特定核蛋白的 DNA 结合靶点的一项新技术。

◦ 经 典 试 题 ◦

（研）1. 利用聚合酶链反应扩增特异 DNA 序列的重要原因之一是反应体系内存在

  A. DNA 聚合酶　　　　　　　　　B. 特异 RNA 模板

  C. 特异 DNA 引物　　　　　　　　D. 特异 RNA 引物

（研）2. 盐析法沉淀蛋白质的原理是

  A. 改变蛋白质的一级结构　　　　　B. 使蛋白质变性，破坏空间结构

  C. 使蛋白质的等电点发生变化　　　D. 中和蛋白质表面电荷并破坏水化膜

（研）3. 常用于研究基因表达的分子生物学技术有

  A. Northern blotting　　　　　　　B. Southern blotting

  C. Western blotting　　　　　　　　D. RT–PCR

（研）（4~5题共用备选答案）

  A. 酵母双杂交技术   B. DNA链末端合成终止法

  C. 聚合酶链反应   D. 染色质免疫沉淀法

  4. 测定蛋白质–蛋白质相互作用的实验是

  5. 研究DNA–蛋白质相互作用的实验是

【答案】

 1. C 2. D 3. ACD 4. A 5. D

温 故 知 新

探针是带有可检测标志物的核酸片段，具有特定序列

分子杂交技术
- 利用DNA变性与复性的性质+印迹技术+探针技术
- 进行DNA和RNA的定性或定量分析

印迹技术
- DNA印迹(Southern blotting)：主要用于基因组DNA的定性和定量分析
- RNA印迹(Northern blotting)：主要检测特定组织或细胞中已知的特异mRNA和非编码RNA的表达水平
- 蛋白质印迹(Western blotting)：用于检测样品中特异性蛋白质的存在等
- 其他：斑点印迹、原位杂交、DNA芯片技术

PCR技术
- 基本步骤
  - 以变性、退火和延伸为1个循环
  - 经25~30次循环后可达到扩增DNA片段的目的
- 用途：获得目的基因片段、DNA和RNA的微量分析等

DNA测序技术
- 确定一段DNA分子中4种碱基的排列顺序

生物芯片技术
- 基因芯片：可在同一时间内分析大量的基因
- 蛋白质芯片：是蛋白质组学研究的重要手段之一

蛋白质的分离、纯化
- 蛋白质沉淀：有机溶剂沉淀、盐析、免疫沉淀
- 透析和超滤法：去除蛋白质溶液中的小分子化合物
- 电泳：纤维薄膜电泳、凝胶电泳
- 层析：离子交换层析、凝胶过滤等
- 蛋白质颗粒沉降行为与超速离心

生物大分子相互作用研究技术
- 蛋白质：标签蛋白沉淀、酵母双杂交技术
- DNA–蛋白质：电泳迁移率变动分析、染色质免疫沉淀技术

左侧主干：常用的分子生物学技术原理和应用

第二十四节　基因结构功能分析和
疾病相关基因鉴定克隆

一、概述

1. 要解析疾病发生、发展过程中遗传因素的作用及其分子机制，开展精准的诊断、治疗和预防，首先需要揭示基因的结构与功能。DNA 序列测定可用于解析基因一级结构的变化；基因顺式作用元件的鉴定是了解基因表达的关键；基因拷贝数和表达产物的分析，了解基因时空表达特性，有助于揭示基因功能及功能改变的原因。

2. 依据基因变异在疾病发生、发展中的作用，疾病相关基因可区分为致病基因和疾病易感基因。

（1）如一种疾病的表型和一个基因型呈直接对应的因果关系，即该基因结构或表达的异常是导致该病发生的直接原因，那么该基因就属于致病基因。这类疾病主要是单基因病，即传统的遗传性疾病，环境因素的影响较小。

（2）在复杂性疾病，诸如肿瘤、心血管疾病、代谢性疾病、自身免疫性疾病等，环境因素和遗传因素均起着一定作用，表现为两个以上基因的"微效作用"的相加，或者多基因间的相互作用，故此类疾病亦称为多基因病。

（3）若单一基因变异仅增加对疾病的易感性，其基因可称之为疾病易感基因。我们可以将影响疾病发生、发展的基因，笼统地称为疾病相关基因，甚至直接称为疾病基因。需要特别注意的是不要被囊性纤维化基因、糖尿病基因等基因名称所误导。许多人类基因首先是通过研究该基因突变导致的疾病时发现的，故以疾病来命名，实际上这些基因正常时，均具有重要的生物学功能。

3. 鉴定疾病相关基因，不但可详尽地了解疾病的病因和发病机制，开发新的诊断和干预技术，而且有利于了解基因的功能，因而一直是生物医学工作者研究的重点。人类基因组计划的完成为疾病相关基因的发现提供了有利的契机。后基因组时代生物医学领域的主要任务之一就是诠释基因的功能，而鉴定疾病相关基因与确定基因功能两者有着密不可分的联系，并可相互促进。

二、基因结构分析

1. 鉴定基因的顺式元件是了解基因表达的关键　对基因结构的了解，除获得 DNA 的核苷酸序列外，还必须确定基因功能区域，这些功能区域包括基因编码区、启动子区和转录起始点等顺式作用元件区域。

（1）编码序列的确定主要通过生物信息学、cDNA 文库和 RNA 剪接分析法：编码序列是对应着成熟 mRNA 的核苷酸序列，分析基因编码序列的主要技术见表 5–6。

表 5-6　分析基因编码序列的主要技术

主要技术	应用
用数据库分析基因编码序列	①在基因数据库中,对 cDNA 片段的序列进行同源性比对,通过染色体定位分析、内含子／外显子分析、可读框(ORF)分析及表达谱分析等,可初步明确基因的编码序列,并可对其编码产物的基本性质等分析 ②随基因数据库的信息量不断增大,利用有限的序列信息即可通过同源性搜索获得全长基因序列,然后利用美国国立生物技术信息中心的相应软件进行 ORF 分析,并根据编码序列和非编码序列的结构特点,便可确定基因的编码序列
用 cDNA 文库法分析基因编码序列	①全长 cDNA 文库一般可通过 mRNA 的结构特征进行判断,细胞中各 mRNA 的序列基本上都由 3 部分组成,即 5'-UTR(非翻译区)、编码序列和 3'-UTR,其中编码序列含有以起始密码子开头、终止密码子结尾的 ORF ②以 cDNA 文库作为编码序列的模板,利用 PCR 法即可将目的基因的编码序列钓取出来,如果按基因的保守序列合成 PCR 引物,即可从 cDNA 文库中克隆未知基因的编码序列;还可经分析 PCR 产物以观察 mRNA 的不同拼接方式 ③cDNA 末端快速扩增(RACE)技术(包括 5'- 和 3'-RACE)是高效钓取未知基因编码序列的一种方法 ④采用核酸杂交法可从 cDNA 文库中,获得特定基因编码序列的 cDNA 克隆,该方法为寻找同源编码序列提供了可能
用 RNA 剪接分析法确定基因编码序列	①通常选择性剪接的转录产物可通过基因表达序列标签(EST)的比较进行鉴定,但需进行大量的 EST 序列测定;同时由于大多数 EST 文库来源于非常有限的组织,故组织特异性剪接变异体很可能丢失 ②目前,高通量分析 RNA 剪接的方法主要有 3 种:基于 DNA 芯片的分析法、交联免疫沉淀法和体外报告基因测定法

（2）启动子的确定主要采用生物信息学、启动子克隆法和核酸蛋白质相互作用法

1）用生物信息学预测启动子：采用生物信息学方法预测启动子结构特征为后续的启动子克隆及深入研究提供理论支撑。

● 用启动子数据库和启动子预测算法定义启动子：在定义启动子或预测分析启动子结构时应包括启动子区域的 3 个部分：①核心启动子；②近端启动子：含有几个调控元件的区域,其范围一般涉及转录起点(TSS)上游几百个碱基；③远端启动子：范围涉及 TSS 上游几千个碱基,含有增强子和沉默子等元件。

● 预测启动子的其他结构特征：启动子区域的其他结构特征包括 GC 含量、CpG 比率、转录因子结合位点、碱基组成及核心启动子元件等。CpG 岛可用于鉴定启动子。也可根据始祖启动子与 mRNA 转录本之间的相似性鉴定启动子。

● 用于启动子预测的数据库有多个,如真核启动子数据库、转录调控区数据库。

2）用 PCR 结合测序技术分析启动子结构：该方法最为简单和直接。

3）用核酸－蛋白质相互作用技术分析启动子结构

● 足迹法用于分析启动子中潜在的调节蛋白结合位点,利用 DNA 电泳条带连续性中断的图谱特点判断与蛋白质结合的 DNA 区域,它是研究核酸蛋白质相互作用的方法,而不是专门用于研究启动子结构的方法,足迹法需要对被检 DNA 进行切割,根据切割 DNA 试剂的不同,足迹法可分为酶足迹法和化学足迹法。

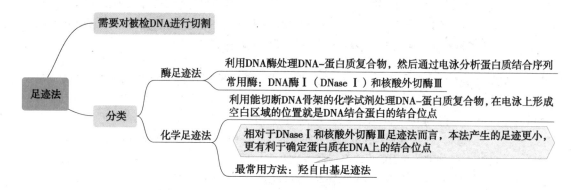

● 用电泳迁移率变动分析(EMSA)和染色质免疫沉淀(ChIP)技术鉴定启动子:EMSA 和 ChIP 均只能确定 DNA 序列中含有核蛋白结合位点,故尚需结合 DNA 足迹实验和 DNA 测序等技术来确定具体结合序列。

（3）转录起始点的确定采用生物信息学、直接克隆测序法和 5′-RACE 法

1）用数据库搜索 TSS:利用数据库资源可以为基因 TSS 的鉴定提供重要参考。

2）用 cDNA 克隆直接测序法鉴定 TSS:最早对 TSS 的鉴定方法就是直接对 cDNA 克隆进行测序分析。该方法比较简单,尤其适于对特定基因 TSS 的分析。但该方法依赖于逆转录合成全长 cDNA,一旦 cDNA 的 5′-末端延伸不全,或在逆转录之前或过程中 mRNA 的 5′-末端出现部分降解,便可导致 5′-末端部分缺失,从而影响对 TSS 的序列测定。

3）用 5′-cDNA 末端快速扩增技术鉴定 TSS:5′-cDNA 末端快速扩增技术(5′-RACE)是一种基于 PCR 从低丰度的基因转录本中快速扩增 cDNA5′-末端的有效方法。

在 5′-RACE 的基础上,通过在转录本 5′-末端引入特殊的Ⅱ型限制性内切酶识别位点,可将多个 5′-末端短片段串联在一起,进而通过对串联片段的一次测序可获得多个基因的 TSS 序列信息。常用的技术包括 5′-末端基因表达系列分析(5′-SAGE)和帽分析基因表达(GAGE)技术。

（4）其他顺式作用元件的确定

1）常用于鉴定增强子的方法包括染色质免疫共沉淀技术(ChIP)结合测序技术(ChIP-seq)和位点特异性整合荧光激活细胞分选测序技术(SIF-seq)分析法。

2）近几年来,利用染色质免疫共沉淀技术、染色体构象捕获(3C)等表观遗传学技术,结合芯片或新一代测序技术等高通量技术平台,以及生物信息学分析手段来鉴定沉默子、

绝缘子等这些具有调节基因表达的顺式作用元件,已经成为后基因时代的研究热点和发展趋势。

2. 检测基因的拷贝数是了解基因表达丰度的重要因素　分析某种基因的种类及拷贝数,实质上就是对基因进行定性和定量分析,常用的技术包括 DNA 印迹(Southern 印迹)、实时定量 PCR 技术等。

(1)DNA 印迹是根据探针信号出现的位置和次数判断基因的拷贝数。一般情况下,DNA 印迹可以准确地检测位于基因组不同位置上的相同拷贝基因,但如果基因的多个拷贝成簇地排列在基因组上,则应配合 DNA 测序进行分析。DNA 印迹除了作为基因拷贝数的检测方法外,还常用于基因定位、基因酶切图谱、基因突变和基因重排等分析。

(2)实时定量 PCR 是通过被扩增基因在数量上的差异推测模板基因拷贝数的异同。

(3)DNA 测序是最精确的鉴定基因拷贝数的方法。

3. 分析基因表达的产物可采用组学方法和特异性测定方法

(1)基因表达产物分析方法的发展

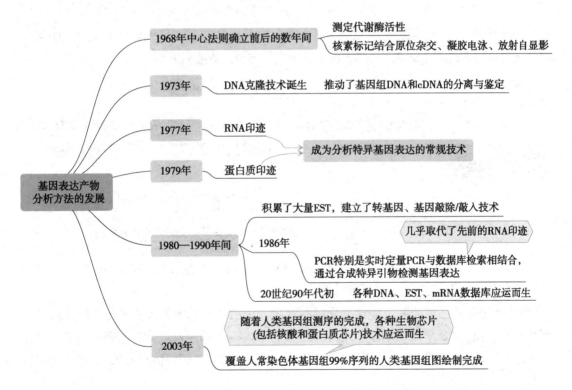

(2)用核酸杂交法检测 RNA 表达水平:核酸分子杂交法是定性或者定量特异性检测 RNA 序列片段的有效工具。

1)用 RNA 印迹分析 RNA 表达:RNA 印迹,也称 Northern 印迹,被广泛应用于 RNA 表达分析,并作为鉴定 RNA 转录本、分析其大小的标准方法。RNA 印迹对于那些通过差异显示 RT-PCR 或 DNA 芯片等技术获得的差异表达的 RNA,可用 RNA 印迹来确证;对于新发现的 cDNA 序列,以其为探针对组织或细胞的 RNA 样品进行 RNA 印迹分析,可确定与之互补的 RNA 真实存在。

2）用核糖核酸酶保护实验分析 RNA 水平及其剪接情况:RNA 酶保护实验(RPA)是一种基于杂交原理分析 RNA 的方法,既可进行定量分析,又可研究其结构特征。

RPA 技术可对 RNA 分子的末端以及外显子/内含子的交界进行定位,确定转录后 RNA 的剪接途径。此外,RPA 还可用于特定 RNA 的丰度分析。与 RNA 印迹相比,RPA 的灵敏度和分析效率更高,该方法可在一次实验中同时分析几种 mRNA。

3）用原位杂交进行 RNA 区域定位:原位杂交(ISH)是通过设计与目标 RNA 碱基序列互补的寡核苷酸探针,利用杂交原理在组织原位检测 RNA 的技术,其可对细胞或组织中原位表达的 RNA 进行区域定位,同时也可作为定量分析的补充。

 提示

> RNA 印迹、RPA 技术并不适合高通量分析。

（3）用 PCR 技术检测 RNA 表达水平:PCR 技术是目前生物化学与分子生物学领域应用最为便捷、广泛的技术,可快速对 RNA 分子进行定量或者定性检测。

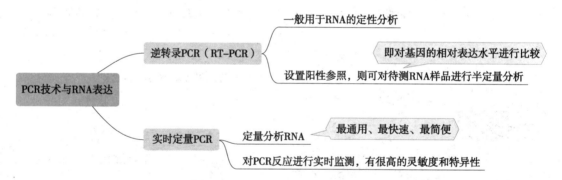

（4）用基因芯片和高通量测序技术分析 RNA 表达水平:基因芯片和高通量测序技术是目前宏观分析 RNA 表达的有效技术手段。

1）基因芯片已成为基因表达谱分析的常用方法:目前,基因芯片技术已广泛应用于基因表达谱分析,主要采用 cDNA 芯片,其便于对不同状态(如生理和病理条件)下的基因表达谱进行比较,揭示转录组差异表达的规律,对探索发病机制、评价治疗效果、筛选药物靶标具有重要意义。

2）用循环芯片测序技术分析基因表达谱

• 用于 DNA 测序:运用循环芯片测序技术(即第二代测序技术),可对基因表达谱进行高通量分析,一次可完成几十万到几百万个 DNA 分子片段的序列测定,从而快速获得转录组或基因组的全貌。

• 广泛应用于基因组分析的各个方面:在 DNA 水平上,可以大规模地分析基因组甲基化、筛选突变基因、检测基因多态性；在 RNA 水平上，可对 RNA 片段进行扫描、定量与鉴定，对全基因组进行广谱表达研究等。

- 另一个广泛应用领域：是小分子 RNA 或非编码 RNA 的研究。

（5）通过检测蛋白质 / 多肽而在翻译水平分析基因表达：方法见表 5-7。

表 5-7　检测蛋白质 / 多肽的方法

名称	应用
蛋白质印迹技术	该技术需将蛋白质 / 多肽转移到固相支持物上进行检测
酶联免疫吸附实验（ELISA）	①与蛋白质印迹相似，ELISA 也是一种建立在抗原 - 抗体反应基础上的蛋白质 / 多肽分析方法，其主要用于测定可溶性抗原或抗体 ②常用方法：双抗体夹心法、间接法、酶联免疫斑点实验以及生物素 - 亲和素系统 -ELISA
免疫组化实验	①原位检测组织 / 细胞表达的蛋白质 / 多肽 ②包括免疫组织化学和免疫细胞化学实验，两者原理相同，可对目标抗原（目标蛋白质 / 多肽）进行定性定量、定位检测 ③常用的技术有酶免疫组化、免疫荧光组化、免疫金组化、免疫电镜技术等
流式细胞术	①分析表达特异蛋白质的阳性细胞 ②既可检测活细胞，也可检测用甲醛固定的细胞，被广泛用于细胞表面和细胞内分子表达水平的定量分析，并能根据各种蛋白质的表达模式区分细胞亚群 ③可使用多种荧光标记的抗体，同时对多个基因产物进行标记和监测，是对细胞进行快速分析、分选、特征鉴定的一种有效方法
蛋白质芯片	①运用蛋白质芯片可高通量分析蛋白质 / 多肽的表达和功能 ②分为蛋白质检测和功能芯片两大类 ③可用于检测组织 / 细胞来源的样品中蛋白质的表达谱；其精确程度、信息范畴取决于芯片上已知多肽的信息多寡
双向电泳高通量分析	用双向电泳分析蛋白质 / 多肽表达谱，双向电泳可同时分离成百上千的蛋白质

三、基因功能研究

1. 基因产物功能的描述水平

（1）生物化学水平：主要描述基因产物参与了何种生化过程，如蛋白激酶、转录因子等。

（2）细胞水平：主要论述基因产物在细胞内的定位和参与的生物学途径，例如某蛋白质定位于核内，参与 DNA 的修复过程，有可能并不了解确切的生物化学功能。

（3）整体水平：主要包括基因表达的时空性及基因在疾病中的作用。

2. 生物信息学全面了解基因已知的结构和功能　在以往的研究中，已经对大量的基因功能产物的功能有了详尽的了解,获得了足够多的信息,建立了共享资源数据库,其中最为著名的就是美国的 GenBank。这些数据库是进行基因序列比对,诠释基因功能的基础。依据分子进化的理论,核酸或氨基酸序列相似的基因,应表现出类似的功能。这些序列相似的基因称之为同源基因。基本的方法是基因序列比对分析。

3. 基因发挥作用的本质是其编码产物的生物化学功能　人类基因组 DNA 有 $3 \times 10^9 bp$,包括 2 万个蛋白质编码基因,决定了人类作为高等动物及其复杂的生物学性状。编码基因表达的蛋白质分子,见表 5-8。

表 5-8　编码基因表达的蛋白质分子

名称	功能
转录因子	是能与基因调控区域专一性结合的蛋白质分子,调控基因表达的时空性
核骨架蛋白质	是由纤维蛋白构成的网架结构,维持细胞核的基本结构
信号分子	一类参与胞内信号转导的蛋白质分子
酶	是一类生物催化剂,支配新陈代谢,参与营养和能量转换等催化过程,与生命过程关系密切的反应大多是酶催化反应
细胞骨架蛋白质	主要是维持细胞的一定形态
细胞膜受体	用于识别和结合小的非脂溶性信号分子
离子通道蛋白质	是横跨质膜的亲水性通道,允许适当大小的离子顺浓度梯度通过
转运体	是一类具有从胞外向胞内转运物质的蛋白质分子
激素	可调节机体的代谢、生长、发育、繁殖、性别、性欲等重要生命活动
细胞因子	是一类由免疫细胞和某些非免疫细胞经刺激而合成、分泌的一类具有广泛生物学活性的小分子蛋白质,可调节细胞生长、分化,调控免疫应答
抗体	是一种由浆细胞分泌,被免疫系统用来鉴别与中和外来物质如细菌、病毒等的大型 Y 形蛋白质
凝血因子	是一类参与血液凝固过程的蛋白质组分
载体蛋白	是血浆中可与一些不溶或难溶于水的物质,以及一些易被细胞摄取或易随尿液排出的物质结合的蛋白质
细胞外基质蛋白	主要是胶原蛋白或蛋白聚糖,支持并连接组织结构、调节组织的发生和细胞的生理活动

在一些情况下,即使对基因的序列、结构和表达模式有清楚的认识,但仍然难以阐明基因所表达的蛋白质的功能。此时通过研究该蛋白质与已知功能蛋白质的相互作用,无疑将非常有助于对该蛋白质功能的了解。研究蛋白质相互作用的方法包括遗传学、生物化学和物理学方法。

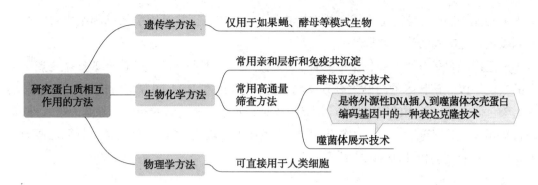

4. 利用工程细胞研究基因在细胞水平的功能　在细胞水平研究基因功能,除了观察细胞在实验条件下该基因表达的改变,更重要的是人为地导入外源基因或干预正常基因的表达,以观察细胞生物学行为的改变。

(1)采用基因重组技术建立基因高表达工程细胞系:采用基因重组技术将外源基因导入宿主细胞,使其表达目的基因,进而观察细胞的生物学特征改变。根据外源基因在宿主细胞表达的持续时间,可区分为瞬时转染和稳定转染细胞。稳定转染细胞是一种最常用的细胞水平的转基因模型。

(2)基因沉默技术抑制特异基因的表达:可利用 RNA 干扰技术、反义技术以及基因组编辑技术等来实现对特定基因表达的抑制。其中利用成簇规律间隔短回文重复(CRISPR)技术进行基因敲除,近年来发展迅猛并广泛应用于细胞、动物水平的特定基因。

5. 利用基因修饰动物研究基因在体功能　基因功能的确定必须通过实验来验证。通常采用基因功能获得和 / 或基因功能缺失的策略,观察基因在细胞或生物个体中所导致的细胞生物学行为或个体表型遗传性状的变化,从而从正反两方面对基因的功能进行鉴定。此外,基于正向遗传学的随机突变筛选技术也成为揭示基因功能的重要手段。从整体水平研究基因的功能是必然的选择。

(1)用功能获得策略鉴定基因功能

1)用转基因技术获得基因功能:转基因技术是指将外源基因导入受精卵或胚胎干细胞,即 ES 细胞,通过随机重组使外源基因插入细胞染色体 DNA,随后将受精卵或 ES 细胞植入假孕受体动物的子宫,使得外源基因能够随细胞分裂遗传给后代。

● 利用转基因动物模型研究外源基因,能够接近真实地再现基因表达所导致的结果及其在整体水平的调控规律,把复杂的系统简单化,具有系统性和独立性。利用转基因技术建立的疾病动物模型具有遗传背景清楚、遗传物质改变简单、更自然、更接近疾病的真实症状等优点。

● 在转基因动物利用组织特异性启动子实现外源基因的时空特异性表达,或用化学或生物分子作为诱导剂,可实现对外源基因表达时间及水平的精确控制。

2)用基因敲入技术获得基因的功能

● 基因敲入是通过同源重组的方法,用某一基因替换另一基因或将一个设计好的基因片段插入到基因组的特定位点,使之表达并发挥作用。通过基因敲入可以研究特定基因在体内的功能;也可以与之前的基因的功能进行比较;或将正常基因引入基因组中置换突变基因以达到靶向基因治疗的目的。

● 基因敲入是基因打靶技术的一种。基因打靶是一种按预期方式准确改造生物遗传信息的实验手段。该技术的巧妙之处在于将 ES 细胞技术和 DNA 同源重组技术结合起来,实现对染色体上某一基因的定向修饰和改造,从而深入地了解基因的功能。除基因敲入外,基因打靶还包括基因敲除、点突变、缺失突变、染色体大片段删除等。目前,基因打靶已成为研究基因功能最直接和最有效的方法之一。

> **提示**
>
> 基因打靶与转基因技术的最大区别是基因打靶能去除和/或替换生物体内的固有基因,而转基因技术则未去除或替换固有基因。

(2)用功能失活策略鉴定基因功能

1)用基因敲除技术使基因功能完全缺失:基因敲除属于基因打靶技术的一种,其利用同源重组的原理,在 ES 细胞中定点破坏内源基因,然后利用 ES 细胞发育的全能性,获得带有预定基因缺陷的杂合子,通过遗传育种最终获得目的基因缺陷的纯合个体。

条件性基因敲除技术可更加明确地在时间和空间上操作基因靶位,敲除效果更加精确可靠,理论上可达到对任何基因在不同发育阶段和不同器官、组织的选择性敲除。

2)用基因沉默技术可使基因功能部分缺失:基因沉默策略通常是利用反义技术,在转录或翻译水平特异性阻断(或封闭)某些基因的表达(即沉默相应基因),然后通过观察细胞生物学行为或个体遗传性状表型的变化来鉴定基因的功能。

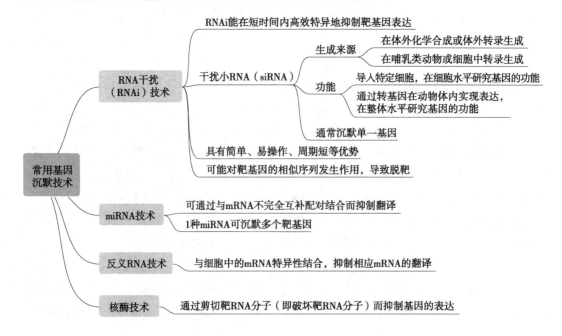

（3）用随机突变筛选策略鉴定基因功能：只应用"反向遗传学"不足以完成功能基因组学的任务，而基于"正向遗传学"的、从异常表型到特定基突变的随机突变筛选策略逐渐受到青睐。

1）随机突变筛选策略的第一步是通过物理诱变、化学诱变或生物技术产生大量的基因组 DNA 突变。其中乙基亚硝基脲（ENU）诱变是近年来发展起来的研究基因功能的新手段。

2）基因捕获技术也是一种产生大规模随机插入突变的便利手段，对于揭示基因序列所对应的基因功能具有重要的应用价值。基因捕获技术可节省大量构建特异打靶载体以及筛选基因组文库的工作和费用，成为可同时对基因的序列、基因的表达以及基因的功能进行研究的高效技术。

3）随机突变筛选策略能够获得研究基因功能的新材料以及人类疾病的新模型，这种"表型驱动"的研究模式有可能成为功能基因组学研究最有前景的手段和捷径之一。

（4）利用基因编辑技术鉴定基因功能

1）过去以锌指核酸酶（ZFN）和转录激活样效应因子核酸酶（TALEN）技术为代表的序列特异性核酸酶技术，能够高效率地进行定点基因组编辑，在基础研究、基因治疗和遗传改良等方面展示出了巨大的潜力。但 ZFN 和 TALEN 技术本身存在多种技术瓶颈，不能实现快速发展并满足各种科研和临床需求。最新问世的成簇规律间隔短回文重复（CRISPR）技术拥有其他基因编辑技术无可比拟的优势。

2）CRISPR 是一种来自细菌降解入侵的病毒 DNA 或其他外源 DNA 的免疫机制。CRISPE/Cas9 通过对预设的 DNA 位点进行切割，造成 DNA 双链断裂，细胞内的修复机制随即启动，主要包括两种修复途径（表 5-9）。

表 5-9　CRISPE/Cas9 引发的细胞内修复途径

名称	意义
非同源末端连接途径（NHEJ）	①此修复机制非常容易发生错误，导致修复后发生碱基的缺失或插入，从而造成移码突变，最终达到基因敲除的目的 ②NHEJ 是细胞内主要的 DNA 断裂损伤修复机制。利用靶向核酸酶可在受精卵水平高效地实现移码突变，从而制备基因敲除模式动物
DNA 断裂修复途径	①为同源介导的修复（HR），这种基于同源重组的修复机制保真性高，但发生概率低。在提供外源修复模板的情况下，靶向核酸酶对 DNA 的切割可将同源重组发生的概率提高约 1 000 倍 ②利用这种机制可实现基因组的精确编辑，如条件性基因敲除、基因敲入、基因替换、点突变等

四、疾病相关基因鉴定和克隆原则

确定疾病相关基因是一个艰巨复杂的系统工程,掌握鉴定疾病相关基因鉴定和克隆的原则,有助于鉴定疾病相关基因研究工作高效有序地开展。

首先,确定疾病表型和基因实质联系是关键;其次,采用多途径、多种方法鉴定克隆疾病相关基因是手段;最终,确定候选基因、明晰基因序列的改变和疾病表型的关系,以了解基因致病的本质,是鉴定和克隆疾病相关基因的核心。

1. 鉴定克隆疾病相关基因的关键是确定疾病表型和基因间的实质联系

(1)疾病作为一种遗传性状,要确保其专一性和同质性。在一些复杂性疾病中,对疾病表型有必要进行进一步的分类,确保疾病的同质性,以减少临床的异质性。

(2)其次,需要确定疾病的遗传因素,即通过家系分析、孪生子分析、领养分析和同胞罹患率分析等,确定遗传因素是否在疾病发病中的作用及其作用程度(遗传度)。在遗传因素作用较小的疾病中,鉴定并最终克隆疾病相关基因成功的可能性很小。

(3)一旦确定了遗传因素在疾病中的重要作用,就可进而确定存在于人类基因组中决定疾病表型的基因,确定该基因在基因组中的位置(位点)以及该位点和基因组其他位点的联系。

2. 鉴定克隆疾病相关基因需要多学科、多途径的综合策略　鉴定疾病相关基因是一项艰巨的系统工程,需要多学科的紧密配合,针对不同疾病采用不同的策略(图5-5)。这些不同策略和方法互为补充,方可达到最终克隆疾病基因的目的。

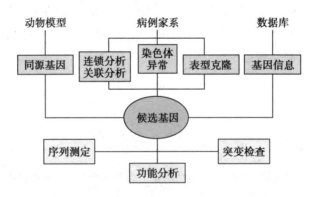

图5-5　疾病相关基因鉴定克隆策略示意图

3. 确定候选基因是多种克隆疾病相关基因方法的交汇

(1)有许多途径能够达到最终鉴定疾病相关基因的目的,这些方法最终将交汇在候选基因上。一旦候选基因被鉴定,即可筛检患者中该基因的突变。候选基因可不依赖其在染色体位置而予以鉴定,但常用的策略仍然是首先找出候选染色体区域,然后在此区域内鉴定候选基因。

(2)在候选区域内预测可能的候选基因并非易事,目前仍然缺乏这样的能力。需要的是大量重复、逐个排除,最终确定候选基因的突变以及这种突变和疾病的联系。

五、疾病相关基因鉴定克隆的策略和方法

1. 疾病相关基因鉴定和克隆可采用不依赖染色体定位的策略

(1)从已知蛋白质的功能和结构出发,克隆疾病基因

1)在掌握或部分了解基因功能产物蛋白质的基础上,鉴定蛋白质编码基因的方法,称为功能克隆。该法采用从蛋白质到 DNA 的研究路线,针对的是一些对影响疾病的功能蛋白具有一定了解的疾病,如血红蛋白病、苯丙酮尿症等出生缺陷引起的分子病可以采用这个方法定位和克隆疾病基因。

2)方法

● 依据蛋白质的氨基酸序列信息鉴定克隆疾病相关基因:如果疾病相关的蛋白质在体内表达丰富,可分离纯化得到一定纯度的足量蛋白质,就可用质谱或化学方法进行氨基酸序列分析,获得全部或部分氨基酸序列信息。在此基础上设计寡核苷酸探针,用于筛查 cDNA 文库,可筛选出目的基因。使用该策略时,必须考虑密码子的简并性特点。

除 cDNA 文库筛查技术外,目前还可采用部分简并混合寡核苷酸作为 PCR 引物,采用多种的 PCR 引物组合,以获得候选基因的 PCR 产物。

● 用蛋白质的特异性抗体鉴定疾病基因:有些疾病相关的蛋白质在体内含量很低,但少量低纯度的蛋白质仍可用于免疫动物获得特异性抗体,用以鉴定基因。

获得的抗体一方面可用于直接结合正在翻译过程中的新生肽链,此时会获得同时结合在核糖体上的 mRNA 分子,最终克隆未知基因;另外,特异性抗体也可用来筛查可表达的 DNA 文库,筛选出可与该抗体反应的表达蛋白质的阳性克隆,进而可获得候选基因。

> **ⓘ 提示**
>
> 功能克隆仍然是单基因疾病基因克隆的常用策略。

(2)从疾病的表型差异出发,发现疾病相关基因

1)表型克隆是疾病相关基因克隆领域中一个新的策略。该策略的原理是基于对疾病表型和基因结构或基因表达的特征联系已经有所认识的基础上,来分离鉴定疾病相关基因。

2)依据 DNA 或 mRNA 的改变与疾病表型的关系,可有几种策略(表 5-10)。

● RDA 技术:是建立在核酸差异杂交基础上的 PCR 技术。RDA 是通过对正常和疾病组织的 cDNA 差异片段(即代表性片段)的扩增,从而使其被检测和捕获的技术。基本原理是:首先用 PCR 方法从拟比较的疾病和正常组织获得足够量的 DNA 或 cDNA 片段,然后进

行差异杂交,杂交后再用不同引物进行第二次 PCR 反应,在第二次 PCR 反应中,只有两个样品中结构或表达量有差异的 DNA 片段可以得到扩增。

表 5-10　表型克隆发现疾病相关基因的策略

策略	原理	常用分析方法
从疾病的表型出发	比较患者基因组 DNA 与正常人基因组 DNA 的不同,直接对产生变异的 DNA 片段进行克隆,而不需要基因的染色体位置或基因产物的其他信息	在一些遗传性神经系统疾病中,患者基因组中含有的三联重复序列的拷贝数可改变,并随世代传递而扩大,称为基因的动态突变;此时,采用基因组错配筛选、代表性差异分析(RDA)等技术检测有无拷贝数增加,以确定患病原因
针对已知基因	如果高度怀疑某种疾病是由于某个特殊的已知基因所致,可通过比较患者和正常对照间该基因表达的差异,来确定该基因是否为该疾病相关基因	Northern 印迹法、RNA 酶保护试验、RT-PCR 及实时定量 RT-PCR 等
针对未知基因	通过比较疾病和正常组织中的所有 mRNA 的表达种类和含量间的差异,从而克隆疾病相关基因。这种差异可能源于基因结构改变,也可能源于表达调控机制的改变	mRNA 差异显示(mRNA-DD)、抑制消减杂交(SSH)、基因表达系列分析(SAGE)、cDNA 微阵列和基因鉴定集成法等

RDA 也可用于 mRNA 差异表达基因的克隆,只是需要先将 mRNA 逆转录成 cDNA 片段。RDA 技术对正常和异常的 DNA 片段区分能力强、富集效率高、对起始材料要求低,利用 RDA 人们已经发现了多个疾病相关新基因。

● mRNA-DD 是 RT-PCR 技术和聚丙烯酰胺凝胶电泳技术的结合:mRNA-DD 又称为差异显示逆转录 PCR(DDRT-PCR)方法。该法利用可以扩增所有哺乳类生物 mRNA 的几条 5′-端随机引物和几条 3′-端锚定引物组合,用 PCR 的方法扩增正常人和患病个体的相应组织的 cDNA。用聚丙烯酰胺凝胶电泳分离扩增产物,比较两组间产物的差异。依据理论计算,该方法所设计的组合引物可以与所有 mRNA 的 poly(A)尾匹配,因而对于种类和含量相同的 cDNA 样品,PCR 产物的种类多少和分布应该是完全一样的。如果在正常和患者的 cDNA 标本中扩增出一些不同长度的 cDNA 片段,它们所代表的 cDNA 就有可能与疾病状态相关。

(3)采用动物模型鉴定克隆疾病相关基因:人类的部分疾病,已经有相应的动物模型。如果动物某种表型的突变基因定位于染色体的某位,而具有相似人类疾病表型的基因很有可能存在于人染色体的同源部位。另外,当疾病基因在动物模型上已完成鉴定,还可以采用荧光原位杂交来定位分离人的同源基因。肥胖相关的瘦蛋白(leptin)基因的克隆就是一个成功例证。

2. 定位克隆是鉴定疾病相关基因的经典方法

(1)仅据疾病基因在染色体上的大体位置,鉴定克隆疾病相关基因,称之为定位克隆。

定位克隆的起点是基因定位,即确定疾病相关基因在染色体上的位置,然后根据这一位置信息,应用 DNA 标记将经典的遗传学信息转换为遗传标记所代表的特定基因组区域,再以相关基因组区域的相连重叠群筛选候选基因,最后比较患者和正常人这些基因的差异,确定基因和疾病的关系。

（2）人类基因组计划所进行的定位候选克隆,是将疾病相关位点定位于某一染色体区域后,根据该区域的基因、EST 或模式生物对应的同源区的已知基因等有关信息,直接进行基因突变筛查,通过多次重复,最终确定疾病相关基因。

（3）基因定位的方法有多种

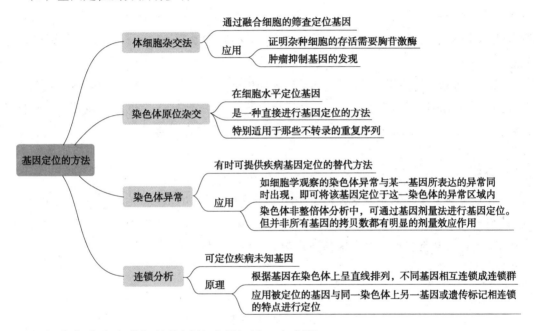

（4）定位克隆疾病相关基因的过程包括三大步骤

1）尽可能缩小染色体上的候选区域。

2）构建目的区域的基因列表。

3）候选区域优先考虑基因的选择及突变检测:为了鉴定突变,对无血缘关系的患者要进行 DNA 测序。可以测定候选区域所有的外显子,也可测定优先考虑基因的外显子。可根据下列情况考虑该基因为优先考虑的基因:①合适的表达;②合适的功能;③同源性和功能关系。

（5）假肥大型肌营养不良基因的克隆是定位克隆的成功例证:采用定位克隆策略鉴定的第一个疾病相关基因是 X 连锁慢性肉芽肿病基因。而假肥大型肌营养不良（DMD）基因的成功克隆,更彰显了基因定位克隆的优势。

3. 确定常见病的基因需要全基因组关联分析和全外显子测序

（1）全基因组关联研究（GWAS）:基于连锁不平衡理论发展而来的 GWAS,在复杂疾病的基因定位克隆中,发挥了巨大的作用。GWAS 方法是一种在无假说驱动的条件下,通过扫描整个基因组,观察基因与疾病表型之间关联的研究手段。

(2)全外显子测序技术:可对全基因组外显子区域 DNA 富集,从而进行高通量测序,它选择性地检测蛋白质编码序列,可实现定位克隆,对常见和罕见的基因变异都具有较高的灵敏度,仅对约 1% 的基因组片段进行测序就可覆盖外显子绝大部分疾病相关基因变异。

4. 生物信息数据库贮藏丰富的疾病相关基因信息

(1)人类基因组计划和多种模式生物基因组测序的完成、生物信息学的发展、计算机软件的开发应用和互联网的普及,人们可通过已获得的序列与数据库中核酸序列及蛋白质序列进行同源性比较,或对数据库中不同物种间的序列比较分析、拼接,预测新的全长基因等进而通过实验证实,从组织细胞中克隆该基因,这就是所谓的电子克隆。

(2)人类新基因克隆大都是从同源 EST 分析开始的。电子克隆充分利用网络资源,可大大提高克隆新基因的速度和效率。由于数据库的不完善、错误信息的存在及分析软件的缺陷,电子克隆往往难以真正地克隆基因,而是一种电子辅助克隆。

> ⓘ 提示
>
> 鉴定和克隆疾病相关基因的策略和方法主要包括:不依赖染色体定位的疾病相关基因克隆策略、定位克隆法,常见病的基因需要全基因组关联分析和全外显子测序法以及生物信息数据库贮藏丰富的疾病相关基因信息检索法。

温 故 知 新

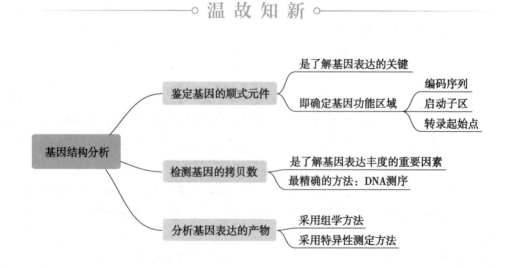

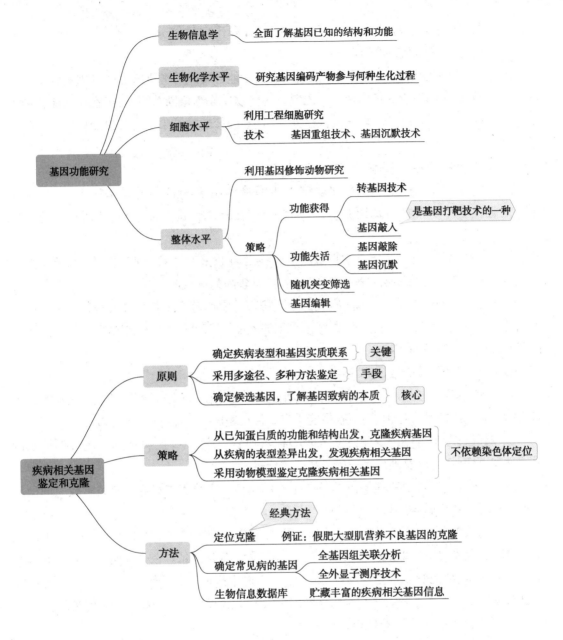

第二十五节 基因诊断和基因治疗

一、基因诊断

1. 基因诊断是针对 DNA 和 RNA 的分子诊断

（1）分子诊断：指用分子生物学技术对生物体的 DNA 序列及其产物（如 mRNA 和蛋白质）进行定性、定量分析的方法。

（2）基因诊断：从技术角度讲，目前的分子诊断方法主要是针对 DNA 分子的，涉及功能分析时,还可定量检测 RNA(主要是 mRNA)和蛋白质等分子。通常将针对 DNA 和 RNA 的分子诊断称为基因诊断。

因为绝大部分疾病的表型是由基因结构及其功能异常或外源性病原体基因的异常表达造成的,这也是疾病发生的根本原因。因此以遗传物质作为诊断目标,可以在临床症状和表型发生改变前作出早期诊断,属于病因诊断,并且基因诊断的结果还能够提示疾病发生的分子机制。

2. 基因诊断在疾病诊断上具有独特的优势

(1)特异性强:采用分子生物学技术能够检测出某些特异的碱基序列,从而判断患者是否发生与携带某些基因突变,以及是否存在外源性病原体基因,从而作出特异性诊断。

(2)灵敏度高:目前临床上常把核酸杂交技术与 PCR 技术联合使用,用于检测微量的病原体基因及其拷贝数极少的各种基因突变,具有较高的灵敏度。

(3)可进行快速和早期诊断:绝大部分疾病都可应用分子生物学技术进行基因水平的检测,甚至可在表型未发生改变的情况下进行准确的早期诊断。与传统诊断技术相比,基因诊断的过程更为简单与直接。

(4)适用性强、诊断范围广

1)采用基因诊断技术不仅可在基因水平上对大多数疾病进行诊断,还能对有遗传病家族史的致病基因携带者做预警诊断,也能对有遗传病家族史的胎儿进行产前诊断。

2)基因诊断也可以用于评估个体对肿瘤、心血管病、精神疾病、高血压等多基因病的易感性和患病风险,以及进行疾病相关状态的分析。

3)基因诊断还可以快速检测不易在体外培养和在实验室中培养安全风险较大的病原体,如人类免疫缺陷病毒等。

3. 基因诊断的样品来源广泛　临床上可用于基因诊断的样品有血液、组织块、羊水和绒毛、精液、毛发、唾液和尿液等。RNA 的分析必须用新鲜样品。在开展胎儿 DNA 诊断时,除传统的羊水、绒毛和脐带血样品外,从母亲外周血中提取胎儿细胞或胎儿 DNA 的先进技术已初步应用于临床实践。进行基因诊断的前提是疾病表型与基因型的关系已被阐明。

4. 基因诊断的基本技术日趋成熟

(1)核酸分子杂交技术:不同来源的 DNA 或 RNA 在一定的条件下,通过变性和复性可形成杂化双链。因此通过选择一段已知序列的核酸片段作为探针,对其放射性核素、生物素或荧光染料进行标记,然后与目的核酸进行杂交反应,通过标记信号的检测就可以对未知的目的核酸进行定性或定量分析。

(2)PCR 技术

1)PCR 技术可以直接用于检测待测特定基因序列的存在与缺失。

2)检测点突变的有效技术是等位基因特异性寡核苷酸(ASO)分子杂交。采用 PCR-ASO 杂交技术可以检测基因上已知的点突变、微小的缺失或插入。

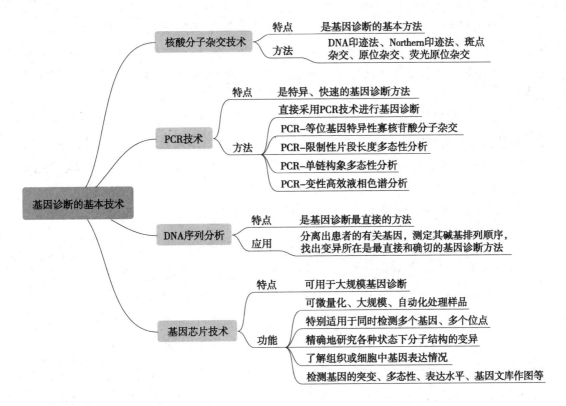

3）PCR-限制性片段长度多态性是将PCR与限制性片段长度多态性（RFLP）结合起来的技术，可快速、简便地对已知突变进行基因诊断。

引物介导的限制性分析PCR（PCR-PIRA）是PCR-RFLP技术的延伸。PCR-RFLP和PCR-PIRA的主要区别在于后者的引物设计时，人工引入酶切位点，而在实验材料和方法上没有区别。

巢式PCR-限制性片段多态性较省时，可应用于流行病学调查和临床常规检测。

4）PCR-单链构象多态性分析，是基于单链DNA构象的差别来检测基因点突变的方法。

5）PCR-变性高效液相色谱（PCR-DHPLC）：基本原理是利用待测样品DNA在PCR扩增过程的单链产物可以随机与互补链相结合而形成双链的特性，依据最终产物中是否出现异源双链来判断待测样品中是否存在点突变。

（3）DNA序列分析：主要用于基因突变类型已经明确的遗传病的诊断及产前诊断。

（4）基因芯片技术：可以早期、快速地诊断地中海贫血、异常血红蛋白病、苯丙酮尿症、血友病、进行性假肥大性肌营养不良等常见的遗传性疾病。在肿瘤的诊断方面，基因芯片技术也广泛地应用于肿瘤表达谱研究、突变、SNP检测、甲基化分析、比较基因组杂交分析等领域。

5. 基因诊断的医学应用

（1）可用于遗传性疾病诊断和风险预测

1）遗传性疾病的诊断性检测和症状前检测预警是基因诊断的主要应用领域。对于遗传性单基因病，基因诊断可提供最终确诊依据。对于一些特定疾病的高风险个体、家庭或潜在风险人群，基因诊断还可实现症状前检测，预测个体发病风险，提供预防依据。

2）基因诊断目前可用于遗传筛查和产前诊断。通过遗传筛查检测出的高风险夫妇需给予遗传咨询和婚育指导，在"知情同意"的原则下，于适宜的妊娠期开展胎儿的产前诊断。若胎儿为某种严重遗传病的受累者，可在遗传咨询的基础上，由受试者决定"选择"终止妊娠，从而在人群水平实现遗传性疾预防的目标。

3）我国部分代表性常见单基因遗传病基因诊断举例（表 5-11）。

表 5-11　我国部分代表性常见单基因遗传病基因诊断举例

疾病	致病基因	突变类型	诊断方法
α 地中海贫血	α 珠蛋白	缺失为主	Gap-PCR、DNA 杂交、DHPLC
β 地中海贫血	β 珠蛋白	点突变为主	反向点杂交、DHPLC
血友病 A	凝血因子Ⅷ	点突变为主	PCR-RFLP
血友病 B	凝血因子Ⅸ	点突变、缺失等	PCR-STR 连锁分析
苯丙酮尿症	苯丙氨酸羟化酶	点突变	PCR-STR 连锁分析、ASO 分子杂交
马方综合征	原纤蛋白	点突变、缺失	PCR-VNTR 连锁分析、DHPLC

注：RFLP 为限制性片段长度多态性；STR 为短串联重复序列；VNTR 为可变数目串联重复序列。

（2）可用于多基因常见病的预测性诊断：对于多基因常见病，基于 DNA 分析的预测性诊断可为被测者提供某些疾病发生风险的评估意见。如检测乳腺癌易感基因（BRCA）的基因突变，可提高预测乳腺癌的发病风险。在一些有明显遗传倾向的肿瘤中，肿瘤抑制基因和癌基因的突变分析，是基因检测的重要靶点。预测性基因诊断结果是开展临床遗传咨询最重要的依据。

（3）可用于传染病病原体检测：针对病原体自身特异性核酸（DNA 或 RNA）序列，通过分子杂交和基因扩增等手段，鉴定和发现这些外源性基因组、基因或基因片段在人体组织中的存在，从而证实病原体的感染。针对病原体的基因诊断主要依赖于 PCR 技术。如组织和血液中 SARS 病毒、各型肝炎病毒等的检测。样品中痕量病原微生物的迅速侦检、分类及分型还可以使用 DNA 芯片技术。

（4）可用于疾病的疗效评价和用药指导：基因诊断可用于临床药物疗效的评价及提供指导用药的信息。

1）PCR 等基因诊断技术已成为临床上检测和跟踪微小残留病灶的常规方法，是预测白血病的复发、判断化疗效果和制定治疗方案很有价值的指标。

2）通过测定人体的这些基因多态性或其单倍型，可以预测药物代谢情况或疗效的反应性，从而制订针对不同个体的药物治疗方案。在系统阐明人类药物代谢酶类及其他相关蛋白的编码基因遗传多态性的基础上,通过对不同药物代谢基因靶点的药物遗传学检测,将为真正实现个体化用药提供技术支撑。

(5) DNA 指纹鉴定是法医学个体识别的核心技术:DNA 指纹的遗传学基础是 DNA 的多态性。DNA 指纹技术已成为刑侦样品的鉴定、排查犯罪嫌疑人、亲子鉴定、确定个体间亲缘关系的重要技术手段。当前,基于 PCR 扩增的 DNA 指纹技术已取代了基于 DNA 印迹的操作程序。

二、基因治疗

1. 概念 基因治疗是以改变人遗传物质为基础的生物医学治疗,即通过一定方式将人正常基因或有治疗作用的 DNA 片段导入人体靶细胞以矫正或置换致病基因的治疗方法。它针对的是疾病的根源,即异常的基因本身。

根据治疗的靶细胞不同,基因治疗可分为生殖细胞治疗和体细胞治疗两大类,由于生殖细胞基因治疗涉及伦理及遗传等诸多问题,目前人类基因治疗研究与应用的重点是体细胞治疗。

2. 基因治疗的基本策略主要围绕致病基因 随着基因治疗研究的不断深入,不仅可以将外源性正常基因导入病变细胞,产生正常的基因表达产物来补充缺失或功能异常的蛋白质;还可以采用适当的技术抑制过表达基因;亦可以将特定基因导入非病变细胞,在体内表达特定产物;或者向肿瘤细胞等功能异常的细胞中导入该细胞本来不存在的基因,利用这些基因的表达产物来治疗疾病。

(1) 缺陷基因精确的原位修复:是基因治疗的理想方法。

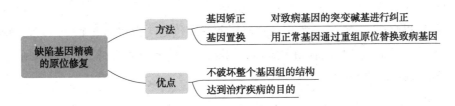

(2) 基因增补:是目前临床上使用的主要基因治疗策略。

1) 不删除突变的致病基因,而在基因组的某一位点额外插入正常基因,在体内表达出功能正常的蛋白质,达到治疗疾病的目的。这种对基因进行异位替代的方法,称为基因添加或基因增补。

2) 基因增补不仅可以用于替代突变基因,也可以在原有基因表达水平不足以满足机体需要的情况下,异位过表达来增强体内某些功能。如在血友病患者体内导入凝血因子IX基因,恢复其凝血功能。

3) 由于目前尚无法做到基因在基因组中的准确定位插入,因此增补基因的整合位置是随机的。

(3) 基因沉默或失活:有些疾病是由于某一或某些基因的过度表达引起的,向患者体内导入有抑制基因表达作用的核酸,如反义 RNA、核酶、干扰小 RNA 等,可降解相应的 mRNA

或抑制其翻译,阻断致病基因的异常表达,从而达到治疗疾病的目的,这一策略称为基因失活或基因沉默,也称为基因干预。需抑制的靶基因,往往是过度表达的癌基因或病毒复制周期中的关键基因。

（4）自杀基因:可用于基因治疗,常用于肿瘤治疗。

1）自杀基因治疗肿瘤的原理是将编码某些特殊酶类的基因导入肿瘤细胞,其编码的酶能够使无毒或低毒的药物前体转化为细胞毒性代谢物,诱导细胞产生"自杀"效应,从而达到清除肿瘤细胞的目的。

2）自杀基因的另一个策略是利用肿瘤细胞特异性启动子序列以激活抑癌基因、毒蛋白基因等"细胞毒性基因",通过这些特殊的外源基因在肿瘤细胞中的特异性表达以达到对肿瘤细胞的杀伤作用。

> ⓘ 提示
>
> 　　缺陷基因精确的原位修复、基因增补、基因沉默或失活都是以恢复细胞正常功能或干预细胞的功能为目的。在肿瘤治疗中,通过导入基因诱发细胞"自杀"死亡也是一种重要的策略。

3. 基本程序

（1）选择治疗基因:是基因治疗的关键。细胞内的基因在理论上均可作为基因治疗的选择目标。清楚引起某种疾病的突变基因是什么,才能使用其对应的正常基因或经改造的基因作为治疗基因。

（2）选择携带治疗基因的载体:目前使用的载体包括病毒载体和非病毒载体。临床一般多选用逆转录病毒、腺病毒、腺相关病毒、单纯疱疹病毒等病毒载体,以最为常用的逆转录病毒和腺病毒载体为例,如表 5-12 所示。

表 5-12　逆转录病毒载体和腺病毒载体

名称	逆转录病毒载体	腺病毒载体
应用	逆转录病毒的基因组中有编码逆转录酶和整合酶的基因。在感染细胞内,病毒基因组 RNA 被逆转录成双链 DNA,然后随机整合在宿主细胞的染色体 DNA 上,故可长期存在于宿主细胞基因组中。将逆转录病毒复制所需要的基因除去,代之以治疗基因,即可构建成重组的逆转录病毒载体	人的腺病毒共包含 50 多个血清型,其中 C 亚类的 2 型和 5 型腺病毒（Ad2 和 Ad5）在人体内为非致病病毒,适合作为基因治疗用载体
优点	基因转移效率高、细胞宿主范围较广泛、DNA 整合效率高等	不引起患者染色体结构的破坏,安全性高;对 DNA 包被量大、基因转染效率高;可用细胞范围广

续表

名称	逆转录病毒载体	腺病毒载体
缺点	①患者体内万一有逆转录病毒感染,又在体内注射了大剂量假病毒后,就会重组产生有感染性病毒的可能;②增加肿瘤发生机会	①基因组较大,载体构建过程较复杂;②治疗基因易随细胞分裂或死亡而丢失,不能长期表达;③病毒的免疫原性较强,注射后很快会被机体的免疫系统排斥

(3)选择基因治疗的靶细胞

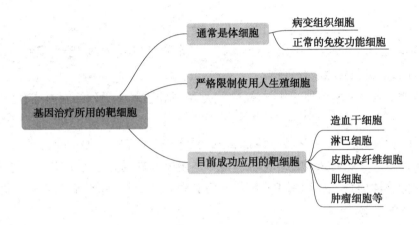

1)基因治疗的原则是仅限于患病的个体,而不能涉及下一代,为此国际上严格限制用人生殖细胞进行基因治疗实验。

2)适合作为靶细胞应具有的特点:①靶细胞要易于从人体内获取,生命周期较长,以延长基因治疗的效应;②应易于在体外培养及易受外源性遗传物质转化;③离体细胞经转染和培养后,回植体内易成活;④选择的靶细胞最好具有组织特异性,或治疗基因在某种组织细胞中表达后,能够以分泌小泡等形式进入靶细胞。

3)造血干细胞(HSC)是骨髓中具有高度自我更新能力的细胞,能进一步分化为其他血细胞,并能保持基因组 DNA 的稳定。HSC 已成为基因治疗最有前途的靶细胞之一。造血干细胞在骨髓中含量很低,难以获得足够的数量用于基因治疗。人脐带血细胞是造血干细胞的丰富来源,是替代骨髓造血干细胞的理想细胞。目前已有脐带血基因治疗的成功病例。

4)淋巴细胞:目前已将一些细胞因子、功能蛋白的编码基因导入外周血淋巴细胞并获得稳定、高效的表达,应用于黑色素瘤、免疫缺陷性疾病、血液系统单基因遗传病的基因治疗。

5)皮肤成纤维细胞:逆转录病毒载体能高效感染原代培养的成纤维细胞,将它再移植回受体动物时,治疗基因可以稳定表达一段时间,并通过血液循环将表达的蛋白质送到其他组织。

6）肌细胞：将裸露的质粒 DNA 注射入肌组织，重组在质粒上的基因可表达几个月甚至1年之久。

7）肿瘤细胞：无论采用哪一种基因治疗方案，肿瘤细胞都是首选的靶细胞。

8）其他：也可研究采用骨髓基质细胞、角质细胞、胶质细胞、心肌细胞及脾细胞作为靶细胞，但由于受到取材及导入外源基因困难等因素影响，还仅限于实验研究。

（4）在细胞和整体水平导入治疗基因

1）目前体内基因递送的方式：包括间接体内疗法（基本过程类似于自体组织细胞移植）和直接体内疗法（即将外源基因直接注入体内有关的组织器官，使其进入相应细胞并表达）。

2）将基因导入细胞的方法有生物学、非生物学法两类。

● 生物学法：指病毒载体所介导的基因导入，是通过病毒感染细胞实现的，其特点是基因转移效率高，但安全问题需要重视。

● 非生物学法：是用物理或化学法，将治疗基因表达载体导入细胞内或直接导入人体内，操作简单、安全，但是转移效率低。

3）常用的基因治疗用基因导入方法：包括直接注射法、基因枪法、电穿孔法和脂质体。上述列举的方法均不具备细胞的靶向性。能够实现靶向性的方法是受体介导的基因转移。利用细胞表面受体能特异性识别相应配体并将其内吞的机制，将外源基因与配体结合后转移至特定类型的细胞。

（5）治疗基因表达的检测：无论以何种方法导入基因，都需要检测这些基因是否能被正确表达。被导入基因的表达状态可用 PCR、RNA 印迹、蛋白印迹、ELISA 等方法去检测。对导入基因是否整合到基因组以及整合的部位，可用核酸杂交技术分析。

4. 基因治疗的医学应用 遗传病的基本特征是由遗传基因改变所引起的。只受一对等位基因影响而发生的疾病属于单基因遗传病，设计基因治疗方案相对容易，例如镰状细胞贫血、α-地中海贫血、血友病等。高血压、动脉粥样硬化、糖尿病的发生是多个基因相互作用的结果，并受环境因素影响，基因治疗的效果还有待于基础研究的突破。

（1）单基因遗传病的基因治疗：基本方案是通过一定的方法把正常的基因导入到患者体内，表达出正常的功能蛋白。例如将人Ⅸ因子基因与逆转录病毒载体重组后转移到血友病患者自体的皮肤成纤维细胞中。

（2）针对多基因病的基因治疗：随着对其他疾病分子机制的深入了解、对许多疾病相关基因的分离和功能的研究，人们逐渐将基因治疗的策略用于如恶性肿瘤、心血管疾病、糖尿病及艾滋病等，尤其是对恶性肿瘤的基因治疗寄予极大的希望。

1）恶性肿瘤的基因治疗包括：针对癌基因表达的各种基因沉默、针对抑癌基因的基因增补、针对肿瘤免疫反应的细胞因子基因导入和针对肿瘤血管生成的基因失活等。

2）其他的基因治疗方案包括：利用过表达 VEGF 基因促进血管生成治疗冠心病、针对病毒复制基因的基因沉默治疗艾滋病等。

5. 基因治疗的前景与问题

（1）基因治疗的问题：①缺乏高效、靶向性的基因转移系统；②对于多种疾病的相关基因认识有限，因而缺乏切实有效的治疗靶基因；③对真核生物基因表达调控机制理解有限，因此对治疗基因的表达还无法做到精确调控，也无法保证其安全性；④缺乏准确的疗效评价。

（2）将基因治疗方案用于人体必须经过严格的审批程序，需要专门机构的审批与监督。所有基因治疗的临床使用必须严格遵守国家相关的法律法规。

（3）近年来国家对基因诊断与基因治疗领域非常重视，虽然没有新出台专门的规范性文件法规，但在国家大的规划方面均有涉及。

─○ 经 典 试 题 ○─

（研）目前基因治疗所采用的方法有

    A. 基因矫正

    B. 基因置换

    C. 基因增补

    D. 基因失活

【答案】

ABCD

─○ 温 故 知 新 ○─

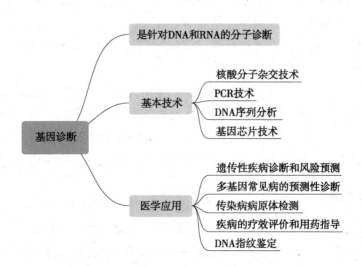

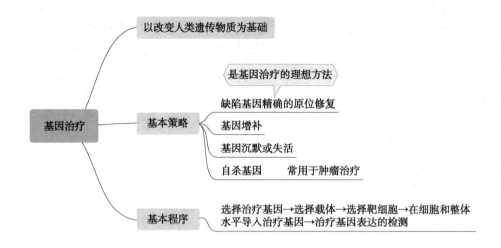

一、概述

生物遗传信息的传递具有方向性和整体性。组学是基于组群或集合的认识论,注重事物和过程之间的相互联系,即整体性。按照遗传信息传递的方向性,可将组学按基因组学、转录物组学、蛋白质组学、代谢组学等层次加以叙述(图5-6)。

二、基因组学

1. 基因组 是基因和染色体两个名词的组合,是指一个生命单元所拥有的全部遗传物质(包括核内和核外遗传信息),其本质就是DNA/RNA。

2. 基因组学 是阐明整个基因组结构、结构与功能关系以及基因之间相互作用的科学。根据研究目的不同,分为以下三类。

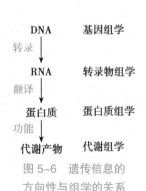

图5-6 遗传信息的方向性与组学的关系

(1)结构基因组学:揭示基因组序列信息。结构基因组学主要通过人类基因组计划(HGP)的实施,解析人类自身DNA的序列和结构。研究内容就是通过基因组作图和大规模序列测定等方法,构建人类基因组图谱,即遗传图谱(又称连锁图谱)、物理图谱、序列图谱及转录图谱。

1)通过遗传作图和物理作图绘制人类基因组草图:人染色体DNA很长,不能直接进行测序,必须先将基因组DNA进行分解、标记,使之成为可操作的较小结构区域,这一过程称为作图。HGP实施过程采用了遗传作图和物理作图的策略。

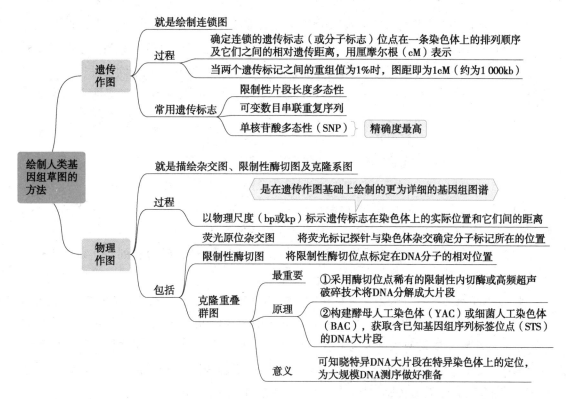

2）通过表达序列标签（EST）文库绘制转录图谱：转录图谱又称为 cDNA 图或表达图，是一种以表达序列标签（EST）为位标绘制的分子遗传图谱。通过从 cDNA 文库中随机挑取的克隆进行测序所获得的部分 cDNA 的 5′ 或 3′- 端序列称为 EST，一般长 300~500bp 左右。将 mRNA 逆转录合成的 cDNA 片段作为探针与基因组 DNA 进行分子杂交，标记转录基因，就可以绘制出可表达基因的转录图谱。

3）通过细菌人工染色体（BAC）克隆系和鸟枪法测序等构建序列图谱：BAC 载体是一种装载较大片段 DNA 的克隆载体系统，用于基因组文库构建。全基因组鸟枪法测序是直接将整个基因组打成不同大小的 DNA 片段，构建 BAC 文库，然后对文库进行随机测序，最后运用生物信息学方法将测序片段拼接成全基因组序列，此称为基因组组装。

（2）比较基因组学：鉴别基因组的相似性和差异性。

1）比较基因组学是在基因组序列的基础上，通过与已知生物基因组的比较，鉴别基因组的相似性和差异性，一方面可为阐明物种进化关系提供依据，另一方面可根据基因的同源性预测相关基因的功能。

2）比较基因组学可在物种间和物种内进行，种间比较基因组学阐明物种间基因组结构的异同，种内比较基因组学阐明群体内基因组结构的变异和多态性。

（3）功能基因组学：系统探讨基因的活动规律。功能基因组学的主要研究内容包括基因组的表达、基因组功能注释、基因组表达调控网络及机制的研究等。

1）通过全基因组扫描鉴定 DNA 序列中的基因：主要采用计算机技术进行全基因组扫

描,鉴定内含子与外显子之间的衔接,寻找全长可读框(ORF),确定多肽链编码序列。

2)通过 BLAST(指以已知基因 cDNA 序列对 EST 数据库进行搜索分析)等程序搜索同源基因:这种同源搜索涉及序列比较分析,NCBI 的 BLAST 程序是基因同源性搜索和比对的有效工具。每一个基因在 Gen Bank 中都有一个序列访问号,在 BLAST 界面上输入 2 条或多条访问号,就可实现一对或多对序列的比对。

3)通过实验设计验证基因功能。

4)通过转录物组和蛋白质组描述基因表达模式。

3. DNA 元件百科全书(ENCODE)计划旨在识别人类基因组所有功能元件

(1)ENCODE 计划是 HGP 的延续与深入:目的是完成人类基因组中所有功能元件的注释,帮助我们更精确地理解人类的生命过程和疾病的发生、发展机制。

(2)ENCODE 计划已取得重要阶段性成果:人类基因组的大部分序列(80.4%)具有各种类型的功能。

4. 基因组学与医学的关系 疾病基因组学阐明发病的分子基础。疾病基因(或疾病相关基因)以及疾病易感性的遗传学基础是疾病基因组学研究的两大任务,定位克隆技术的发展极大地推动了疾病基因或疾病相关基因的发现和鉴定,该技术将疾病相关基因位点定位于某一染色体区域后,根据该区域的基因、EST 或模式生物所对应的同源区的已知基因等有关信息,直接进行基因突变筛查,从而可确定疾病相关基因。

三、转录物组学

1. 概念 转录物组指生命单元所能转录出来的全部转录本,包括 mRNA、rRNA、tRNA 和其他非编码 RNA。因此,转录物组学是在整体水平上研究细胞编码基因(编码 RNA 和蛋白质)转录产生的全部转录物的种类、结构和功能及其相互作用的科学。与基因组相比,转录物组最大的特点是受到内外多种因素的调节,因而是动态可变的。这同时也决定了它最大的魅力在于揭示不同物种、不同个体、不同细胞、不同发育阶段和不同生理病理状态下的基因差异表达的信息。

2. 转录物组学全面分析基因表达谱

(1)转录物组学是基因组功能研究的一个重要部分,它上承基因组,下接蛋白质组,其主要内容为大规模基因表达谱分析和功能注释。

(2)大规模表达谱或全景式表达谱是生物体(组织、细胞)在某一状态下基因表达的整体状况。利用近年来建立起来整体性基因表达分析如微阵列(或芯片)、表达系列分析和大规模平行信号测序系统等技术,可同时监控成千上万个基因在不同状态下的表达变化,从而推断基因间的相互作用,揭示基因与疾病发生、发展的内在关系。

3. 转录物组研究采用整体性分析技术 任何一种细胞在特定条件下所表达的基因种类和数量都有特定的模式,称为基因表达谱,它决定着细胞的生物学行为。而转录物组学就是要阐明生物体或细胞在特定生理或病理状态下表达的所有种类的 RNA 及其功能。微阵列、基因表达系列分析（SAGE）和大规模平行信号测序系统（MPSS）等技术可用于大规模转录物组研究。

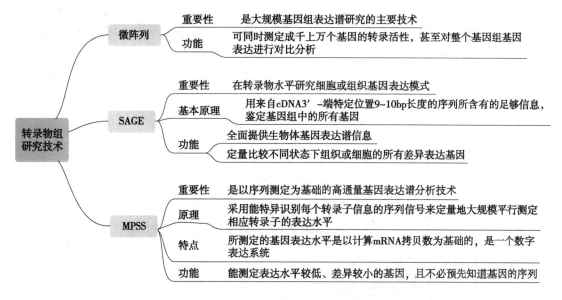

4. 转录物组测序和单细胞转录物组分析是转录物组学的核心任务

（1）高通量转录物组测序是获得基因表达调控信息的基础：基于高通量测序平台的RNA测序（RNA-seq）技术能在单核苷酸水平对任意物种的整体转录活动进行检测，在分析转录本的结构和表达水平的同时，还能发现未知转录本和低丰度转录本，发现基因融合，识别可变剪切位点和SNP，提供全面的转录物组信息。

（2）单细胞转录物组有助于解析单个细胞行为的分子基础

1）单细胞测序可解决用全组织样本测序无法解决的细胞异质性问题，尤其适用于存在高度异质性的干细胞及胚胎发育早期的细胞群体。

2）与活细胞成像系统相结合，单细胞转录物组分析更有助于深入理解细胞分化、细胞重编程及转分化等过程以及相关的基因调节网络。

3）单细胞转录物组分析在临床上可以连续追踪疾病基因表达的动态变化，监测病程变化、预测疾病预后。

四、蛋白质组学

1. 概念　蛋白质组学以所有蛋白质为研究对象，分析细胞内动态变化的蛋白质组成、表达水平与修饰状态，了解蛋白质之间的相互作用与联系，并在整体水平上阐明蛋白质调控的活动规律，故又称为全景式蛋白质表达谱。

2. 蛋白质组学研究细胞内所有蛋白质的组成及其活动规律　蛋白质组学的研究主要涉及两个方面：①蛋白质组表达模式的研究，即结构蛋白质组学；②蛋白质组功能模式的研究，即功能蛋白质组学。蛋白质的种类和数量总是处在一个新陈代谢的动态过程中。

（1）蛋白质鉴定是蛋白质组学的基本任务

1）蛋白质种类和结构鉴定是蛋白质组研究的基础：细胞在特定状态下表达的所有蛋白质都是蛋白质组学的研究对象。一般利用二维电泳和多维色谱并结合生物质谱、蛋白质印迹、蛋白质芯片等技术，对蛋白质进行全面的种类和结构鉴定研究。

2）翻译后修饰的鉴定有助于蛋白质功能的阐明：翻译后修饰是蛋白质功能调控的重要方式，故研究蛋白质翻译后修饰对阐明蛋白质的功能具有重要意义。

（2）蛋白质功能确定是蛋白质组学的根本目的

1）各种蛋白质均需要鉴定其基本功能特性

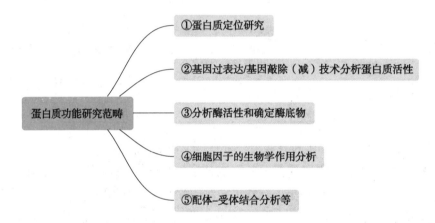

2）蛋白质相互作用研究是认识蛋白质功能的重要内容：细胞中的各种蛋白质分子往往形成蛋白质复合物共同执行各种生命活动。蛋白质－蛋白质相互作用是维持细胞生命活动的基本方式。要深入研究所有蛋白质的功能，理解生命活动的本质，就必须对蛋白质－蛋白质相互作用有一个清晰的了解。

3. 二维电泳、液相分离和质谱是蛋白质组研究的常用技术

（1）目前常用的蛋白质组研究主要有以下两条技术路线

1）基于双向凝胶电泳（2-DE）分离为核心的研究路线：混合蛋白质首先通过 2-DE 分离随后进行胶内酶解，再用质谱（MS）进行鉴定。

2）基于液相色谱（LC）分离为核心的技术路线：混合蛋白质先进行酶解，经色谱或多维色谱分离后，对肽段进行串联质谱分析以实现蛋白质的鉴定。其中，质谱是研究路线中不可缺少的技术。

（2）2-DE-MALDI-MS 根据等电点和分子量分离鉴定蛋白质

1）2-DE 是分离蛋白质的有效方法：2-DE 是分离蛋白质最基本的方法，其原理是蛋白质在高压电场作用下先进行等电聚焦（IEF）电泳，利用蛋白质分子的等电点不同使蛋白质得以分离；随后进行 SDS- 聚丙烯酰胺凝胶电泳（SDS-PAGE），使依据等电点分离的蛋白质再按分子量大小进行再次分离。

2）MALDI-MS 鉴定 2-DE 胶内蛋白质点：MS 是通过测定样品离子的质荷比（m/z）来进行成分和结构分析的方法。2-DE 胶内蛋白质点的鉴定常采用基质辅助激光解吸附离子化（MALDI）技术。MALDI 作为一种离子源，通常用飞行时间（TOF）作为质量分析器，所构成的仪器称为 MALDI-TOF-MS。MALDI-TOF-MS 适合微量样品的分析。

利用质谱技术鉴定蛋白质主要通过两种方法：

● 肽质量指纹图谱（PMF）和数据库搜索匹配。蛋白质经过酶解成肽段后，获得所有肽段的分子质量，形成一个特异的 PMF 图谱，通过数据库搜索与比对，便可确定待分析蛋白质分子的性质。

● 肽段串联质谱（MS/MS）的信息与数据库搜索匹配。通过 MS 技术获得蛋白质一段或数段多肽的 MS/MS 信息（氨基酸序列）并通过数据库检索来鉴定该蛋白质。混合蛋白质酶解后的多肽混合物直接通过（多维）液相色谱分离，然后进入 MS 进行分析。质谱仪通过选择多个肽段离子进行 MS/MS 分析获得有关序列的信息，并通过数据库搜索匹配进行鉴定。

（3）LC-ESI-MS 通过液相层析技术分离鉴定蛋白质：基于 LC-ESI-MS 的蛋白质组研究技术通常称之为鸟枪法策略。其特点是组合多种蛋白质或肽段分离手段，首选不同的层析技术，实现蛋白质或多肽的高效分离，并与 MS/MS 技术结合，实现多肽序列的准确鉴定。

1）层析分离肽混合物

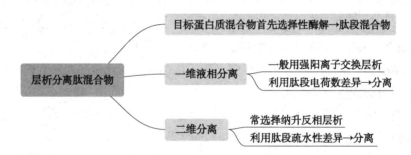

2）电喷雾串联质谱鉴定肽段：在肽段鉴定中，纳升级液相层析（nano-LC）常与电喷雾串联质谱（ESI）相连。nano-LC-ESI-MS 可实现对复杂肽段混合物的在线分离、柱上富集与同步序列测定，一次分析可鉴定的蛋白质数目超过 1 000 个，而结合多维层析分离技术，可利用鸟枪法一次实验鉴定上万个蛋白质。

五、代谢组学

1. 代谢组学 就是测定一个生物/细胞中所有的小分子组成，描绘其动态变化规律，建立系统代谢图谱，并确定这些变化与生物过程的联系。

2. 代谢组学的任务是分析生物细胞代谢产物的全貌

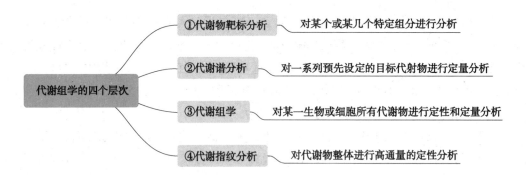

代谢组学主要以生物体液为研究对象,如血样、尿样等,另外还可采用完整的组织样品、组织提取液或细胞培养液等进行研究。血样中的内源性代谢产物信息量较大,有利于观测体内代谢水平的全貌和动态变化过程。尿样所含的信息量相对有限,但样品采集不具损伤性。

3. 核磁共振、色谱及质谱是代谢组学的主要分析工具

（1）核磁共振（NMR）:是当前代谢组学研究中的主要技术。代谢组学中常用的 NMR 谱是氢谱（^{1}H-NMR）、碳谱（^{13}C-NMR）及磷谱（^{31}P-NMR）。

（2）MS:按质荷比（m/z）进行各种代谢物的定性或定量分析,可得到相应的代谢产物谱。

（3）色谱－质谱联用技术:这种联用技术使样品的分离、定性、定量一次完成,具有较高的灵敏度和选择性。目前常用的联用技术包括气相色谱－质谱（GC-MS）联用和液相色谱－质谱（LC-MS）联用。

4. 代谢组学技术在生物医学领域具有广阔的应用前景

（1）代谢组学所关注的是代谢循环中小分子代谢物的变化情况及其规律,反映的是内、外环境刺激下细胞、组织或机体的代谢应答变化。

（2）与基因组学和蛋白质组学相比,代谢组学与临床的联系更为紧密。疾病导致体内病理生理过程变化,可引起代谢产物发生相应的改变。

1）开展疾病代谢组研究可提供疾病（如某些肿瘤、肝疾病、遗传性代谢病等）诊断、预后和治疗的评判标准,并有助于加深对疾病发生、发展机制了解。

2）利用代谢组学技术,可快速检测毒物和药物在体内的代谢产物和对机体代谢的影响,有利于判定毒物药物的代谢规律,为深入阐明毒物中毒机制和发展个体化用药提供理论依据。

3）利用代谢组学技术对代谢网络中的酶功能进行有效的整体性分析,可发现已知酶的新活性并发掘未知酶的功能。

4）代谢组学分析技术具有整体性、分辨率高等特点,可广泛应用于中药作用机制、复方配伍、毒性和安全性等方面的研究,为中药现代化提供技术支撑。

六、糖组学

1. **糖组学**　侧重于糖链组成及其功能的研究,其主要研究对象为聚糖,具体内容包括研究糖与糖之间、糖与蛋白质之间、糖与核酸之间的联系和相互作用。糖组学是基因组学和蛋白质组学等的后续和延伸。深入了解生命的复杂规律,就要有"基因组 – 蛋白质组 – 糖组"的整体观念,这样才可能揭示生物体全部基因功能。

2. **糖组学分为结构糖组学与功能糖组学两个分支**　糖组学的内容主要涉及单个个体的全部糖蛋白结构分析,确定编码糖蛋白的基因和蛋白质糖基化的机制。因此,糖组学主要需回答以下问题:

(1)什么基因编码糖蛋白,即基因信息。

(2)可能糖基化位点中实际被糖基化的位点,即糖基化位点信息。

(3)聚糖结构,即结构信息。

(4)糖基化功能,即功能信息。

3. 色谱分离 / 质谱鉴定和糖微阵列技术是糖组学研究的主要技术。

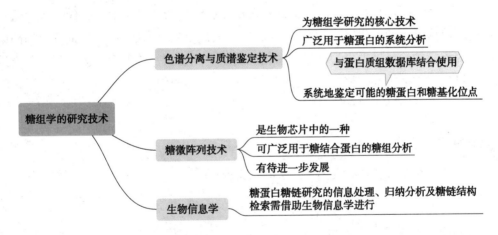

4. **糖组学与肿瘤的关系密切**　已报道有多种血清糖蛋白可作为肾细胞癌、乳腺癌、结直肠癌等的标记物;糖基化改变普遍存在于肿瘤的发生、发展过程中,分析糖基化修饰对于深入研究肿瘤的发生机制及诊断治疗有着重要的价值;糖基化差异也可用于构建特异的多糖类癌症疫苗,以发展新的免疫治疗策略。

 提示

　　糖组学研究生命体聚糖多样性及其生物学功能。

七、脂组学

1. 脂组学 是对生物样本中脂质进行全面系统的分析,从而揭示其在生命活动和疾病中发挥的作用。

2. 脂组学是代谢组学的一个分支 脂组学的研究内容为生物体内的所有脂质分子,并以此为依据推测与脂质作用的生物分子的变化,揭示脂质在各种生命活动中的重要作用机制。通过研究脂质提取物,可获得脂组的信息,了解在特定生理和病理状态下脂质的整体变化。因此,脂组学实际上是代谢组学的重要组成部分。

3. 脂组学研究的三大步骤——样品分离、脂质鉴定和数据库检索

(1)样品分离:脂质主要从细胞、血浆、组织等样品中提取。

(2)脂质鉴定:总体而言,大部分的分析技术都能用来分析脂质,包括脂肪酸、磷脂、神经鞘磷脂、甘油三酯和类固醇等。

(3)数据库检索:现有数据库能够查询脂质结构、质谱信息、分类及实验设计、实验信息等,其功能也越来越完善。数据库的建立成为推动脂组学自身发展的良好工具。

4. 脂组学研究促进脂质生物标志物的发现和疾病诊断 脂组学从脂代谢水平研究疾病的发生、发展过程的变化规律,寻找疾病相关的脂质生物标志物,进一步提高疾病的诊断效率,并为疾病的治疗提供更为可靠的依据。脂组学能够在一定程度上促进代谢组学的发展,并通过代谢组学技术的整合运用,建立与其他组学之间的关系,最终实现医学科学的整体进步。

 提示

    脂组学揭示生命体脂质多样性及其代谢调控。

八、系统生物医学及其应用

1. 系统生物医学 系统生物医学是以整体性研究为特征的一种整合科学。系统生物医学应用系统生物学原理与方法研究人体(包括动物和细胞模型)生命活动的本质规律以及疾病发生、发展机制,实际上就是系统生物学的医学应用研究。

(1)系统生物医学强调机体组成要素和表型的整体性:系统生物医学从全方位、多层次(分子、细胞器细胞、组织、器官、个体/基因型、环境因子、种群、生态系统)的角度,整体性揭示一个机体所有组成成分(基因、mRNA、蛋白质等)的构成,以及在特定条件下这些组分间的相互关系及其效应。

(2)系统生物医学将极大地推动现代医学科学的发展:系统生物医学使生命科学由描述式的科学转变为定量描述和预测的科学,改变了21世纪医学科学的研究策略与方法,并将对现代医学科学的发展起到巨大的推动作用。当前系统生物医学理论与技术已经在预测

医学、预防医学和个性化医学中得到应用,如应用代谢组学的生物指纹预测冠心病患者的危险程度和肿瘤的诊断以及治疗过程的监控;应用基因多态性图谱预测患者对药物的应答,包括毒副作用和疗效。

2. 分子医学　是发展现代医学科学的重要基础。

(1)分子医学是从分子水平阐述疾病状态下基因组的结构、表达产物、功能及其表达调控规律,发展现代高效预测、预防、诊断和治疗手段。因此,分子医学实际上就是医学的一个分支学科,主体内容是分子生物学在医学中的应用,涵盖了其主要的理论和技术体系。

(2)疾病基因组学阐明发病的分子基础:疾病基因(或疾病相关基因)以及疾病易感性的遗传学基础是疾病基因组学研究的两大任务。定位克隆技术的发展极大地推动了疾病基因或疾病相关基因的发现和鉴定,SNP 是疾病易感性的重要遗传学基础。

(3)药物基因组学揭示遗传变异对药物效能和毒性的影响:药物基因组学是研究基因序列变异及其对药物不同反应的科学,也是研究高效 / 特效药物的重要途径,通过它可为患者或者特定人群寻找合适的药物。药物基因组学使药物治疗模式由诊断定向治疗转为基因定向治疗。

(4)疾病转录物组学阐明疾病发生机制并推动新诊治方式的进步:疾病转录物组学是通过比较研究正常和疾病条件下或疾病不同阶段基因表达的差异情况,从而为阐明复杂疾病的发生、发展机制,筛选新的诊断标志物,鉴定新的药物靶点,发展新的疾病分子分型技术以及为开展个体化治疗提供理论依据。

(5)疾病蛋白质组学发现和鉴别药物新靶点

1)疾病相关蛋白质组学研究可以发现和鉴定在疾病条件下表达异常的蛋白质,这类蛋白质可作为药物候选靶点。

2)疾病相关蛋白质组学还可对疾病发生的不同阶段进行蛋白质变化分析,发现一些疾病不同时期的蛋白质标志物,不仅对药物发现具有指导意义,还可形成未来诊断学、治疗学的理论基础。

3)许多疾病与信号转导异常有关,因而信号分子和途径可以作为治疗药物设计的靶点。在信号代递过程中涉及数十或数百个蛋白质分子,蛋白质 – 蛋白质相互作用发生在细胞内信号传递的所有阶段。且这种复杂的蛋白质作用的串联效应可以完全不受基因调节而自发地产生。通过与正常细胞做比较,掌握与疾病细胞中某个信号途径活性增强或丧失有关的蛋白质分子的变化,将为药物设计提供更为合理的靶点。

(6)医学代谢组学提供新的疾病代谢物标志物:与基因组学和蛋白质组学相比,代谢组学研究侧重于代谢物的组成、特性与变化规律。通过对某些代谢产物进行分析,并与正常人的代谢产物比较,可发现和筛选出疾病新的生物标志物,对相关疾病作出早期预警,并发展新的有效的疾病诊断方法。

3. 精准医学　精准医学的目的就是全面推动个体基因组研究。依据个人基因组信息

"量体裁衣",制定最佳的个性化治疗方案,以期达到疗效最大化和副作用最小化。精准医学的短期目标是癌症治疗,长期目标是健康管理。

4. 转化医学 转化医学强调以临床问题为导向,开展基础 – 临床联合攻关,将基因组学等各种分子生物学研究成果迅速、有效地转化为可在临床实际应用的理论、方法、技术和药物。转化医学的核心是要在实验室和病床之间架起一条"快速通道"。

> ⓘ 提示
>
> 精准医学是实现个体化医学的重要手段,转化医学是加速基础研究实际应用的重要路径。

温 故 知 新

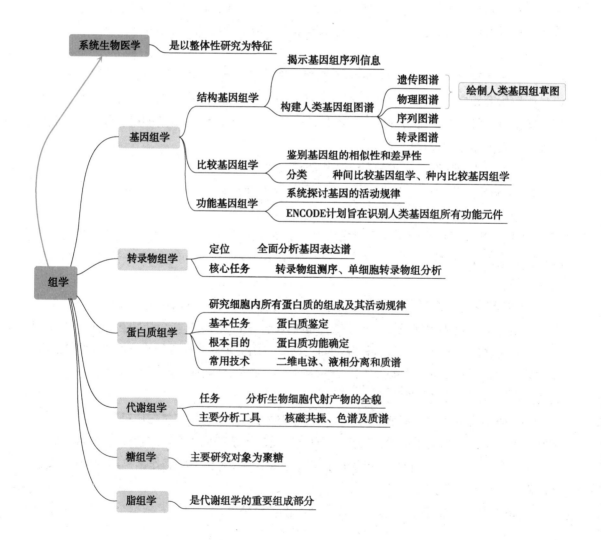